데이터 품질로의 여행

데이터 품질로의 여행

저자
Yang W. Lee · Leo L. Pipino
James D. Funk · Richard Y. Wang

역자
이정우 · 홍석진
성경희 · 이경섭

서울경제경영

데이터품질로의 여행

2008년 8월 20일 | 제1판 1쇄 인쇄
2008년 8월 25일 | 제1판 1쇄 발행

역　자 | 이정우 · 홍석진 · 성경희 · 이경섭
발행인 | 김은중
발행처 | 서울경제경영출판사
북디자인 | 우일미디어 02)2277-9634

주　소 | 120-808 서울특별시 서대문구 대현동 67-5 대현빌딩 6층
전　화 | 02)313-2682
팩　스 | 02)313-8860

등　록 | 1998년 1월 22일 제5-63호

ISBN 978-89-88106-46-4 93560
정가 19,000원

※ 파본은 바꾸어 드립니다.

역자 서문

현대는 지식정보화 사회로 규정되며 그 중심에는 각 개인들과 기업들, 그리고 사회의 다른 개체들을 연결하여 주는 인터넷이 공통된 플랫폼으로 자리잡고 있다. 지금 자라나는 세대들은 학교 숙제를 하거나 연구 프로젝트를 할 때 거의 대부분의 경우에 인터넷상에서 자료를 찾고 의견을 구한다. 인류가 창출하는 지식의 양은 매 5년마다 두 배씩 증가하고 있다고 하고, 데이터의 양은 측정이 불가능할 정도로 기하급수적으로 증가하고 있다. 기업들이 기업활동을 통해서 축적하는 데이터의 양도 어마어마하게 증가하고 있다.

데이터, 정보, 지식의 양이 증가하면 할수록 이를 어떻게 정리하고 저장할 것인지가 당면과제로 등장하고, 이러한 데이터, 정보, 지식의 품질을 어떻게 보장할 수 있는 지가 앞으로의 세대에서 점점 더 중요하여질 것이다. 데이터와 정보, 지식이 양적으로 증가하면 할수록 그 품질 문제로 인한 보이지 않는 손실을 많이 유발하게 되고, 믿을 수 있는 정확한 데이터를 확보하고 유지하는 문제가 더욱 더 중요하게 될 것이다. 이러한 면에서 앞으로 나타나는 문제들의 원인을 파악하고 해결하고 믿을 수 있는 데이터 품질을 보장하여 주는 활동은 더 활발해질 것이다.

이 책은 데이터 품질을 연구하는 학자들의 연구와 실무전문가들의 사례들을 모아 놓은 책이다. 많은 학술대회에서 발표되고 학술지에 수록된 연구논문들과 실무 사례들을 소개하면서 데이터 품질의 평가방법에서부터 문제들의 패턴, 원인 그리고 여기에 적용할 수 있는 새로운 방법론과 테크닉들을 소개하였다.

원서의 저자들은 이 분야에 뛰어난 전문가들이라는 것은 이미 커뮤니티 활동을 통해서 알고 있었으나, 역자들이 실무와 연구, 교육에서 많이 느껴왔던 문제점들이 사실은 세계적으로 발생하고 있는 문제들이라는 인식을 새로이 할 수 있었다.

이 책의 출간을 계기로 우리나라에서도 데이터 품질에 관한 관심이 높아지고 이의 중요성을 좀 더 깊이 인식하며 관련된 활동이 증대되어 우리의 미래를 준비하는 데에 일조를 할 수 있기를 기대하여 본다.

2008년 8월

이정우, 홍석진, 성경희, 이경섭

한글판 출간에 부쳐

컴퓨터 정보화의 혁명은 사회구조와 경제체제 및 정치구조를 근본적으로 변화시키고 있다. 미래의 사회를 실질적으로 발전시키는 하나의 요인은 그 사회가 정보를 얼마나 현명하게 수집하고 저장하여 활용하느냐일 것이다.

도로가 잘 연결되지 않은 오지에 사는 사람도 인터넷만 연결된다면 최신 의료정보와 기술의 혜택을 받을 수 있다. 또한 세계 곳곳에서 일어나는 크고 작은 일들도 모두 전파되어 서로의 생각과 경험을 공유할 수 있게 된다. 시장에서는 그날 판매한 상품의 세목과 소비자의 선호정보가 곧바로 분석되어 다음날 상품 유통과 상품 생산 정책에 반영될 수 있게 된다. 먼 나라에 사는 사람들과 동시에 공동작업을 할 수도 있고 컴퓨터를 통해 집에서 각자 은행 업무를 볼 수도 있다.

이렇게 정보가 편리하고 강력하게 활용되지만 그 정보의 품질에 따라서 부정적으로 쓰여 큰 손실과 손해를 입기도 한다. 잘 알려진 두 가지 예를 들어 본다. 한 예는 미국과 영국 회사의 우주 과학기술자들이 공동작업을 하면서 두 가지 측정기준, 미터법과 영국식 표기법을 동시에 섞어서 사용하다가 계산 착오로 인해 화성에 보낸 우주셔틀을 잃어버린 사례이다. 두 번째 예는 미국의 한 병원장이 주정부로부터 병원의료정보 보고서의 낮은 품질에 대한 통보를 받았고, 또 벌금처벌도 받은 사례이다. 이 병원은 "벌금보다 병원의 평판에 먹칠을 당했다"고 즉시 경영정보부서를 신설하고 병원의 모든 직원들이 정보의 품질 향상에 적극 참여하는 것을 연봉과 성과급을 결정하는 주요 업무 항목으로 설정하였다. 데이터웨어하우스 역시 재설계하고 보완하였다.

이제 의료, 금융, 경영, 과학, 교통, 법, 건설 등 각종 분야의 기업과 정부 공공기관에서 정보의 품질이 중요한 문제로 대두되었고 학자들과 실무진들의 연구와 토론의 대상이 되고 있다.

한국인들은 이미 컴퓨터와 모바일 전화 등 다양한 디지털 제품들을 널리 사용하고 있다. 디지털 정보에 의존하여 개인적인 의사결정은 물론이거니와 기업의 정책을 분석하고 결정하고 있다. 이제 정보의 품질에 관한 연구는 정확한 정보저장의 단계를 넘어 어떻게 다양한 원천에서 수집한 정보를 통합하고 공유하여 다양한 목표를 달성하는 데 유용하게 활용될 수 있을지에 초점이 맞추어져야 할 것이다. 앞으로 기업의 발전과 세계화를 위해서는 좋은 컴퓨터를 구입하는 것보다 높은 품질의 정보를 수집, 저장, 관리하고 활용하는 것이 더욱 중요한 이슈가 될 것이다.

이 번역서의 출판을 계기로 한국에서 경험하는 새로운 정보의 문제점과 해결책을 더욱 깊이 연구하고 실무에 응용하게 되기를 바라며, 한국 사회의 경제 활동에 이 책이 작으나마 도움이 되기를 빈다.

특히 정보의 품질에 관한 학문과 실무가 한국에 아직 널리 알려지지 않아 전문용어를 처음으로 번역해야 하는 어려움에도 불구하고 독자들이 이 책을 쉽게 접하고 활용할 수 있도록 번역해 주신 역자들께 감사드린다. 한국에서 정보품질에 관한 연구와 실무의 첨단을 걷는 연세대학교 IT 정책전략연구소 소장 이정우 교수, 인천대학교의 홍석진 교수, 대한항공의 성경희 과장 그리고 아시아 항공 연구소의 이경섭 지점장 모두에게 감사드린다. 더불어 이 번역서의 발간을 위해 그 동안 애써 주신 김은중 대표께도 고마움을 전한다. 한국 최초의 정보품질에 관한 출판과 적시적인 '데이터 품질로의 여행' 의 번역 출판에 원서 저자들을 대표하여 깊은 감사와 진지한 축하를 드린다.

저자 대표: 이양원 교수
노스이스턴 대학교
편집주간: ACM Journal of Data and Information Quality
(ACM: Association of Computing Machinery)

서 문

이 책은 저자들과 업계의 전문가들이 수년 간에 걸쳐 연구하고 실무에서 경험한 내용들을 바탕으로 편찬되었다. 그리고 여러 학술저널과 학계 및 기업의 세미나에서 발표된 아이디어와 개념의 중요한 부분들을 추출하여 다루었다.

또한 실제 기업들의 데이터 품질로의 여행 사례를 통해 이러한 아이디어들이 어떻게 원칙, 기술, 기법, 정책 측면에서 적용되고 있는지도 보여 준다. 이론적인 개념과 방법론을 설명하기 위해 가능한 한 실무 상황과 실제 기업의 사례를 최대한 발췌하였다.

이 책은 기업의 경영자, 데이터 품질 관리 실무자, 데이터 품질 연구진과 학생들을 위해 쓰여졌다. 실무자들은 실제 현장에서 수행하고 있는 업무의 이론적인 근거에 대해 이해하게 됨으로써 향후에 접하게 될 여러 문제를 해결할 수 있는 능력을 갖추게 될 것이다. 연구진들은 이론들이 어떻게 실제에 적용되고 있는지를 살펴보고, 향후 어떤 부분에 연구의 중점을 두어야 할 것인가를 판단할 수 있을 것이다. 학생들은 종합적인 시각에서 향후 어떠한 부분을 학습하고 연구해야 할지를 알 수 있을 것이다. 경영진들은 앞장들에서 제시된 내용과 회사의 정책 부분인 제11장이 가장 도움이 되고 관심을 갖는 부분일 것이다.

감사의 글

많은 분들이 이 책의 발간을 위해 도움을 주었다. 이름을 밝히지 않은 여러 검토자들이 이 책의 초고에 대한 지식 가치와 실무 가치를 보고 열의를 다해 도와주었음에 감사의 말씀을 드린다. 또한 이 책을 검토하고 좋은 의견을 준 동료들에게도 심심한 감사를 드린다. 이 책은 과거의 여러 연구자들과 실무자들의 공동연구를 근간으로 하여 작성되었다. 이들 연구자들은 스튜어드 매드닉, 돈 발료, 해리 페이저, 지리 타이, 다이앤 스트롱, 베벌리 칸, 에리자베스 피어스, 스탠리 돕스, 그리고 쇼바 생귤라스미스 등이다. 한편 라이사 카츠하스와 브루스 데이비드슨은 데이터 품질 사례의 실무자료를 제공해 주었다.

또한 우리는 기업의 실무진들이 그들의 실제 업무와 조직 내부를 서슴지 않고 보여줌으로써, 이 책의 실험대상으로 쓸 수 있도록 해 준 것에 대해 감사 드린다.

이 책의 일부분은 저자들의 과거 연구의 내용에서 가져 왔다. 내용의 전재를 허락해준 Communications of the ACM, SloanManagement Review, Prentice Hall, Journal of Management Information Systems, Journal of Database Management, Information and Management, International Journal of Healthcare Technology and Management, IEEE Computer 등의 출판사에도 감사를 드린다.

MIT Press의 더그 써리 씨는 인내심을 가지고 처음부터 끝까지 이 책의 발간에 대해 비전을 제시해 주었고 끝없는 지원도 아끼지 않았다.

이 책은 MIT 정보품질 프로그램, 캠브리지 리서치그룹, 그리고 MIT 종합 데이터품질 관리프로그램의 프로젝트 팀에서 제공한 여러 자료의 지원 없이는 제때 발간되지 못했을 것이다. 특히 이 프로젝트의 유능하고 헌신적인 연구진들, 토니 뉴엔, 케렌 트랜, 리츠 피요, 안드레 수탄토, 존 마글리오, 제프 리처드슨 들의 도움 없이는 제때 완성되지 못하였을 것이다. 또한 노스이스턴 대학의 경영대학의 지원에도 감사 드린다. 그리고 로웰 대학의 경영대학의 도움에도 감사의 마음을 전하고자 한다.

마지막으로 우리의 가족들에게 이 책의 발간을 위해 일하는 많은 시간 동안 보내준 사랑과 지원, 그리고 이해심에 대해 깊은 감사의 마음을 표시하고 싶다. 알비나 벌토로티, 마르셀라 크로치, 캐렌 펑크, 캐라린 스미스, 마르크 스미스, 제이곱 스미스, 크리스틴 얼틀, 로건 얼틀, 로렌지나 거스터프슨, 로라 거스터프슨, 줄리아나 거스터프슨, 그리고 포리 왕은 우리들에게 인생에서 큰 즐거움과 기쁨을 가져다 주었다. 그리고 특별히 배움의 즐거움을 일깨워 주신 우리들의 부모님께 감사의 마음을 전하고 싶다.

Yang W. Lee
Leo L. Pipino
James D. Funk
Richard Y. Wang

차 례

Chapter 01 서론

글로벌 제조회사의 정보시스템 담당 이사인 제인 파인(Jane Fine)은 깊은 고민에 빠져 있다. 현재 회사 데이터베이스의 구조와 내용을 살펴보았는데, 마케팅 부사장이 궁금해하는 주요 고객의 매출총량에 대한 답변이 쉽지 않다는 것을 깨달았다. 현재 회사 전산시스템상으로 고객 아이디와 상품코드가 중복되어 있기 때문에 문제가 발생한 것이다.

어떤 도시에 있는 제너럴 병원의 부병원장 짐 브레이스(Jim Brace)도 급박한 상황에 직면하고 있었다. 그는 방금 병원의 CEO가 주최한 미팅에 참석하였는데, 규제위원회가 병원에서 제출한 보고서에 포함된 데이터의 유효성이 의심스럽다면서 반려해왔다는 소식을 들었다. 보고서의 반려는 주정부의 환급금을 돌려받지 못한다는 것을 의미하기 때문에 이 상황을 빨리 수습하여야 했다.

정부의 인력개발부 소속 선임 정보 전문가 딘 개리(Dean Gary)는 인사파일을 살펴보던 중 원본 데이터와 그의 부서에서 최근에 작성한 보고서의 내용이 일치하지 않음을 발견하였다. 자세히 조사해보니 데이터 자체가 서로 불일치했다. 이 문제는 아직 리포트의 최종 사용자가 알지 못했고 다른 형태로도 나타나지는 않았지만 영원히 감춰질 수는 없을 것이다.

앞의 두 가지 사례는 정보시스템을 책임지고 있는 상급 관리자들에 의해서 문제가 발견된 경우였다. 이 문제가 그들에게서 발견되지 않고 계속되었더라면 얼마 안가 경영층에서 저품질의 데이터로 인해 적절치 못한 의사결정을 내릴 수도 있었을 것이다. 제너럴 병원의 경우는 병원 외부의 에이전시가 데이터 품질 문제를 최고 경영자에게 알려준 경우였다.

대부분의 회사에서 데이터 품질에 문제가 있는데도, 이를 위해서 공식적인 데이터 품질관리 프로그램을 운영해야 할 필요성을 인식하는 CEO가 많지 않다. 예를 들어 글로벌 제조회사의 경우 경영진은 필요한 정보를 적정시간 내에 보고받을 수 있기 때문에 그들 입장에서는 별문제가 없는 것이다. 하지만 그들이 보지 못하는 곳에서 긴급한 필요에 따라 데이터의 불일치를 수정하기 위해서 추가적인 작업들이 수행되고 있다는 점이 문제이다. 보다 생산적인 다른 작업에 쓸 수 있는 시간들이 데이터 품질문제로 인해서 얼마나 낭비되고 있는가?

세 가지 사례의 관리자들은 조직의 데이터 품질 문제를 시급하게 해결해야 할 과제에 직면했다. 우리는 대부분의 조직들이 이와 비슷한 문제에 처해 있을 것으로 예상한다.

정보는 공유될 수 있는가?

조직 내에서 비즈니스 기능, 시스템 경계, 조직의 경계를 넘어서 정보를 공유하는 것이 어렵다는 것을 종종 경험했을 것이다. 비즈니스 기능을 수행할 수 있는 데이터를 갖고 있다고 믿고 있었는데 실제 그렇지 못할 때 당황하게 된다. 기업은 트렌드를 분석하거나 고객이나 파트너와 더욱 밀접한 관계를 구축하고 싶어 한다. 하지만 IT부서에서는 고객이 요청한 통합된 정보를 제공해주지 못하거나, 고객이 요구하는 시간 내에 필요한 정보를 전달할 수 없는 경우들이 많다. 그러면 그 기업은 그 동안 축적하고 저장한 정보들을 활용할 기회를 놓치게 되는 것이다. 더욱 심각한 문제는 그들의 경쟁자가 유사한 정보를 더 빨리 전략적으로 사용한다면 어떻게 되겠는가?

이런 문제들은 오랫동안 기업들이 직면해온 것들로 이도 역시 데이터의 품질 문제이다. 이와 같은 상황에 대한 예를 더 들면 다음과 같다.

- 많은 글로벌 기업들은 현재 또는 미래상황에서의 글로벌 비즈니스 사업과 로컬 비즈니스 운영에 대한 질문에 신속히 대처할 수 있는 데이터를 글로벌 차원에서 관리하는데 어려움을 겪고 있다.
- 규제위원회가 환급 관련 비용을 검토할 때나 고객들이 불만을 제시할 때와 같은 외부의 시각에서 검사를 하게 되면 내부의 데이터 문제들이 표면화된다.
- 정보시스템의 특별 프로젝트를 추진할 때에 현재 안고 있는 데이터 문제들이 드러난다. 특히 크로스 기능 영역과 멀티플 데이터 소스들의 경우가 더욱 그렇다.
- 실무진들이 데이터 문제들을 인지하게 되지만 그때 그때 급하게 일을 임시방편으로 처리하느라 바쁘므로, 근본적인 해결을 위해 시간을 투자하지 못 한다.

새로운 시스템이 능사는 아니다

기업들은 고품질의 데이터를 원하지만 이를 위한 앞으로의 로드맵을 가지고 있지 못 하다. 해결책으로 종종 새로운 시스템을 도입하지만 많은 경우에 그 효과는 기대 이하이다. 기업들은 결함없는 시스템으로 다시 시작하지만 애초에 시스템상의 데이터 문제를 일으킨 원인을 밝혀내지 못하고 실패하는 일이 허다하다. 이때 주로 정보시스템 부서가 황급히 투입되어 최신기술을 적용시키려 하는데, 이전보다 대중적이거나 최근 개발된 기술을 사용한 하드웨어 · 소프트웨어 솔루션을 즉각적으로 도입하게 된다. 이러한 경우는 시스템적 해결책이라고 볼 수 있는데, 새로운 시스템의 개발 자체가 목적일 뿐 고품질의 데이터를 제공하거나 데이터 품질 문제를 해결하는 데 관심을 기울이지 않는다. 오히려 새로운 시스템은 데이터 품질 문제를 해결하기보다는 악화시킬 수 있는 가능성이 매우 높다. 비록 시스템적 해결책이 적절한 경우도 있겠지만, 대부분의 경우에는 문제를 발생시킨 요인이 발견되지 않고 깊숙히 감추어지는 경우가 많다.

많은 기업들은 ERP와 같은 최신 소프트웨어 패키지를 도입하거나, 최신 트렌드에 따라 데이터 웨어하우스를 개발할 경우 고품질의 데이터를 얻을 수 있다고 믿는다. 그들의 바람은 이러한 시스템을 통해 전사적으로 정보공유 수준을 향상시키는 것이다. 그러나 상이한 소스의 데이터들을 통합하는 과정에서 데이터의 정의, 데이터 포맷, 데이터 값들은 대부분 일관된 양식으로 되어있지 않음을 깨닫지만 개발 단계에서의 시간적 제약 때문에 예전의 관행대로 잘못된 데이터 관리를 지속하게 되는 경우가 많다.

기업들은 새로운 데이터 웨어하우스가 더 나은 비즈니스 가치를 창출해내는데 실패함에 대해 많은 실망을 하곤 했다. 대부분의 경우 데이터 웨어하우스 구축과 ERP의 도입이 당초의 약속과 기대만큼의 가치를 보여주지 못했기 때문이다.

우리의 연구대상 중 하나인 글로벌 제조업체는 글로벌 판매 정보를 모으기 시작했다. 기초 데이터는 가지고 있었지만 글로벌 고객들의 비즈니스 요구를 충족하는 유용한 데이터를 얻는 데는 수개월이 걸렸다. 문제는 동일한 고객에 대해 여러 코드가 사용되기도 하였고 하나의 관리 번호에 여러 고객의 이름이 등록된 경우도 있었다. 게다가 그 정보는 기업의 전사 차원에서 정의되거나 문서화되지 않고 개별 시스템에 저장되어 있었다. 물리적으로 데이터베이스에 접근하는 것이 항상 가능한 상황도 아니었다. 또한 전사적으로 표준화된 개념 및 용어의 정의도 이루어지지 않았다. 이와 같이 표준화가 가능하지 않을 경우에도 이러한 특이 사항들이 기록되거나 공유되지도 않았다.

이 단계에서 이 기업은 프로젝트 예산을 대폭 늘렸다. 경영진이 흔쾌히 예산을 늘리려 하였을까, 아니면 프로젝트를 중단하려고 하였을까? 만약 경영진이 예산을 늘렸으나 근본적인 비즈니스 개선과 데이터 품질 향상에 대한 이슈를 제기하지 않았다면 실질적으로 상황이 바뀌었을까? 기업의 가치를 향상시키지 못하는 또 하나의 비즈니스 프로세스의 개발과 여기에 소요될 비용을 기업이 약속했을 것인가? 만약 경영진이 프로젝트를 중단했다면 조직간 정보 공유를 위한 노력은 향상되지 않았을 것이다. 예산을 늘리는 것을 반대하거나 프로젝트를 중단시키는 것은 조직 내 데이터의 품질을 향상시키지 못하는 결과를 가져 왔을 것이다.

대부분의 기업들이 좁은 시야를 가지고 시스템적인 접근법으로 문제를 다루므로 데이터 문제를 해결하는 것이 더욱 어려워지고 있다. 데이터 품질 문제를 제대로 다루는 것은 조직 내의 정보 공유 능력을 향상시킬 수 있을 것이다. 데이터 품질 문제를 이러한 차원에서 다루지 않는다면 대부분의 시스템 솔루션들은 실패할 것이다. 만약 기업이 데이터 때문에 심각한 문제가 일어나고 있음을 알았다면, 이 기업은 무엇을 하여야 할까?

어떤 기업은 데이터 품질을 향상시키기 위해서 기본적인 데이터클린징 소프트웨어를 사용하기도 한다. 앞의 사례에 나온 글로벌 제조업체의 경우 초기에 도입한 데이터클린징은 데이터 웨어하우스의 유용성을 높였다. 그러나 시간이 지날수록 웨어하우스 내 데이터의 품질이 심각하게 떨어졌다. 일반적으로 데이터의 품질 문제가 발생하였을 때 개별 구성원들이 그것을 해결하도록 한다든가, 이러한 문제에 관심 있는 개인들이 이 문제를 검토하도록 하고 있다. 어떤 문제가 발견되거나 또는 어떤 구성원들이 책임을 지게 된다고 하더라도, 일반적으로 시작 단계에서는 문제해결을 위해 도움이 될 만한 요소들을 조사해야 한다.

많은 기업과 조직들이 이와 같은 임시방편의 접근법을 사용했으나 그 결과는 불만족스러웠다. 그럴 때 데이터 품질의 이니셔티브가 즉시 중단되기도 한다. 이러한 상황에서 데이터 품질 이니셔티브를 다시 시작하는 것은 매우 어려울 것이다. 이 책에서는 더욱 체계적이고 종합적인 접근법을 제시하고자 한다.

데이터 품질 여행을 시작하며

서두에 제시했던 사례들에서의 문제점들은 어떻게 해결하였을까? 글로벌 제조업체의 제인 파인은 몇 가지 외부 환경에 대해 조사를 하였다. 그녀가 가지고 있는 데이터베이스 관리와 데이터 품질 분야의 지식에 기초하여 업계와 학계의 최근 동향을 조사하기 시작했고 관련된 세미나에도 참석했다. 문제에 접근하는 방법을 알아내기 위해 외부 자원을 활용하기 시작했다. 그녀가 활용한 이런 기법과 프로세스는 문제를 해결하는 데 많은 도움이 되었다. 그러나 여전히 많은 문제들이 남아 있었다.

제너널 병원의 부CEO인 짐 브레이스는 문제를 해결하기 위해 별도의 내부적인 개선 프로그램을 시작했다. 여러 가지 방책이 제시되어 실행되었으나 데이터 품질 문제는 계속 발생하였다. 이에 브레이스는 '통합 데이터 품질 관리(Total Data Quality Management)'에 관한 문헌을 바탕으로 '성과지표 접근법(measurement approach)'과 같은 전통적인 방법을 통해 이 문제를 개선하였다. 이와 관련된 외부적인 기술과 지식들은 브레이스가 더욱 혁신적이고 종합적인 접근을 할 수 있도록 하였으며, 지속적으로 실용 가능한 데이터 품질 프로그램을 개발할 수 있게 하는 등 비교적 성공적인 결과를 가져 왔다.

인력개발부의 딘 개리는 문제를 해결하기 위해 전통적 접근법인 '데이터베이스 무결성 개념'과 '데이터 마이닝 기술'을 이용하였다. 그는 에러의 패턴을 밝히기 위해 기술적인 접근을 시도하였다. 이 접근법은 그에게 최근에 발생한 문제들을 해결할 수 있게 해주었다. 데이터 분석 이전에 그가 받은 데이터를 깨끗이 정제할 수 있었고, 결국 신뢰할 수 있는 보고서를 만들 수 있었다. 그러나 그는 데이터 불일치의 근본적인 원인을 밝혀내어 제거하지는 못했다. 그래서 새로운 데이터를 분석할 때마다 데이터 정제 작업을 해야만 했다. 그는 이제 데이터 품질을 향상시키는 다른 방법을 찾기 시작했다.

이 세 명의 관리자들은 자신들도 모르는 사이에 데이터 품질로의 여행을 시작하고 있었다. 많은 대안들이 제시되고 실행되었다. 만약 적절한 길을 선택한다면 이 여정을 통해서 데이터 품질은 지속적으로 향상될 것이다. 비록 적절한 길을 선택하더라도 또 다른 새로운 문제점이 발견될 수도 있지만 말이다. 이런 문제의 발견, 연구, 해결의 사이클은 지속적으로 반복되어야 하고 몇 번의 되풀이 과정을 통해 조직 내 저품질의 데이터로 인한 영향은 급격하게 감소할 것이다. 하지만 이 사이클은 계속 반복될 것이다. 문제에 대한 해결책은 새로운 문제를 낳고 그래서 새로운 질문을 야기하며, 결국 새로운 문제를 정의하도록 만들 것이다.

| 성공적인 시작 |

많은 기업들은 데이터 품질 여행을 성급하게 끝내려고 하는 경향이 있는데, 이 경우 데이터 품질의 지속적인 향상을 대부분 실현하지 못한다. 성급하게 끝을 내게 되면 데이터 품질과 관련된 문제에 계속 직면하게 될 것이다. 이는 데이터 품질 여행에서 발생될 여러 과정들을 제대로 이해하지 못하기 때문이므로, 결국 초기에 포기하고 꾸준히 지켜보지 못하는 결과를 초래한다. 기업들은 현재의 데이터 문제가 하룻밤 사이에 만들어진 것이 아니라는 것을 인식해야 한다. 또한 오랜 기간에 걸쳐 누적된 복합적인 문제를 단숨에 또는 단일 솔루션으로 해결될 수 있다고 여겨서도 안 된다.

다시 앞의 사례들에서 세 관리자들이 각기 다른 위치에서 각자 해결 방안을 모색하여 장기적으로 지속 가능한 데이터 품질 향상이라는 동일한 목적을 달성하고 조직의 특성에 맞는 방식으로 어떻게 접근하였는지 추적해 보자.

글로벌 제조업체의 관리자인 제인 파인은 외부 환경에 대한 조사 결과를 바탕으로 데이터 품질 인식 프로그램을 도입하였다. 또한 조직의 데이터 품질에 대한 주관적 평가방법을 제안하였고, 재고관리 데이터베이스의 데이터의 무결성 수준을 측정하였다. 분석 결과를 통해 그녀는 데이터의 비일관성 문제에 초점을 맞출 수 있었다. 이 문제를 어느 정도 성공적으로 해결함으로써, 그녀는 이제 글로벌 시장 차원에서 주요 고객들에 판매한 특정상품의 총 판매량을 쉽게 산출할 수 있게 되었다. 이러한 성공은 경영진들에게 알려졌고 그들은 그녀로 하여금 회사 전체의 데이터 품질 프로그램을 실행에 옮기도록 하였다. 제인 파인은 다시 그녀의 다음 행보를 심사숙고하게 되었다.

정부 인력개발부에서 근무하는 딘 개리는 자신의 보고서를 준비할 때 목적에 맞게 데이터 정제작업을 할 수 있는 사람이었다. 이러한 일을 반복적으로 수행하게 되면서 그는 데이터 에러를 일으키는 근본적인 원인을 감소시키는 해결책에 관심을 쏟게 되었다. 근본적인 원인은 그가 직접 통제할 수 없는 외부 데이터 소스 시스템에 있었다. 이제 그의 도전은 실행 가능한 접근법을 고르는 데 있었다.

제너널 병원의 짐 브레이스가 데이터 품질 여행을 가장 멀리까지 간 사람이었다. 전통적인 통합 데이터 품질 관리 접근법을 정착시킨 뒤 그는 데이터 관리 방법을 제조업의 상품 제작공정과 유사한 방식으로 관리하는 개념을 경영진에 설명하였다. 고위 경영진은 그러한 접근방식을 인정하였고 데이터 품질 관리를 위한 작업팀을 구성토록 했다. 게다가 고위 경영진은 성과급에 연계된 기업 목표로써 데이터 품질 관련 지표도 포함시켰다. 이에 대해 브레이스는 데이터 품질 정책을 제안했는데, 이사회에서 만장일치로 통과되었다. 데이터 품질 관리 작업팀과 데이터 품질정책의 마련으로 그는 '데이터 생산 맵(production map)'을 개발하기 시작했다. 이 맵은 정부 규제위원회가 지적하는 데이터 품질문제를 다루는 데 도움이 될 수 있을 것이다.

이상에서 살펴본 사례에서와 같이 각 관리자는 서로 다른 문제에 직면하였고, 이러한 문제에 대해 각자 나름대로 대응하였다. 그러나 지속적인 데이터 품질 향상과 올바른 데이터 품질 관리의 제도화를 위해서는, 조직 내의 데이터 품질 관리체계를 변화시키려고 전념하는 실무자 이상의 노력이 필요하다. 즉, 회사의 중역들도 데이터 품질 관리의 개혁에 동참해야 한다. 점차 많은 최고 경영층이 데이터 품질 관리 프로젝트에 참여하고 있는 추세는 매우 바람직한 일이다. 데이터 품질 관리에 대한 CEO의 관심의 중요성은 아무리 과장해도 지나치지 않다.

| CEO가 여행을 이끌어라 |

CEO는 데이터 품질로의 여행에서 비전을 제시해야 한다. 한정된 자원의 경쟁상황에서 여러 프로젝트 중에서 데이터 품질 프로젝트는 우선 순위가 격하되기 쉽다. CEO들은 종종 낮은 품질의 데이터 때문에 발생되는 문제의 심각성을 잘 깨닫지 못하는 경우가 많다. 아이러니하게도 CEO 밑에는 데이터 품질 문제를 해결하기 위해 열심히 일하는 많은 직원들이 있는 경우가 많다. 이는 회사 내에서 매우 값비싼 일일 것이다. CEO들이 데이터 품질 이니셔티브를 지원해야 하는 이유는 여러 가지가 있다. 저품질의 데이터의 사용으로 심각한 위기를 초래할 수 있기 때문이다. 예를 들어 짐 브레이스의 경우, 정부 규제위원회가 이 병원에서 제출한 보고서의 접수를 거절하고 데이터의 유효성에 대한 문제를 제기한 서한을 CEO에게 전달하였다. CEO와 고위 경영진은 결국 그들의 높은 품질의 서비스에 대한 평판과 자부심, 병원의 위신을 위해 전략적 목표와 목적에 부응하는 데이터 품질 이니셔티브를 직접 승인하였다. CEO는 모순되는 데이터가 나타나거나 잘못된 데이터가 의사 결정에 사용될 때, 또는 원하는 정보를 얻지 못할 때, 경영 문제에 직접 부딪히게 될 것이다.

위기 혹은 최악의 상황이 생기지 않으면 CEO가 데이터 품질 이니셔티브를 착수하도록 설득하기 위해서는 수차례에 걸쳐 여러 사례를 제시하고 면밀한 분석에 기초한 주장을 펴야 할 것이다. 이때 사용되는 분석은 가치 제공 측면, 또는 손익 분석 측면에서 설득력이 있어야 할 것이다. 성공적인 여행을 위해서는 CEO의 전폭적인 지원이 뒷받침되어야 한다.

데이터 품질 여행의 과제

데이터 품질 여행에는 많은 준비가 필요하고 여러 가지 어려움에 부딪히겠지만 세 가지는 반드시 명심하여야 한다. 첫째는 CEO가 적극적으로 데이터 품질 이니셔티브를 지원해야 한다는 것인데, 진심으로 지원하도록 만드는 것이 쉽지는 않다. 둘째, 데이터 품질 이니셔티브에 착수하기 위해서는 경제적 효과에 대한 논의나 손익 분석이 선행되어야 한다. 셋째, 조직 전체가 데이터 품질의 중요성을 깨달을 수 있도록 해야 한다.

최고 경영층의 지지는 기업에서 데이터 품질의 중요성에 대한 인식을 향상시키기 위한 첫 번째 단계이다. 인식의 개선을 위해서는 기존의 틀에 박힌 데이터 품질의 관점과는 다른 새로운 관점에서 접근해야 한다.

그러기 위해서는 기업이 데이터 품질을 무엇이라고 생각하는지, 그리고 이것이 왜 중요한지에 대해 명확한 이해가 필요하다. 데이터 품질 워크숍에서는 종종 '데이터, 정보, 지식의 차이'를 이슈화한다. 예를 들면 정보와 데이터의 차이, 지식과 정보의 차이가 정확히 무엇이냐는 것이다. 사실 데이터, 정보, 지식은 개념상으로 서로 차이가 있다. 이를테면 지식은 정보를 포함하고 정보는 데이터를 포함하는 형태로 분류하여 개념을 정리할 수 있다. 그러나 데이터와 정보 간의 자의적인 구분은 주요 과업을 혼란스럽게 할 수도 있고, 복잡한 정보생산 시스템을 제대로 이해하는 것을 더욱 어렵게 만들 수도 있다.

일반적으로 관리자들은 데이터와 정보의 차이를 전통적인 관점에서 이해하려고 한다. 즉 데이터는 가공되지 않은 사실이나 자료로 구성되고, 정보는 가공된 데이터로 구성된다는 것이다. 그러나 어떤 사람의 데이터는 다른 사람에게는 정보로 받아들여질 수도 있다. 예를 들어 어떤 정보시스템에서 가공되지 않은 데이터를 입력시키면 결과물로 정보가 산출되는데, 만약 결과물이 다른 정보시스템에 입력될 경우 입력 데이터가 되기도 한다. 입력 데이터가 선행 프로세스의 결과물인지 아닌지는 항상 구분되어지지 않는다. 이러한 의미의 모호성은 언제라도 나타날 수 있으며, 의미의 명확한 구분 자체가 우리가 여기서 논하고자 하는 정책이나 기술의 측면에서 큰 의미가 없기 때문에 이 책에서는 데이터와 정보라는 용어는 서로 구분없이 사용할 것이다.

데이터 품질이 왜 중요한가?

어느 기업에서든 데이터 품질의 중요성을 명확하게 알리는 것은 중요하다. 데이터 품질의 개선을 위한 노력에 적극적인 참여를 유도하기 위해서는 데이터 품질의 중요성에 대한 합당한 논리가 필요한데, CEO든 하위 관리자든 누구나 쉽게 이해할 수 있어야 한다. 많이 언급되고 있는 논리들을 다음과 같이 정리할 수 있다.

- 고품질의 데이터는 귀중한 자산이 된다.
- 고품질의 데이터는 고객 만족도를 증가시킬 수 있다.
- 고품질의 데이터는 매출과 수익을 향상시킬 수 있다.
- 고품질의 데이터는 전략적 경쟁의 우위 요소가 될 수 있다.

이러한 포괄적인 논리 외에도 더욱 구체적인 이유들을 제시해 줄 수 있을 것이다.

"예방이 치료보다 낫다"라는 오래된 격언을 되짚어 볼 때, 고객관계 관리 측면에서 기존 고객의 유실을 방지하는 예방 비용은 새로운 고객을 창출하는 데 필요한 비용의 일부이다. 기업은 데이터 결함을 고치는 툴이나 기술을 개발하는 것뿐만 아니라 데이터 품질을 떨어뜨리는 원인을 규명하고 예방하는 체계적인 프로세스도 수립해야 한다. 그러기 위해서는 데이터 품질 수준을 측정할 수 있는 객관적 · 주관적 지표를 만들어서 관리해야 한다. 현실적이고 이용 가능한 데이터 품질 정책의 수립은 데이터 품질 여행의 필수적인 부분이다.

직관적으로 품질 수준을 파악하는 것만으로는 충분치 않다. 포르노를 어떻게 정의하느냐는 질문에 "내가 보면 바로 알 수 있다"라고 미국 대법관이 대답한 것처럼 데이터 품질을 정의하고, 측정하고, 분석하고, 개선하는 것이 쉬운 일은 아니지만 직관적 파악만으로는 이제 충분치 않다. CEO는 기업의 데이터 품질이 내부 사용자의 요구사항에 부응하고 고객의 기대를 충분히 충족시키고 있다고 확신하고 보증할 수 있어야 한다. 오늘날 규제가 복잡한 비즈니스 환경에서 CEO는 점점 더 이러한 도전에 직면하게 된다. 예를 들어 〈사베인즈 옥슬리법(Sarbanes-Oxley Act of 2002)〉과 같은 법률에서는 CEO가 재무 보고서와 사용 수치를 직접 보증할 것을 요구하고 있다.

법적 요구 사항들 외에도 기업이 고품질의 데이터를 유지하여야 하는 또 다른 이유는 여러 가지이지만, 그 하나는 기업이 선두주자로서의 유리한 고지를 가질 수 있다는 것이다. 고품질의 데이터를 가지기 위해 도전을 하거나 유지하는 것이 쉽지 않기 때문에 이 도전에 성공하는 CEO는 정확하고 신뢰성 있는 최신의 데이터를 제공받는 것이다. 이는 기업이 시장 점유율을 증가시키고 시장 주도권을 가지며, 새로운 비즈니스에 신속히 대처하고 잠재적인 위협을 사전에 예방할 수 있도록 도울 것이다. 이것들은 또다시 총 매출과 순이익을 증가시키고 기업 이미지를 높일 수 있게 한다. 도전을 성취하는 것 자체가 어렵기 때문에 진입 장벽이 높아 지속적으로 경쟁적 우위를 누릴 수 있다.

CEO는 지금 바로 데이터 품질로의 여행을 위한 비전 선포를 해야 한다. 그러나 위험 부담이 높으므로 이 여행은 쉽지만은 않을 것이다. 이 도전을 잘 이겨낸 자는 데이터 품질을 전기나 수도 시설과 같은 기초 자산으로써 여기는 새로운 문화로 그들의 기업을 성공적으로 변화시키고 이러한 상황에 대해 높은 긍지를 가지게 될 것이다. 또한 시장을 리드하고 지배하는 선두주자로서의 경쟁 우위를 지속적으로 누리게 될 것이다.

이 책의 개요

우리는 세 가지의 대표적인 사례를 가지고 데이터 품질로의 여행을 소개했다. 데이터 품질에 대한 인식과 경영진의 참여가 데이터 품질로의 여행에서 꼭 필요한 첫 단계라고 강조하고자 하며 본서에서는 기업이 이 여행을 순조롭게 할 수 있도록 원칙과 도구, 분석기법 그리고 사례를 제시할 것이다.

제2장에서는 손익 분석 기법에 대해서 소개하고, 이것을 데이터 품질에 대한 경제성 분석에 적용하는 것을 보여줄 것이다. 이것을 '가치 평가 제안서(value proposition)' 라고도 한다.

제3장에서는 기업의 데이터 품질에 대한 평가를 할 수 있는 세 가지 방법을 개괄적으로 설명할 것이다. 조직의 데이터 품질의 주관적 평가에 중점을 두고 데이터 수집가(Data Collectors), 데이터 관리자(Data Custodians), 데이터 소비자(Data Consumers)와 같은 이해 관계자의 관점에서 이 방법들을 제시하고 설명할 것이다(데이터 수집가, 데이터 관리자, 데이터 소비자를 통칭해서 '3C' 라고 한다). 이어서 주관적 평가를 할 수 있는 조사도구들에 관해서 정리하여 제시할 것이다.

제4장에서는 데이터 품질에 대한 객관적 평가를 할 수 있는 척도에 대해 논할 것이다. 또한 데이터베이스에 있는 데이터의 품질을 평가할 수 있는 분석 기법과 소프트웨어에 대한 소개도 제시할 것이다.

제5장은 적절한 샘플링 기법들과 앞장에서 소개된 각 척도들의 가치를 추정하는 추가적인 전략들을 통해서 어떻게 데이터베이스를 모니터할 수 있는지에 대해 언급할 것이다. 데이터 품질은 다양한 관점에서 관측이 가능하고 또한 3C들이 데이터 품질을 인지하는 관점도 시간에 따라 변화할 뿐만 아니라 서로간의 상대적인 관계에도 영향을 미치기 때문에 데이터 품질은 상황에 근거해서 정의되어야만 한다.

제6장에서는 데이터 품질에 있어서 진화적인 변화를 일으키는 근본 조건들을 제시하고, 어떻게 이들이 서로 다른 경로를 따라 진화할 수 있는지 설명한다. 또한 데이터 품질 문제를 발생시키는 바람직하지 않은 상황을 피하는 방법에 대해서도 논할 것이다.

제7장은 헬스케어 회사의 데이터 품질 문제를 사례로 다룰 것이다. 제8장에서는 성공적인 데이터 품질 관리에 필수적인 요소들을 제시할 것이다. 이것은 정보를 일종의 부산물로 보지 않고 최종 상품으로 다루는 것을 포함한다. 그리고 상품으로써의 정보를 관리하기 위한 네 가지 원칙도 제시할 것이다. 이 원칙들은 우리가 지난 10년에 걸쳐 연구한 비즈니스 사례연구에서 도출된 것들이다.

제9장은 정보상품지도(IP-Map)에 대한 기본적인 개념을 설명하고 이 지도의 생성과 사용에 대해서 상세히 다룰 것이다. 제10장은 앞에서 제시한 원칙에 해당되는 실제 사례들을 다루었는데 주로 IP-Map이 적용된 것들이다. 제11장은 데이터 품질 정책에 대해서 논하고 기업이 실천할 수 있는 몇 가지 방안들을 제시할 것이다. 기업의 데이터 품질 방안과 상품을 평가할 수 있는 모델도 제공할 것이다.

어떤 사람은 제11장에서 이 여행이 끝날 것이라고 생각할지도 모른다. 그러나 제12장에서 제시한 내용과 같이 그렇게 끝내버릴 일이 아니다. 데이터 품질로의 여행은 영원히 끝나지 않는다. 오래된 문제들이 해결되었다고 하더라도 새로운 문제와 새로운 환경이 계속 도래하기 때문에 이 여행은 지속될 것이다. 제12장에서는 미래에 발생할 수 있는 새로운 도전, 이슈, 기술들을 간략하게 검토할 것이다.

여러분들이 여행을 하면서 많은 경험과 지식이 쌓이길 바란다. 이 여행은 결코 쉽지 않지만 충분한 보상이 뒤따를 것이다.

Chapter 02

손익 분석

모든 사업에는 '경제성 분석'이 필요하다. 그러므로 데이터 품질 프로그램에서 철저한 손익 분석은 매우 중요하다. 최초의 미팅과 동기 부여성 권고를 하기 전 또는 직후에 경영진은 경제적 합리화, 즉 데이터 품질과 데이터 품질 프로그램에 대한 가치 분석에 기초한 제안서를 요구할 것이다. 이것은 우수한 데이터 품질이 가져다주는 부가가치의 창출, 또는 형편 없는 데이터 품질로 인하여 잃게될 기회 및 경쟁우위의 상실에 대한 경제적 해명이다. 그리고 데이터 품질 프로그램을 전사적으로 인식시키고 구현할 수 있는 또 다른 이니셔티브들을 가능하게 한다. 다음의 제3, 4, 5장에서 설명할 필수 평가항목들을 실행하기 위해서는 상당한 경제성 분석이 없이는 가능하지 않을 것이다.

|문제점|

경영진들은 데이터 품질 문제에 대해 인식하지 못하거나, IT 부서가 최고 경영진의 귀중한 시간과 자원을 허비하지 않고 문제를 처리할 수 있다고 믿는 경향이 있다. 이러한 문제들은 접근이 어려운 데이터를 찾아내거나 오류가 있거나 일치하지 않는 데이터를 공유하지 않아 그것을 수정하는 데 시간과 노력을 허비하는 직원들 때문에 감추어질 수 있다. CEO는 요청한 데이터를 건네 받지만 데이터 제작에 든 비용에 대해서는 알지 못한다. 따라서 경영진들은 데이터 품질 문제를 방치할 경우의 비용과 데이터 품질 프로젝트를 시행할 경우의 이익을 대조한 적절한 손익 분석이 없을 경우, 명백하게 문제가 없어 보이는 일에 약간의 자원이라도 할당하는 것을 탐탁하지 않게 생각한다. 최고 경영진은 특히 회사 이미지에 악영향을 줄 수 있는 일이 문제로 부각되는 것을 싫어하는데, 경영실적이 양호한 경우라면 더욱 그렇게 생각한다. 최고 경영진은 형편 없는 데이터 품질이 기업의 성과에 직접적인 영향을 줄 것이라는 것을 인식하지 못하는 경우가 많다.

저품질의 데이터가 기업에 미치는 부정적 영향은 업계에서도 연구되었다(Redman 1996; English 1999). 데이터 품질 문제는 낮은 고객 만족도와 경비 증가를 야기시킨다. 데이터 품질 문제가 기업 매출의 8~12%까지 부담을 발생시킨다고 연구된 바 있다(Redman 1996). 데이터 품질 문제와 관련된 비용을 '정상적인 업무 비용'으로 인식하는 데 익숙해진 관리자들에게는 이런 문제들의 심각성 정도가 잘 드러나지 않을뿐더러 계량화되거나 인식되지도 못하는 경우가 종종 있다. 기업들은 수익성 문제에 대해서는 매우 민감하므로 실질적이고 적절한 손익 분석을 반드시 해야 한다. 데이터 품질이 업무에 끼치는 영향에 대한 적절한 분석은 변화하거나 개선해야 하는 핵심적 요소들을 발굴해 내는 역할도 한다.

경제성 분석은 모든 데이터 품질 프로젝트의 근거가 된다. 이를 통해서 데이터 품질에 대한 인식과 불량 데이터 품질이 초래하는 비용에 대한 인식을 높일 수 있다. 하지만 데이터 품질의 경제성 분석은—특히 처음으로 할 때는—간단한 작업이 아니다. 처음 경제성 분석을 할 때는 조직 내부에 기준으로 사용할 벤치마킹 사례가 없으므로 이를 외부의 사례에서 찾기도 한다. 어떻게 하든지 간에 경제성 분석은 반드시 해야 하는 선결 과제이다. 형편 없는 데이터 품질은 오랜 시간에 걸쳐 기업의 경쟁력을 갉아 먹는다. 문제는 데이터 품질에 대한 관심의 부족과 노력의 미흡함이 경쟁력의 상실과 어떻게 직접적으로 연관되는지를 증명하기가 쉽지 않다는 점이다.

발생한 비용은 이익보다는 계량화하기가 수월하다. 일반적으로 가늠할 수 없는 이익이 상당히 많다. 또한 새로운 기술, 개선된 절차, 향상된 데이터 등의 구현으로 발생한 이익은 기업 전체에서 나오므로, 데이터 품질 이니셔티브와의 직접적인 연관성을 파악하기는 쉽지 않다. 계량화하기 어려운 비용도 발생하지만 이익의 경우와 비교하면 그러한 경우가 훨씬 적다. 앞서 설명했듯이 분석의 수행과 평가 업무를 도와줄 수 있는 벤치마킹이 기업 내에 존재하지 않는 실정에서 처음 분석했을 경우 추가적인 어려움이 발생한다.

비용 회피 또는 비용 절감으로 인한 이익은 어렵지 않게 계량화할 수 있다. 이런 계량화의 내용을 살펴보면 기업이 어떻게 운영되고 있는지, 데이터 품질이 어떻게 조직에 영향을 미치는지, 그리고 데이터 품질에 대한 인식이 어느 정도인지를 파악할 수 있다.

데이터 품질을 유지하기 위한 비용이 이익보다 큰 경우에 경영진을 설득하기는 힘들어진다. 경영진은 당장 들어갈 비용에 관심이 있지 장기적인 비용 절감에는 관심이 상대적으로 없을 수도 있다. 우리는 바로 그러한 상황에 대해 이 장의 뒷부분에서 이야기를 하고자 한다.

계량화가 가능한 비용과 이익을 분석을 하기 위하여 몇 가지 전통적인 기법을 활용할 수 있다. 순 현재가치(NPV) 할인법, 회수기간법, 내부수익률(IRR)과 같은 재무회계적 접근 방법이 그 예이다. 기본적으로 이러한 방법을 사용하는 경우 데이터 품질의 손익 분석을 전통적인 자본 투자 문제로 취급하게 되는 것이다. 하지만 이러한 기법들은 수치의 계량화가 가능하고 또한 자본비용의 정확한 예측이 가능하다는 것을 전제로 한다. 비용과 이익을 수치화할 수 있다고 해도 자본비용의 예측이 부정확하다면 분석 결과는 의심스러울 수밖에 없다. 이러한 기법들의 긍정적인 측면은 이들이 널리 사용되고 있다는 점이다.

더 복잡하고 분석적이며 정교한 다른 기법들도 활용할 수 있다. 이러한 기법들에서는 필요한 매개변수 값을 구하기 위해 많은 노력을 기울여야 한다. 시간이 한정되어 있다면 이러한 기법들을 사용할 수 없을 것이다. 또한 이러한 기법들은 급변하는 경쟁 경제 환경에 맞추어 지속적으로 조절해 나가야 한다. 이 장의 뒷부분에서 그러한 기법 두 가지를 소개하려 한다. 첫 번째는 옵션 가격 모델로서 실질적인 옵션 접근 방법을 바탕으로 한 것이다. 두 번째는 정보 상품의 개념과 관계가 있으며 데이터 흐름 모델을 사용한다.

비용과 이익의 상충효과(trade-off)

이제 손익 분석을 위한 몇 가지 표준 접근 방법을 검토하고 다양한 기업에서 채택한 접근 방법의 예를 보여주고자 한다.

데이터 품질 프로그램의 경제적 효과를 평가하는 가장 간단한 접근 방법으로서 정보 시스템 프로젝트를 평가하기 위해 종종 사용되는 것은 이익과 비용을 계량화하고 기본 관계를 다음과 같이 적용하는 것이다.

가치 = 이익 − 비용

문제는 비용과 이익을 얼마나 잘 계량화할 수 있는가, 비용과 이익을 측정하는 데 사용되는 가정은 무엇인가, 계량화하기 어려운 이익을 분석에 포함시키는 방법은 무엇인가 하는 점이다.

일반적으로 데이터 품질 프로젝트를 추진하고 유지하기 위해 필요한 인건비, 하드웨어, 소프트웨어 등과 같은 직접 경비는 포함될 것이다. 간접 경비나 간접비도 포함되어야 한다. 또한 드러나지 않은 비용에 대해서도 파악해야 한다. 계량화하고 가늠하기 어려운 이익이나 혜택들도 파악되어야 할 것이다. 측정 가능하고 계량화할 수 있는 이익은 경비 절감 부분인데, 예를 들어 눈에 띄는 데이터 품질 문제를 예방함으로써 절감된 비용이 그 예이다. 또한 기업의 경쟁력을 키워주어 수익성에 기여하는 다른 이익들도 계량화하여 포함시킬 수 있다. 하지만 이는 실제적으로는 매우 찾아내기 어려워서 많이 쓰이지 못한다.

다음에 많은 기업들과 데이터 품질 전문가들이 이러한 '가치 산정' 작업에 어떻게 접근하는지를 요약하여 설명할 것이다. 특히 이 책에서 소개하고 있는 사례의 기업들이 추천한 비용과 이익 항목들을 소개할 것이다. 이 내용이 독자들로 하여금 독자적인 목록을 개발하는 데 도움이 되기를 바란다.

비용과 이익을 측정하여 '순현재가치 할인법', '내부수익률', '회수기간법' 등과 같은 표준 자본 투자평가 기법을 사용할 수 있다. 기업별로 어떤 방법을 써야할지 미리 정해져 있는 경우가 많다. 예를 들어 미국 국무부에서는 정보 시스템 프로젝트를 평가함에 있어서 순현재가치 할인법을 쓰도록 하면서 여기서 사용할 할인율도 지정하고 있다.

각 기업에게는 선호하는 방법이 있으며 간단할 수도 복잡할 수도 있다. 예를 들어 어떤 데이터 품질 회사는 수치화된 자료가 없는 관계로 정성적인 접근 방법을 사용하였다. 이 회사는 "개선된 정보와 관련하여 재무적 비용 절감이나 매출 증가와 같은 현실적인 수치가 있으면 이를 충분히 활용할 수 있지만 그렇지 않다고 해도 실망할 필요는 없으며 그런대로 지낼 수 있다"고 말한다. 이들이 제시하는 분석의 주요한 초점은 질문에 대한 답변들이 일관성이 있는지, 중복된 프로세스의 제거를 위해 노력했는지, 지적자산의 보호를 위해 힘을 쏟았는지 등과 같은 질적인 부분에 맞추어져 있다. 대부분의 기업들은 구체적으로 표현된 이러한 질적인 분석만으로도 충분하다. 하지만 일부 최고 경영진들에게는 측정하기가 어렵지만 가치가 충분한 이익을 질적으로 설명해도 현실적 수치가 없다면 별로 호소력이 없을 수도 있다는 것을 명심해야 한다.

미국 국방부(DoD)는 데이터 품질 관리에 대한 포괄적인 일련의 지침을 가지고 있다(Cykana, Paul, Stern 1996). 여기서는 데이터 품질 문제의 네 가지 원인을 ① 데이터의 입력, 할당, 실행, 교환 등의 문제를 포함한 프로세스 문제, ② 기록되지 않거나 의도하지 않은 시스템 수정으로 인해 발생하거나 불환전한 사용자 교육 및 설명서로 인해 발생한 시스템 문제, ③ 쟁이나 부적절한 지침 등으로 인한 규정 및 절차상의 문제, ④ 불완전한 데이터 제약 조건으로 인해 발생한 데이터베이스 설계 문제 등으로 구분하고 있다.

DoD 지침에서는 데이터 품질 문제로 인해 발생한 비용은 문제 수정 비용과 문제를 수정하지 않아 발생하는 비용 등 두 가지 관점에서 평가해야 한다고 제안한다. 저품질의 데이터로 인해 발생하는 비용에는 추가적인 노동 시간과 장비 작동 시간으로 나타나는 운영상의 문제로 인한 직접비와 고객 관계나 브랜드의 손상으로 인해 발생한 간접비 등이 포함된다. 이 중 간접비는 측정하기 어려운 비용이다. 그렇다고 이들을 고려하지 않는다면 이익에 대한 제대로 된 평가는 불가능할 것이다. 이러한 비용이 존재하는 것은 알려져 있지만 이를 계량화하는 것은 매우 어렵다.

English(1999)는 경비를 세 가지 범주, 즉 ① 품질과 관계없는 정보 비용, ② 평가 또는 검사 비용, ③ 프로세스 개선 및 결함 방지와 관련된 비용으로 구분했다. 정보 품질과 관계 없는 비용은 프로세스 오류 비용, 책임 및 노출 비용, 정보 스크랩 및 재작업 비용, 기회 비용 등이라 할 수 있다. 즉 잉글리쉬의 연구에서 비용 발생을 줄이는 것이 이익이라고 생각할 수 있다. 예를 들어 정보 스크랩과 재작업 비용을 없앤다면 비용 절감이 되므로 가치 방정식에서 이익이라고 할 수 있다. 전체 비용 중에서 평가나 검사 비용은 오류를 줄여서 잠정적 가치를 창출할 수 있는 한편, 프로세스 개선 비용은 가장 큰 이익을 가져다 줄 수 있는 부분이다. 저품질 정보의 비용은 비즈니스 프로세스와 고객 관계라는 두 가지 관점에서 분석할 수 있다.

저품질의 데이터와 관련된 비용을 분류하는 개념적 프레임워크는 Eppler와 Helfert(2004)가 제안했다. 이들은 데이터 품질 비용의 분류기준을 개발하면서 ① 낮은 품질의 데이터로 발생한 비용, ② 데이터 품질 개선 또는 품질 유지 비용 등 두 가지 주요 카테고리로 분류했다. 카테고리 ①은 직접 및 간접 비용으로 다시 분류되며 각각 세분화될 수 있다. 직접 비용은 확인 비용, 재입력 비용, 보상 비용 등으로 구성된다. 간접 비용은 낮은 평판, 잘못된 의사 결정이나 조치로 인한 비용, 잘못된 투자로 인한 비용 등으로 구성된다. 카테고리 ②는 예방 비용, 감지 비용, 수정 비용 등으로 나눌 수 있으며, 이들도 각각 더 세분화할 수 있다. 예방 비용은 교육 비용, 감시 비용, 표준 개발 및 적용 비용으로 구성된다. 감지 비용은 분석 비용과 보고 비용으로 구성된다. 수정 비용은 수정 계획 비용과 수정 실행 비용으로 구성된다.

| 사례 |

우리는 여기서 실제 비영리 기관의 사례를 이용하여 손익 분석을 하기 위한 직접적이며 전통적인 접근 방법에 대해 살펴보고, 계량분석을 통해서 데이터 품질 프로그램의 강력한 근거를 제시한 경우에 나타나는 문제점들도 알아본다.

NFP(가칭)는 대규모 비영리 기관으로 전 세계에서 운영되는 여러 사업장으로 구성되어 있다. 각 사업장은 특정 임무를 맡고 있지만 동시에 다른 사업장들과 협업이 필요한 프로젝트에도 참여해야 한다. NFP는 세계를 대상으로 운영됨으로써 다양한 사업장과 프로젝트를 지원해줄 중앙 집중화된 서비스 조직이 필요했다. 이렇게 중앙 집중화된 서비스 조직 중의 하나가 정보시스템 그룹이다. NFP가 직면한 데이터 품질 문제 중 하나는 참조테이블(reference table)에서의 일관성 문제이다. 예를 들어 위치 참조 테이블에서는 국가코드를 쓰고 있으나 거기에는 여러 가지 표준이 쓰일 수가 있다. 그런데 각 사업장마다 독자적으로 참조 테이블을 유지 · 관리하고 있다. 일관성이 없는 참조 테이블의 값 또는 특정 유형의 참조체계를 관리할 때 여러 표준을 사용하면 사업장 사이의 연계성이 떨어질 수 있다. 예를 들어 한 사업장에서 다른 사업장으로 물품을 배송할 경우, 일관성이 없는 참조 테이블을 사용하면 물품이 엉뚱한 곳으로 보내지고, 이를 수정하는 데 비용이 발생할 수 있다.

이러한 문제를 해결하기 위해 NFP는 최근에 새로운 접근 방법과 시스템을 도입하여 한 사업장에 대해 테스트를 실시하여 참조 테이블을 점검 및 관리하고 있다. 동시에 NEP는 중앙 집중화된 기업정보 시스템 부서를 만들어 모든 참조 테이블을 승인하고 업데이트된 정보를 배포하는 역할을 하도록 하고 있다. 각 사업장이 이 파일럿 시스템을 사용하여 자체의 체계를 업데이트해야 하는 프로세스는 예전 그대로이지만 이전과는 달리 이제는 원천자료와 이의 업데이트를 동일한 테이블을 대상으로 하는 것이다.

NFP는 새로운 시스템을 기관 전체에 도입하는 것이 타당한지를 결정하기 위해 전체적인 시스템의 실현 가능성을 분석하는 한 가지 방법으로 손익분석을 실시했다. 여기에는 발생되는 모든 비용이 포함된다. 발생할 수 있는 이익 중 측정 가능한 것은 실제로 비용 절감과 지출 예방이었다. 이러한 이익 또는 비용 절감은 불필요한 이중의 노력, 중복적으로 지출되는 사용료 절감, 다양한 시스템을 인증하고 확인하는 비용 절감 등으로부터 얻을 수 있다. NFP는 5년간 비용 및 이익을 순 현재 가치 할인법으로 분석하여 매년 발생하는 수치를 직접 비교할 수 있도록 하였다. 그림 2.1은 이러한 분석을 보여주고 있다. 기업의 프라이버시 때문에 여기 표에 나타난 수치는 실제 수치가 아니지만 실제 비율을 사용하여 조정한 숫자이다.

비용의 절대적 가치는 높지만 측정 가능한 이익의 경우 비용을 훨씬 넘어선다. 또한 NFP는 수치화할 수 없는 이익들도 분명하게 제시할 수 있었으며

비 용

	하드웨어	소프트웨어	소프트웨어 개발	데이터베이스 설계 및 설치	시스템 분석 및 테이블관리	인건비 및 시설	사용료	연간 총액
초기설치 비용	$ 29,000	$ 190,000	$ –	$ 2,000	$ –	$ 800	$ –	$ 221,800
FY04-05	$ 17,000	$ 6,000	$ 20,000	$ –	$ 405,000	$ 8,000	$ 11,000.00	$ 467,000
FY05-06	$ 27,000	$ 7,000	$ 4,000	$ –	$ 820,000	$ 17,000	$ 12,000.00	$ 887,000
FY06-07	$ 78,000	$ 95,000	$ 4,000	$ –	$ 1,199,000	$ 26,000	$ 13,000.00	$ 1,415,000
FY07-08	$ 22,000	$ 9,000	$ 4,000	$ –	$ 1,522,000	$ 33,000	$ 13,000.00	$ 1,603,000
FY08-09	$ 20,000	$ 9,800	$ 4,000	$ –	$ 1,804,000	$ 39,000	$ 12,000.00	$ 1,888,800
							최초 5년간 총액	$ 6,482,600

이 익

	최초		반복		
설치 연도	시스템 분석	신규 목록관리	시스템 분석	목록관리	총계
2004년부터 300개의 테이블 목록과 110개의 시스템 분석 완료					
FY04-05	$ 220,000	$ 469,000	$ –	$ 306,000	$ 995,000
FY04-05	$ 220,000	$ 433,000	$ –	$ 1,635,000	$ 2,288,000
FY04-05	$ 220,000	$ 325,000	$ –	$ 3,578,000	$ 4,123,000
FY04-05	$ 220,000	$ 244,000	$ –	$ 4,731,000	$ 5,195,000
FY04-05	$ 220,000	$ 183,000	$ –	$ 5,596,000	$ 5,999,000
				최초 5년간 총액	$ 18,600,000

5년간 총 비용	$ 6,482,600
할인율	$ 4.50%
전체 비용의 현재 가치	$ 5,580,785%
5년간 총 순이익	$ 18,600,000
할인율	$ 4.50%
전체 이익의 현재 가치	$ 15,830,544
최초 5년간 ROI 비율	$ 184%

그림 2.1 NFP 손익 분석

타당성을 인정 받았다. 전체적으로 볼 때 최고 경영진들에게 보여줄 수 있는 '최선의 사례' 가 만들어진 셈이다.

이러한 노력의 대가를 즉시 얻을 수 있다고 생각할 수도 있을 것이다. 하지만 이 경우는 그렇지 못했다. 최고 경영진들은 앞의 방정식에서 비용 쪽에만 초점을 맞추고 있었다. 이들은 수치화되는 이익과 그렇지 못한 이익 두 가지 모두에 수긍하였지만, 실제 가치가 비용보다 훨씬 높은 경우임에도 불구하고 경영진들은 비용이 너무 높다고 생각하였다. 다시 말해 의사결정 기준은 이익의 유무에 관계없이 비용의 규모였다. 따라서 이러한 시도를 정당화하려면 비용을 절감하여 전체적인 변화를 도모해야 하였다.

또 다른 문제점은 NFP의 조직구조적인 면에서 나타났다. 각 사업장은 금전적으로 부담만 없다면 언제든지 새로운 시스템으로 전환하려고 했다. 중앙 정보 시스템부서가 데이터 품질 프로그램의 비용을 감당한다면 문제가 없을 것이나, 만일 각 사업장에서 자체 예산의 일부를 할당해야 한다면 전환에 대한 의욕은 덜할 것이다.

이상적으로는 경제성의 논리를 적용하면 된다고 할 수 있지만, 불행하게도 NFP에서는 데이터 품질 시스템의 추진자가 직면하게 될 여러 문제점을 보여주었다. 대부분의 독자들은 이러한 문제점을 자신의 경험을 통해 익히 알고 있을 것이다. 적지 않은 경영진들은 비용 절감에 대해 편견을 가지고 있으므로, 금방 나타나지 않는 미래에 얻게 될 이익을 덜 중요하게 느끼게 된다. 다시 말해 단기적 관점으로만 바라보는 것이다. 또한 다른 운영 부서의 지원을 얻는 것도 이들 각 부서 모두가 비용 분담을 해야 하므로 어려움이 있을 것이다. 필요성은 느끼지만 자금을 지원해야 하는 상황이 된다면, 대부분의 부서는 '더 나은' 일에 이 돈을 지출하기를 원할 것이다.

마지막으로 경제성 분석은 '프로세스 리엔지어링' 과 같은 변화를 이끌 수 있다. 비용보다 이익이 더 클지라도 이 프로그램을 지속적으로 진행하기 위해서는 비용의 규모를 줄여야 하기 때문이다.

|기타 손익 분석 기법|

앞에서 논의한 손익 분석은 흔히 정보 시스템 교과서에서 설명하고 있는 전통적인 '시스템 개발 수명 주기'를 활용한 표준 접근 방법을 보여준 것이다. 더욱 분석적이고 전문화된 다른 기법을 사용할 수도 있다. 이 부분에서 소개할 두 가지 기법은 '실물 옵션' 접근 방법과 '데이터 품질 흐름 모델(DQFM)' 이다. 이러한 모델을 데이터 품질에 적용하는 것은 아직까지 기초 단계에 있다. 그럼에도 불구하고 이러한 모델에서 사용하고 있는 기본 아이디어와 구조는 경제성 분석을 수행하는 분석가들에게 매우 유용할 것이다.

실물 옵션(real option)

실물 옵션 접근법은 '재무 가격 결정 이론(financial pricing theory)'을 실제 자산에 적용한 것이다. 이 접근법은 재무 이론에서 발전한 것으로서 특히 블랙 쇼올스(Black-Scholes 1973)에 의해 잘 알려졌다. 이 이론은 다양한 비즈니스 문제에 적용될 수 있다. 최근에는 정보 시스템 프로젝트의 평가 방법으로 선호하고 있으며 이에 대한 연구도 진행되고 있다.

이 이론은 기업의 인프라에 대한 투자를 평가하거나, 새로운 약품 개발을 평가하거나, 석유 개발 프로젝트를 평가하는 데 쓰이는 것과 같이 데이터 품질 프로그램을 평가하는 데 사용될 수 있다. 최근에 이 이론을 이용하여 정보 기술 프로젝트의 우선 순위를 결정하는 연구가 발표되었다(Bardhan, Bagchi, Sougstad 2004). 기업의 데이터 품질 이니셔티브가 정보 기술 프로젝트로서 분류된다면, 실물 옵션 접근법은 전체적인 정보 시스템 포트폴리오의 일부로서 데이터 품질 프로젝트를 평가하고 우선 순위를 결정하는 데 사용할 수 있을 것이다.

Amram과 Kulatilaka(1998)은 실물 옵션 접근법을 구성하는 4단계 솔루션 프로세스를 다음과 같이 제시했다.

1. 적용 범위 설정: 주요 의사결정 사안, 사용 가능한 옵션, 불확실한 분야 등을 파악하는 것으로 구성됨.
2. 옵션 평가 모델 실행: 입력 변수의 설정과 사용 모델을 선택함.
3. 결과 검토: 결과를 검초하고 벤치마킹과 비교하며 다음 단계에 활용함.
4. 재설계: 결과를 바탕으로 재설계가 필요한지를 결정하고 대안을 검토하며, 필요 시 또 다른 대안까지도 확장함.

Amram과 Kulatilaka는 2단계가 매우 중요하다고 강조한다. 이 단계는 옵션 평가 모델을 실행하는 단계이다. 이 저자들은 옵션의 가치를 평가하기 위해 세 가지 일반적인 솔루션이 있다고 주장하였는데, ① 편미분 방정식과 관련된 폐쇄형(cldsed-form) 솔루션, ② 동적 프로그래밍 솔루션, ③ 시뮬레이션 모델의 사용이다. 이 솔루션들은 엔지니어링과 비즈니스 문제를 위해 적용되는 일반적인 해결책들이다. 각 해결책은 고도로 분석적이고 계량적이다. 각각의 방법에 대한 자세한 내용은 이 책에서는 다루지 않을 것이다.

이러한 아이디어를 정보 기술 프로젝트의 포트폴리오, 특히 일련의 프로젝트 우선 순위의 결정 문제에 적용하는 것에 대해 Cochran(1997)이 보고한 바 있다. 이 방법은 내포된 옵션 모델을 사용하여 옵션 가치를 평가할 때 프로젝트 간의 상호의존성을 고려한 것이다. 한편 실물 옵션 개념을 독립형 모드의 특정 데이터 품질 프로젝트 평가에 적용하는 것은 제9회 정보 품질 국제 콘퍼런스에서 발표된 적이 있다(Bobrowski와 Vazques-Soler 2004).

구체적인 데이터 품질 프로젝트 평가에 대한 시도뿐 아니라 일반적인 실물 옵션 기법들도 이를 적용하려면 높은 수준의 분석적 · 계량적 기술이 필요하다. 분석가는 시간, 노력, 모델 구축 등이 요구되는 이 기법이 합당한지, 아니면 순현재가치 할인법(discounted present value)이 충분한지를 결정해야 한다. 또한 DQFM 모델에 대해서도 유사한 질문에 답변할 수 있어야 한다.

데이터 품질 흐름 모델

제8장과 제9장에서 상품으로서의 정보에 대한 개념 및 정보상품지도(Information product maps: IP Maps)의 개념에 대해 자세히 설명할 것이다. 정보상품지도와 관련된 모델과 그 이전 모델은 Wang, Ziad, Lee(2001)에 의해 소개되었으며 '데이터 품질 흐름 모델(DQFM)' 이라고 한다. 이 모델과 형식은 데이터 품질로 인한 수익의 계량화를 돕기 위해 개발된 것이므로 여기에서는 간단하게 다루겠다. 제9장에서 설명하겠지만 IP-Map의 형식은 이 모델을 포함한다. 하지만 DQFM은 앞서 이 장에서 소개한 다른 접근 방법의 대안에 불과하다. 독자적으로 응용하여 사용하려는 분석가에게는 도움이 될 것이다. 이 부분의 자료는 Wang, Reddy, Kon(1995)의 이론을 바탕으로 하고 있다.

DQFM은 데이터 품질이 비즈니스에 미치는 영향을 분석하기 위해 설계되었다. 데이터 흐름의 표현 방식과 과정은 전통적으로 사용하는 데이터 흐름 다이어그램 모델과 유사하다. DQFM은 Jackson(1963)의 이론을 바탕으로 한 네트워크 대기행렬 접근 방법을 응용하여 복잡한 네트워크 흐름, 처리장치 또는 서버의 수익(또는 손실)을 계산하는 것이다. 이 모델로 특정 데이터 품질 문제의 증분 비용과 이러한 문제를 해결하기 위한 다양한 대안들의 효과를 계산할 수 있다. 이 모델은 다양한 품질 개선 방법의 추가적인 방안을 평가할 때 사용할 수도 있다. 이 모델은 데이터 품질이 비즈니스에 미치는 영향을 금액 단위로 평가할 수 있도록 한다. 하지만 비용과 이익의 상충효과(trade-off) 계산에는 순현재가치 할인법을 활용한다.

DQFM은 데이터 품질 흐름, 처리장치, 제어장치의 세 가지 요소를 기본으로 하는 모델링 도구이다. 데이터 품질 흐름(DQF)은 시스템을 통한 기록 또는 거래의 흐름을 말한다. 각각의 데이터 품질 흐름은 그 안에 잠재해 있는 데이터 품질의 문제에 따라서 분류되고 고유번호를 붙이는데, 여기서의 기본 전제는 DQF가 서로 독립적이라는 것이다. 여러 가지 오류가 중첩되어 발생될 가능성이 있을 때는 일단 그 중의 한 가지 분류에 집어 넣는다. 첫 번째로 분류된 오류의 종류에 따라서 수정이 된 후 두 번째로 평가될 때 다른 문제를 해결하는 순차적인 방법을 취한다. 단순화를 위해서 중첩 발생하는 오류들을 한 번만 인식하고 여러 번에 걸쳐서 수정하는 방법을 취하는 것이다. 측정과 영향 분석에서 이 오류로 인한 영향은 미미할 것이다.

그림 2.2는 DQFM의 간단한 예시이다. 그림에 나와 있는 잘못된 고객 주소의 흐름이 DQF의 예이다. DQF는 기록의 물리적 흐름이나 경로와 일치할 필요는 없다. 정보 시스템의 특정 단계에서 DQF는 제대로 된 레코드와는 분리되어 처리된다. 일반적으로 이러한 분리는 데이터 품질에 문제가 있는 데서 비롯된다. 오류가 저렴한 비용으로 즉시 수정될 경우 나타나지 않을 수도 있다. 모든 정보 시스템에는 하나 이상의 DQF 또는 수정된 DQF가 있을 것이다.

처리장치(PU)는 사람이나 컴퓨터가 DQF를 변환, 전송 또는 경로를 변경하는 행위를 나타낸다. PU는 고유하게 식별할 수 있어야 하며 실제 행위를 취하는 주체를 그림에서와 같이 명시해야 한다. PU는 비용과 관련이 있는 경우가 많다. 그림에서 PU는 '양식 작성(fill-form)' 이다. 관습적으로 PU의 실행자를 명시한다. 예를 들어 시스템이나 사용자가 양식 작성을 수행하는 것이다.

제어장치(CU)는 DQF를 검사, 확인, 수정하는 행위를 나타내는 특별한 유형의 PU이다. CU는 DQF를 올바르게 매핑하면서 모든 DQF를 수정하거나 제거한다. 여기에서 명심할 것은 수정된 DQF는 보통 삭제하지 않는다는 것이다. 각각의 CU는 고유하게 식별되어야 하고 여기서 CU의 예는 '양식 확인(check-form)' 이며 양식을 확인하고 경우에 따라서는 양식 작성으로 다시 돌아올 수도 있다.

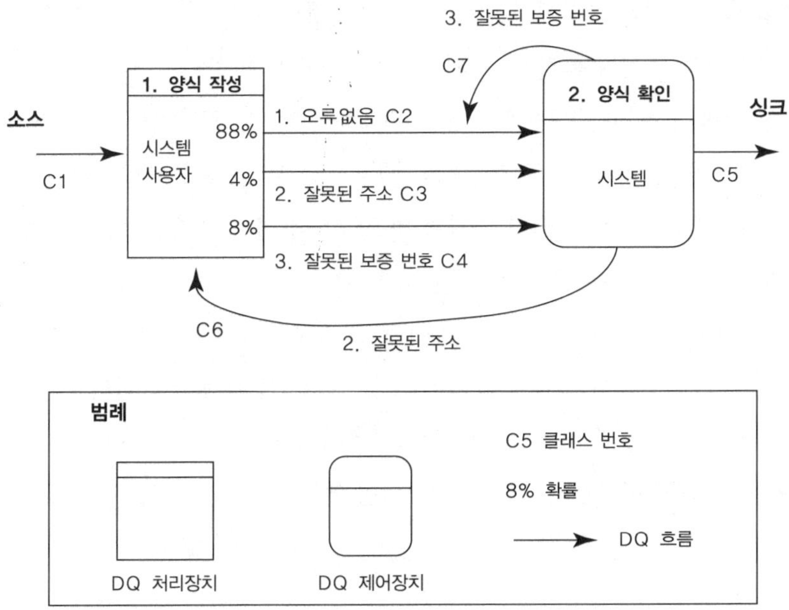

그림 2.2 데이터 품질 흐름 모델(DQFM)의 예
출처: C. Firth, *Management of the Information Product*, MIT 석사 논문, 1993.

이 예에서 시스템이 양식을 확인한 후 양식 작성 PU를 다시 수정한다. 그래서 '잘못된 주소'가 양식 작성 PU로 다시 돌아가는 것이다. 이러한 흐름은 문제가 다시 발생할 수도 있다는 가능성을 염두해 둔 것이다.

이러한 흐름은 예상 비용 및 수익을 계산하기 위해 적절한 확률을 사용하여 등식으로 나타낼 수 있다(자세한 공식에 대해서는 Wang, Reddy, Kon(1995)을 참조할 것). 실물 옵션 접근 방법과 마찬가지로 이 방법도 시간과 노력이 많이 든다. 상황에 따라 어느 방법을 쓸지 결정해야 한다.

|결론|

어떤 프로젝트에 착수할 것인지를 결정하기 위해 손익 분석을 실시하는 것은 모든 프로젝트에서 표준화된 프로세스이다. 이러한 분석은 실행이 어렵고 항상 불확실한 환경에서 실행되고 있다. 정보 시스템 프로젝트의 경우 더욱 그러하며 데이터 품질 프로젝트 및 프로그램도 마찬가지이다.

이 장에서 우리는 이익과 비용을 비교하기 위한 표준 기법을 몇 가지 검토하면서 손익 분석을 실시할 때 평가할 수 있는 몇 가지 비용 및 이익 항목들을 설명했다. 또한 데이터 품질이 비즈니스에 미칠 수 있는 영향을 평가하는 데 사용할 수 있는 고차원적 분석 모델 중 두 가지를 간략하게 소개하였다. 두 가지 방법이 모두 노력이 많이 들고 정교한 분석을 필요로 한다.

데이터 품질 분석 담당자는 이러한 손익 분석을 통해서 데이터 품질 프로그램이 제공해 줄 수 있는 가치를 좀 더 명확하게 설명할 수 있게 될 것이고, 이러한 노력이 시장에서의 경쟁력에 미칠 영향도 도출해낼 수 있을 것이다.

Chapter 03 데이터 품질 평가 1부

귀 회사의 데이터 품질은 어떠한가? 회사에서는 데이터 품질을 어떻게 분석하고 개선하는가? 데이터 품질 평가는 데이터 품질 개선업무보다 훨씬 큰 영향을 미친다. 여기에는 데이터, 관련 거래, 보고 시스템과 데이터의 수집, 저장 및 사용과 관련된 기업의 비즈니스 프로세스도 포함한다. 따라서 기업의 데이터 품질 평가는 기업의 의사 결정, 전략 수립, 업무 성과 등을 개선하는 데 매우 중요하다. 모든 새로운 프로세스 혁신이나 기업의 시스템 프로젝트는 기업의 데이터 품질 평가를 통해 개선된다.

데이터 품질 이니셔티브의 관점에서 볼 때 데이터 품질 평가는 평가 기준을 설정하고 데이터베이스, 이해 관계자, 기업 전체의 상태를 정기적으로 평가할 수 있는 수단을 제공한다. 이것은 개선이 필요한 분야를 선정하기 위한 기준이 될 수 있다. 또한 전반적인 데이터 품질 개선 프로그램을 시작할 수 있는 기반을 제공한다.

제3장과 제4장에서는 데이터 품질을 평가하기 위한 다양한 기법들을 소개하고 있다. 또한 이러한 평가 기법들이 다양한 데이터 품질 평가에서 실제로 적용되는 방법을 중점적으로 설명한다. 다음은 세 가지 주요 기법이다.

- 데이터 품질 설문조사의 활용
- 계량화가 가능한 데이터 품질 척도의 활용
- 통합 데이터 품질 관리(TDQM) 주기에 내재된 데이터 무결성 분석 기법의 이용

이 장에서는 데이터 품질 설문조사의 적용 및 그 결과의 분석과 해석에 초점을 맞춘다. 제4장에서는 데이터 품질 척도와 TDQM 주기에 있는 데이터 무결성 분석 기법의 이용에 대해 주로 다룬다. TDQM 주기는 정의, 측정, 분석, 개선으로 구성된다(Total Data Quality Management Research Program, 1999).

|평가 기법 및 접근 방법|

데이터 품질 설문조사는 기업의 여러 이해 관계자들로부터 다양한 데이터 품질 평가 항목을 도출해내도록 유도한다. 평가 결과는 이해 당사자들의 주관을 반영한다. 계량화할 수 있는 데이터 품질 척도는 데이터 품질 평가를 위한 객관적인 측정 공식으로 되어있다. 기업은 각 데이터 품질 수준에 대해 합의된 척도를 사용한다. 이러한 척도는 반복적으로 적용된다. 데이터 무결성 분석은 데이터베이스의 무결성 조건에 부합하는 직접적인 평가에 주력한다. 이러한 평가는 TDQM 주기의 범위 안에서 실행된다. 실무에서의 적절한 데이터베이스 원칙의 적용은 사용자 정의 데이터 무결성을 비롯한 모든 데이터 무결성 규칙을 포함한다. 이 기법은 사람의 개입이 적은 편으로 초기에는 데이터 이용자가 직접적으로 관여하지 않아도 된다.

이러한 기법의 조합을 통해 구사되는 다양한 전략은 기업의 데이터 품질을 평가하는 데 활용될 수 있다. 우리는 이러한 전략의 세 가지 접근 방법을 실무에 적용한 사례와 함께 여기에 소개할 것이다.

첫 번째는 Pipino, Lee, Wang(2002)이 소개한 '비교 접근 방법(comparative approach)'으로서 데이터 품질 설문조사와 계량화가 가능한 데이터 품질 척도를 사용한다. 이것은 설문조사에서 수집한 데이터(각 그룹의 이해 관계자의 관점)와 계량화된 측정 결과를 비교하는 것이다. 비교 결과는 개선이 필요한 주요 분야의 진단 및 우선순위를 결정하는 데 사용된다. 이 방법을 종종 '진단식 접근법' 이라고도 부른다. 그 이유는 이 기법에 진단 성격이 있기 때문이고, 이것은 '대안적 비교 접근 방법' 과 구별되는 것이다.

대안적 비교 접근 방법은 데이터 품질 설문조사 결과를 사용하여 개선할 주요 분야를 분석하고 우선순위를 결정한다. 여기에는 갭 분석과 벤치마크 분석이 포함된다. 여기서는 두 가지 다른 기법의 결과를 비교하는 것이 아니다. 설문조사 기법을 사용하여 비교하는 방법은 업계 표준 또는 우수 사례를 가진 회사에 대해 각 이해 관계자들(수집가, 보관자, 소비자)의 결과를 비교하는 것이다. 이 접근 방법은 AIMQ 방법론(Lee et al., 2002)의 광범위한 카테고리 안에 포함된다.

세 번째 접근 방법은 Lee et al.(2004)에서 소개되었으며 프로세스 중심의 TDQM 주기 내에 데이터 무결성 분석을 포함시키는 것이다. 이 방법은 데이터 품질 프로젝트에 대해 데이터 무결성 분석에 대한 결과를 시간순으로 기록한다. 이 기록으로 기업은 변화하는 환경에 적응하고 지속적인 데이터 품질 향상 프로그램을 관리할 수 있다.

이러한 모든 기법은 기업의 개별적 요구와 목표에 따라 적용하고 맞춤화할 수 있다.

| 실제 상황에서의 평가 접근 방법 |

비교 접근 방법: 주관적 및 객관적 평가방법

데이터 품질 분석에 대한 진단적 접근 방법은 다음 세 가지 단계로 구성된다. ① 데이터 품질 설문조사를 실시하고 데이터 품질 메트릭스를 사용하여 데이터의 품질을 측정하고, ② 두 가지 측정의 결과를 비교하여 차이점을 확인하고 그 근본 원인을 파악하며, ③ 개선을 위해 필요한 조치를 정하고 실행하는 것이다.

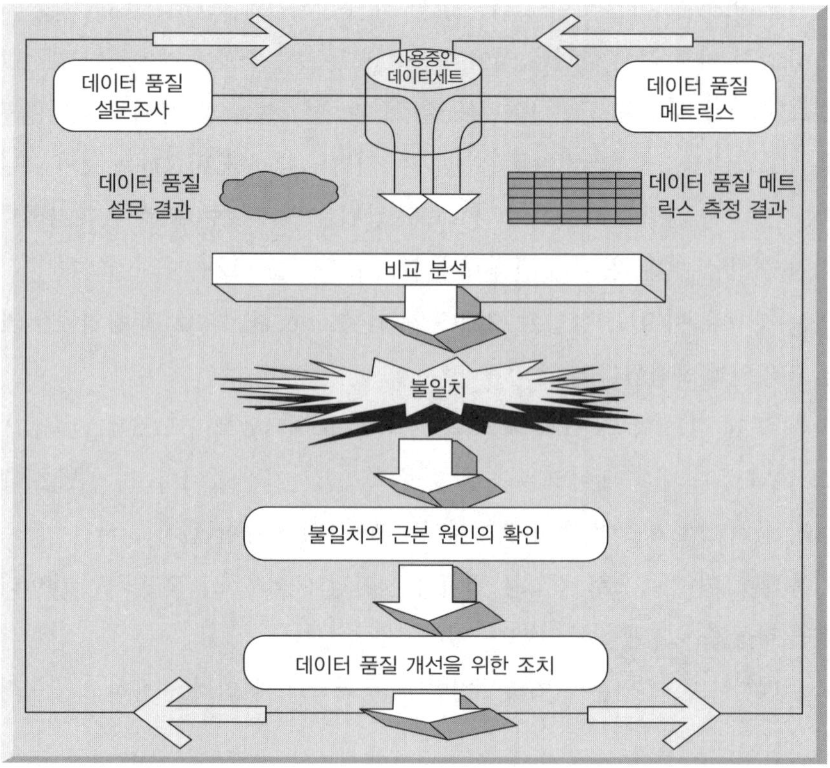

그림 3.1 진단적 접근 방법: 개요
출처: Pipino, Lee, Wang 2002, p. 216에서 인용.

기법에서 정보의 품질을 유지하고 다양한 이해 관계자 사이의 지식 수준을 확인하기 위해 회사가 운영하는 메커니즘에서 나오는 정보를 비교분석의 자료로서 사용할 수 있어야 한다. 의무적인 것은 아니지만 이러한 정보는 비교분석을 명확하게 하고 불일치와 그 근본 원인 파악에 도움이 된다. 이 방법은 그림 3.1에서 설명하고 있다.

분석의 시작 단계에서 설문조사의 결과와 특정 항목의 메트릭스 결과를 비교하였다. 이 단계를 수행하기 위해 기업들은 어떠한 변수(데이터 품질 요소)가 중요한지에 대해 분명한 개념을 가지고 있어야 한다. 이러한 요소들에 대한 데이터 품질의 평가는 데이터 수집가, 데이터 관리자, 데이터 소비자 등 세 이해 관계자 그룹에서 각각 얻어야 한다. 설문조사에 사용된 이들 품질 요소들도 가능한 한 객관적으로 측정되어야 한다. 이렇게 하여 정해진 요소에 대한 계량화된 메트릭스를 개발하게 되는 것이다.

이러한 측정을 한 후 분석가는 설문조사 결과와 메트릭스 평가를 비교할 수 있다. 비교 평가시 2 × 2 매트릭스는 매우 유용하다(그림 3.2 참조).

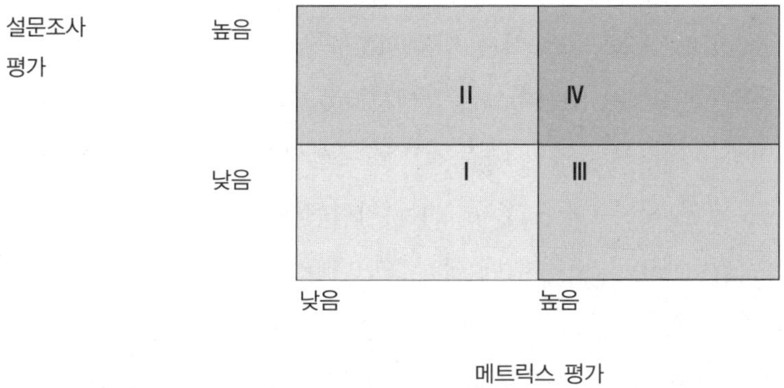

그림 3.2 진단적 접근 방법: 설문조사 및 메트릭스 평가
출처: Pipino, Lee, Wang 2002, p. 217.

분석의 결과는 네 가지 항목 중 하나에 속한다. 분석의 최종 목표는 IV 사분면에 해당하는 데이터 품질 상태에 도달하는 것이다. 분석 결과가 I, II 또는 III 사분면에 속할 경우 회사는 불일치에 대한 근본 원인을 찾아 시정 조치를 취해야 하는데 각각의 경우에 따라 시정 방법도 다르다.

예를 들어 어떤 요소에 대한 메트릭스 평가에는 데이터의 품질이 높은 것으로 나타났지만, 설문조사 평가 결과에서 데이터의 품질이 좋지 않은 것으로 나타난 경우(III 사분면)에 불일치의 원인을 찾아내야 한다. 과거에 저품질의 데이터가 현재에는 크게 개선되어 객관적으로 좋게 평가할 만 하다고 해도, 설문조사 응답자의 마음에는 이러한 관념이 자리를 잡고 있음으로 불일치로 나타날 수 있다. 또한 객관적으로 측정되는 항목이 이해 관계자가 평가하는 것과 다를 수 있으며, 데이터에 문제가 있거나 평가가 되는 대상에 문제가 있을 수도 있다. 이러한 유형의 정보는 문제를 진단하는 데 도움이 된다.

주관적 평가: IQA 설문조사

정보 품질 평가(IQA) 설문조사 방법(CRG, 1997a)의 목적은 데이터 품질에 대한 응답자의 주관적 평가와 응답자의 데이터 품질 프로세스, 프로그램, 사용 기법 등에 대한 지식을 묻는 것이다. 응답자는 수집가, 관리자, 소비자로서 기업 정보와 관련하여 상호작용을 하는 사람들로 구성된다.

IQA 질문문항은 0에서 10까지의 등급에서 0은 '전혀 아님' 을, 10은 '전적으로' 를 의미하는 리커트 유형의 10점 척도로 구성된다. 이 설문조사는 8가지 섹션으로 구분된다. 섹션 1에는 평가하려는 입력 정보의 특성과 응답자의 세 가지 역할(수집가, 관리자, 소비자)에 대해 확인한다. 특정 역할을 수행하는 사람들을 관리하는 매니저는 그 역할 그룹의 일원으로 간주된다. IQA의 섹션 2에서는 정보의 품질 요소를 평가한다. IQA의 섹션 3에서는 데이터 품질 프로그램이 존재한다는 사실에 대한 지식, 데이터 품질 담당자, 사용 중인 데이터 품질 소프트웨어 도구 등과 같은 것을 포함하여 기업의 데이터 품질 환경과 관련된 응답자의 지식에 대해 정보를 수집한다. 섹션 4에서는 데이터 품질 문제에 대한 배경 정보를 수집한다. 섹션 5, 6, 7에서는 응답자의 데이터 수집, 저장, 사용 프로세스에 관한 지식(대상, 방법, 이유)에 대한 정보를 수집한다. 섹션 8에서는 데이터 품질 요소에 대한 응답자의 중요도에 대해 알아본다. IQA의 사본은 이 장의 부록에 있다.

섹션 1에서 얻은 인구통계학적 정보는 분석 및 진단에 있어 상당히 유용하다. 이 정보는 섹션 2-8에서 얻은 정보에 대한 배경 설명이나 정황을 이해하는 데 도움을 줄 수 있다. 응답자의 역할별 그리고 데이터베이스 간의 비교 평가를 할 때도 유용하다. 섹션 2-8에서 얻은 정보는 모든 분석과 진단에 많은 도움을 준다. 이러한 모든 정보는 비교 분석, 근본 원인 확인, 불일치 해결 등에 중요한 부분이 된다.

설문을 더욱 간편하게 응답하도록 하기 위해 전자식 IQA를 만들었다. 인쇄물 형태와 전자식 형태는 다양한 기업에서 모두 사용되어 왔다. 전자식 형태는 답변이 자동으로 입력되므로 선호되고 있다. 답변을 정보의 소스, 즉 응답자로부터 직접 얻을 수 있다면 가장 정확한 입력이 이루질 것이고 오류가 극소화되는 것은 당연한 일이다. 중간에서 입력자가 자료를 전환할 경우 오류가 발생할 수 있을 것이다. 그림 3.3과 3.4에 표시된 예는 IQA 설문조사의 전자식 형태이다.

전체가 69 문항으로 이루어진 섹션 2 설문조사의 처음 16개 문항은 그림 3.4에 나타나 있다. 응답자는 각 질문에 0~10까지의 숫자를 선택하여 답변한다. 선택한 응답은 선택 버튼의 왼쪽에 표시된다. 응답자가 원할 경우 답변을 버튼 왼쪽에 직접 입력할 수도 있다.

이 설문지는 포춘지 선정 500대 기업 중 다수의 기업이 효과적으로 사용해왔으며 공공 부문의 여러 기관도 사용했다.

이 설문을 통해 이해 관계자 그룹의 개개인이 인식하고 있는 데이터 품질 상태를 분석할 수 있는 기준을 마련할 수 있다. 이해 관계자 그룹 간의 비교

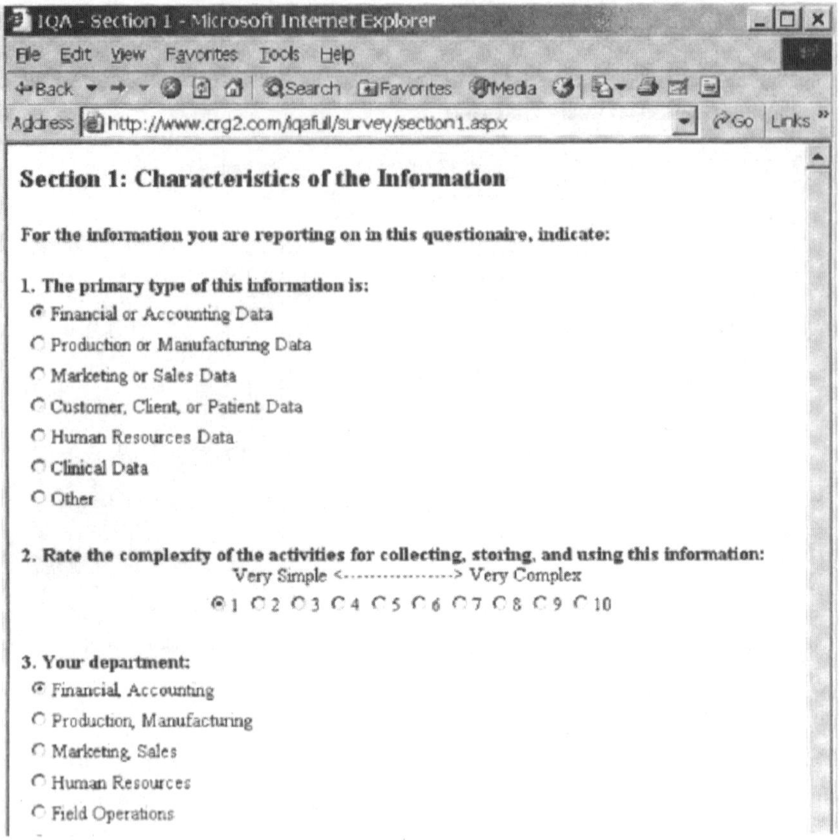

그림 3.3 IQA 설문조사의 샘플 섹션 1
출처: Cambridge Research Group(CGR, 1997a).

분석도 할 수 있다. 이해 관계자 개인이 다양한 요소에 대한 갖는 상대적 중요성도 파악할 수 있다. 기업은 자사의 정보 품질 평가 수준을 우수 사례 기업의 평가 수준과 벤치마킹할 수도 있다. 이러한 분석들은 기업이 개선 노력에 집중하도록 해준다. 이 모든 정보는 객관적 측정방법들과 비교함으로써 진단적 접근 방법을 더욱 유용하게 만든다. 그림 3.5는 세 분류의 이해 관계자들의 정보 품질에 대한 주관적 평가를 그림으로 보여준다.

데이터 품질과 관련된 일부 요소의 평가는 이해 관계자 그룹 간의 의견

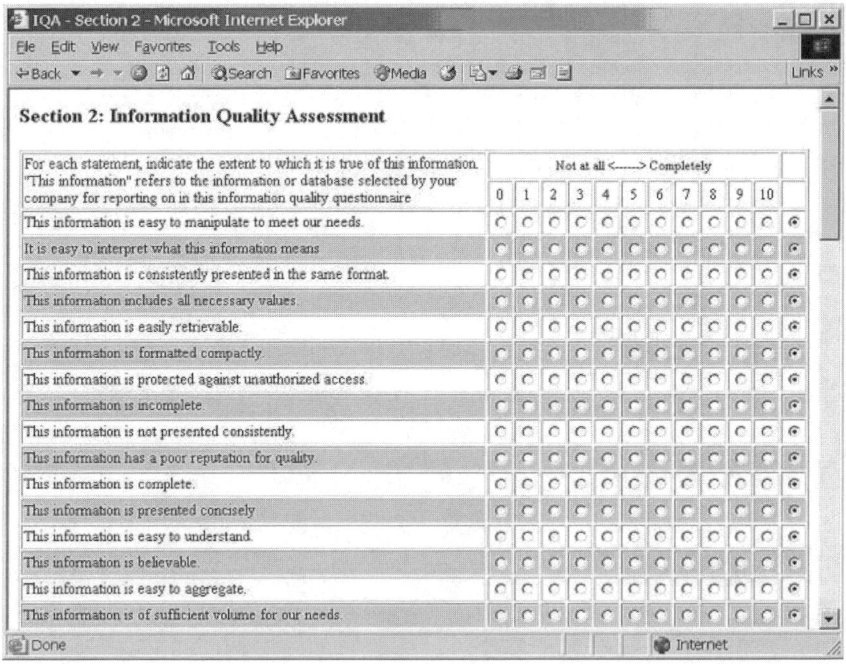
IQA - Section 2 - Microsoft Internet Explorer

Section 2: Information Quality Assessment

For each statement, indicate the extent to which it is true of this information. "This information" refers to the information or database selected by your company for reporting on in this information quality questionnaire	Not at all <-----> Completely										
	0	1	2	3	4	5	6	7	8	9	10
This information is easy to manipulate to meet our needs.											
It is easy to interpret what this information means											
This information is consistently presented in the same format.											
This information includes all necessary values.											
This information is easily retrievable.											
This information is formatted compactly.											
This information is protected against unauthorized access.											
This information is incomplete.											
This information is not presented consistently.											
This information has a poor reputation for quality.											
This information is complete.											
This information is presented concisely											
This information is easy to understand.											
This information is believable.											
This information is easy to aggregate.											
This information is of sufficient volume for our needs.											

그림 3.4 IQA 설문조사의 샘플 섹션 2
출처: Cambridge Research Group(CGR, 1997a).

차이가 있는 것이 확실하게 나타난다. 그림 3.5는 세 그룹의 이해 관계자들이 데이터 품질은 양호하다는 것에 동의했지만 데이터 수집가들을 관리하는 매니저는 품질이 더 낮다고 평가했음을 보여준다. 마찬가지로 질문 14의 경우 정보의 관리자, 매니저, 수집가 간 평가에 차이가 있다.

또 다른 분석기법으로 다양한 이해 관계자들이 제공한 데이터 품질 요소에 대한 중요도 평가를 들 수 있다. 중요도 평가는 품질 평가와 결합하여 중요도 등급으로 가중치를 부여하면 새로운 품질 등급을 얻을 수 있다. 통계학적으로 볼 때 이와 같은 결합에 대해 이론적인 의문이 제기될 수도 있지만 기업 입장에서는 중요하지 않은 요소에 과도하게 가중치를 부과하지 않도록 하는 실용적인 목적이 있다.

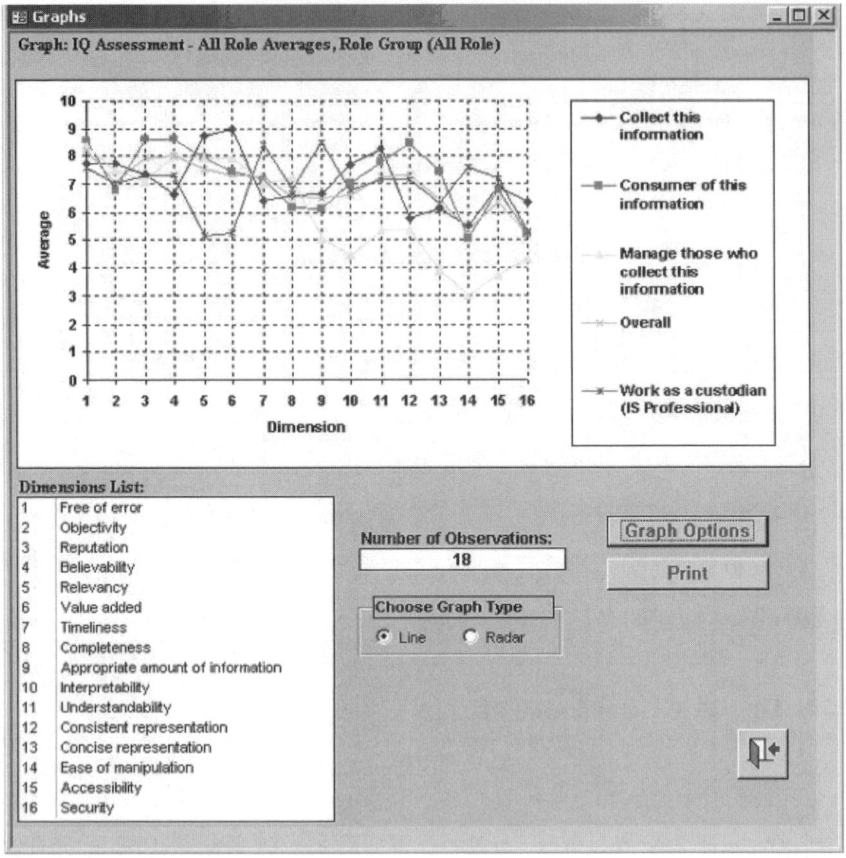

그림 3.5 역할에 따른 IQA 평가
출처: Huang, Lee, Wang, 1999.

|갭 분석 기법|

IQA 설문은 개별 요소의 차원에서 정보 품질을 평가할 수 있게 해준다. 예를 들어 어떤 기업을 다른 기업과 비교(벤치마킹)하거나, 기업 내의 다양한 역할을 하는 개인으로부터 얻은 답변을 서로 비교하여 평가할 수 있다.

이것은 결국 벤치마크 갭 분석 및 역할 갭 분석 기법으로 이어지며 정보 품질 문제 영역을 식별하는 데 유용하다(Lee et al., 2002).

벤치마크 갭(benchmark gap) 분석

기업들의 공통적 고민인 다른 기업에 비해 얼마나 잘하고 있는가 라는 의문을 벤치마킹이 해결해 준다. IQA 설문조사는 언제라도 기업에서 정보 품질의 상태가 어떠한지 알 수있게 해 준다. 우수 사례 기업의 경우 IQA 측정 결과는 다른 기업이 자신을 평가할 수 있는 데이터 품질에 관한 벤치마크 자료로 제공된다.

첫 번째 기법인 벤치마크 갭 분석은 벤치마크에 대한 기업의 정보 품질을 평가한다. 그림 3.6은 사용 용이성이란 요소('사용이 간편한 데이터')에 대한 간단한 벤치마크 갭 다이어그램을 나타내며 벤치마크 회사 #1과 다른 4개의 회사와 비교하고 있다. *y*축은 품질의 등급이며 0에서 10까지의 범위를 갖는다. *x*축은 해당 등급으로 품질을 평가한 응답자의 비율이다.

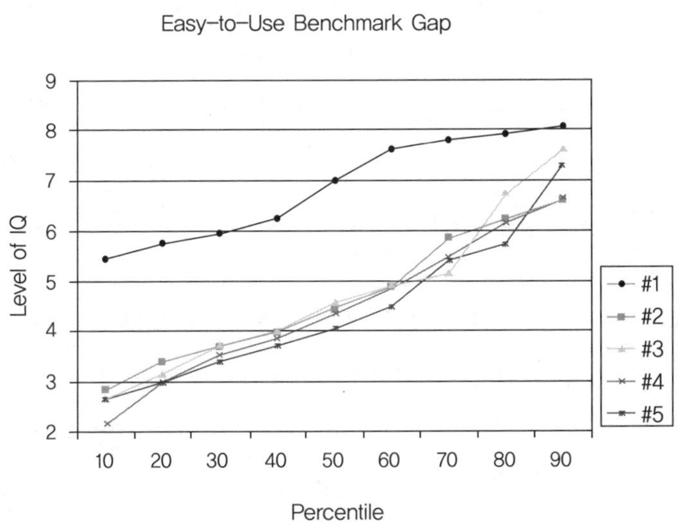

그림 3.6 '사용이 간편한 데이터'의 벤치마크 분석사례
출처: Lee et al. 2002, p. 141.

벤치마크 갭을 분석할 때 다음 세 가지 요인을 고려해야 한다.

- 갭 영역의 규모
- 갭의 위치
- *x*축에 있는 다양한 크기의 갭

우수 사례 기업과 4개의 다른 기업 사이에는 상당한 차이가 있다. 따라서 4개의 기업에서는 데이터 사용을 크게 개선할 수 있는 여지가 있다. 갭의 위치는 *y*축에서의 위치를 말한다. 예를 들어 10%일 경우 갭은 2~5.5 사이에 위치하며 60%일 경우 갭은 4.5~7.6 사이에 위치한다. 이 경우, 갭의 크기는 *x*축의 다양한 값에 대해 별로 변함이 없다. 그러나 회사 3의 경우, 갭의 크기가 70%이상에서는 점점 작아진다.

역할 갭(role gap) 분석

역할 갭 분석은 기업 내에서 여러 부서에서 근무하는 응답자, 또는 정보 시스템 전문가, 정보 소비자들로부터 얻은 데이터 품질 평가를 비교한다. 역할 갭 분석은 역할간의 차이가 벤치마크 갭을 만들어낸 것인지를 확인하는 데 유용한 진단 기법이다. 설문조사 결과와 역할 사이의 평가 비교는 정보 품질 문제를 식별하고 이를 개선하는 기준을 마련해준다.

그림 3.7은 사용 용이성 요소에 대한 역할 갭 다이어그램을 간소화한 것이다. *x*축을 따라 있는 각 번호는 5개 기업 중 하나를 의미한다. 기업 1은 우수 사례 기업이다. 기업의 식별번호는 그림 3.6에서 사용한 것과 동일한 것이다. *y*축은 품질의 등급이다. 그림 3.7 그래프의 점은 정보 소비자와 정보 시스템 전문가가 각각 평가한 정보 품질의 평균 등급이다. 각 기업에서 다이아몬드 모양과 사각형 사이의 선은 역할 갭의 크기를 나타낸다.

역할 갭을 분석할 때 다음과 같이 세 가지 요인을 고려해야 한다.

- 갭 영역의 크기

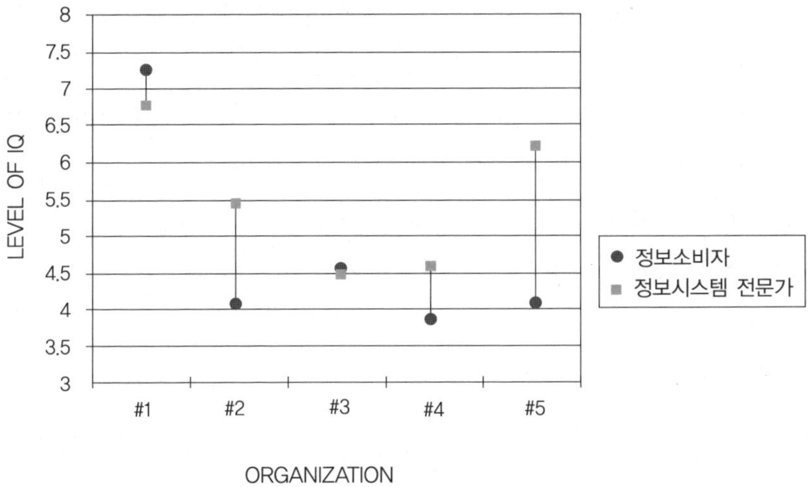

그림 3.7 '사용이 간편한 데이터'의 역할 갭 분석사례
출처: Lee et al., 2002, p. 142.

- 갭의 위치
- 갭의 방향(양수 또는 음수)

그림 3.7에서 역할 갭의 크기(선의 길이)는 기업 2와 5가 다른 기업 3, 4보다 월등하게 컸으며 이것은 기업 2와 5에 있어서 정보 소비자와 정보 전문가가 회사 시스템의 데이터 사용 용이성에 대한 의견이 일치하지 않고 있음을 나타내고 있다. 우수 사례 기업에 대한 갭의 위치는 약 7 수준이며 상당히 좋은 편이다. 반면, 기업 3의 갭 위치는 4.5 수준밖에 안 된다. 두 기업의 갭의 크기는 작았지만 기업 1은 기업 3보다 훨씬 높은 정보 품질을 보유하고있다. 갭의 방향은 정보 시스템 전문가가 데이터 품질의 수준을 정보 소비자가 평가한 것보다 높다고 할 경우 양수로 정의된다. 기업 5의 경우 가장 큰 양수의 갭을 보이고 있다. 우수 사례 기업은 작은 음수 갭을 가지고 있다.

큰 양수 갭은 전문가가 정보 소비자가 겪고 있는 문제를 알지 못한다는 것을 의미한다. 일반적으로 큰 양수 갭을 가진 기업은 정보 전문가와 소비자

사이의 동의를 얻어 문제를 해결하는 일에 주력해야 한다. 갭의 크기가 작을 경우, 해당 수준에 대해 서로 동의하고 있으므로 기업은 자체 정보 품질을 개선시키기 위한 노력에만 몰두하면 된다. 갭의 크기가 작으면 갭의 위치만 확인하면 된다. 위치가 높을 경우 정보 품질이 좋은 것이므로 단계적 개선이 가장 적합하고, 위치가 낮을 경우 대규모 개선 노력으로 눈에 띄는 품질 향상을 자져올 수 있을 것이다.

|데이터 무결성 평가|

데이터 품질 평가의 세 번째 기법은 프로세스에 내재된(process-embedded) 데이터 무결성 접근 방법이다. 데이터 무결성 규칙은 프로세스 기반의 종합 데이터 품질 관리 주기와 함께 평가된다.

데이터 무결성 규칙이 급변하는 실제 상황을 반영하도록 하려면, 기업들은 데이터 무결성 규칙이 실제 상태의 변화에 맞추어 재정의될 수 있도록 하는 매핑 가이드를 가진 프로세스가 필요하다. 이를 위한 하나의 솔루션은 데이터 무결성 규칙을 TDQM 프로세스로 내재화시키는 것으로 다음과 같은 단계를 거쳐 데이터 품질을 향상시킨다. 먼저 기업이 자사의 데이터나 이 데이터의 사용 정황에 맞는 데이터 품질을 우선 정의하여 데이터 무결성 규칙을 만든다. 그 다음 이러한 무결성 규칙에 대해 데이터 품질을 측정한다. 측정은 위반 비율과 같은 단순 측정법 또는 데이터와 정의된 데이터 품질 표준 사이의 차이와 같은 정교한 측정법 등을 사용할 수 있다. 세 번째, 위반의 근본 원인을 분석하여 데이터 품질을 데이터 무결성 규칙에 맞추도록 개선하는 계획을 세운다. 또한 위반이 실제로는 유효한 데이터일 경우 데이터 무결성 규칙을 재정의한다. 이 재정의 작업은 데이터 품질의 지속적인 개선을 위해 무엇보다 중요하며 프로세스가 단순한 반복만 거듭하는 것 이상의 프로세스가 되도록 한다.

이러한 단계의 결과는 프로세스와 통합된 데이터 무결성 접근 방법이다.

이 접근 방법은 광범위하고 급변하는 데이터의 활용 측면에서 데이터 품질을 향상시키려는 기업의 프로세스와 확실하게 연결시켜주는 역할을 한다. 이것은 기업의 데이터 무결성 규칙을 더욱 가시화하고 식별하기 쉽도록 해주는 효과적인 방법이다. 규칙에 대해 각자 심도있게 생각하도록 유도하고 기업의 다른 부문과도 상호 교류하도록 만든다. 중요한 것은 이것이 기업 데이터의 광범위하고 동적인 특성을 지원해준다는 것이다. 이 기법의 전반적인 사항과 세부적인 데이터 무결성 도구는 제4장에서 자세히 다룰 것이다.

|결론|

이 장에서는 데이터 품질을 각 이해 관계자(정보수집가, 관리자, 소비자)의 관점에서 주관적으로 평가하는 방법을 소개했다. 이것은 기업에서 데이터 품질에 대한 경각심을 증대시키는 중요한 사항이다. 또한 데이터 품질 향상에 사용할 수 있는 진단적 절차와 비교 분석 절차에 대해서도 설명했다. 이 절차는 데이터 품질에 대한 주관적인 평가를 위주로 하고 있다. 주관적인 측정을 하기 위해 사용하는 도구 중 하나가 IQA 설문조사이다. 이 설문 조사는 자동화되어 널리 사용되고 있다.

이러한 조사를 통해 얻은 정보를 사용하여 다양한 분석을 실시할 수 있다. 이 장에서 설명한 방법을 올바르게 적용한다면 업무의 우선 순위를 정하고 개선을 위한 자원을 할당하는 의사결정을 해야 하는 다양한 기업에서 정보 품질 평가를 하기 위한 효과적인 방법을 설계할 수 있다.

다음 장에서는 데이터 품질 요소의 객관적 측정 기법에 대해 논의한다. 이 방법은 진단적 절차의 일부로서 주관적 평가와 비교하는 데 필요하다.

| 부록: IQA 설문조사 |

자세한 정보와 맞춤식 버전의 IQA 설문조사에 관해서는 info@crg2.com으로 문의하면 된다.

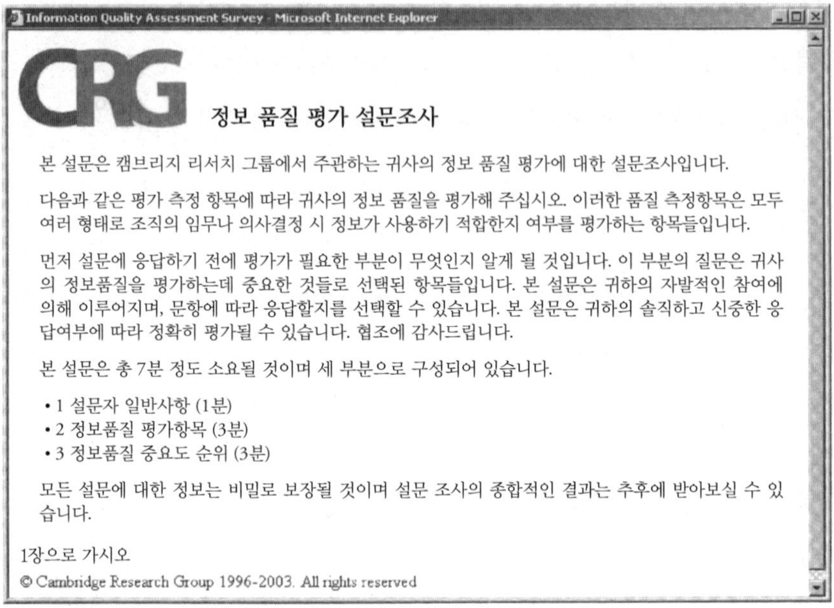

Information Quality Assessment Survey - Microsoft Internet Explorer

CRG 정보 품질 평가 설문조사

본 설문은 캠브리지 리서치 그룹에서 주관하는 귀사의 정보 품질 평가에 대한 설문조사입니다.

다음과 같은 평가 측정 항목에 따라 귀사의 정보 품질을 평가해 주십시오. 이러한 품질 측정항목은 모두 여러 형태로 조직의 임무나 의사결정 시 정보가 사용하기 적합한지 여부를 평가하는 항목들입니다.

먼저 설문에 응답하기 전에 평가가 필요한 부분이 무엇인지 알게 될 것입니다. 이 부분의 질문은 귀사의 정보품질을 평가하는데 중요한 것들로 선택된 항목들입니다. 본 설문은 귀하의 자발적인 참여에 의해 이루어지며, 문항에 따라 응답할지를 선택할 수 있습니다. 본 설문은 귀하의 솔직하고 신중한 응답여부에 따라 정확히 평가될 수 있습니다. 협조에 감사드립니다.

본 설문은 총 7분 정도 소요될 것이며 세 부분으로 구성되어 있습니다.

- 1 설문자 일반사항 (1분)
- 2 정보품질 평가항목 (3분)
- 3 정보품질 중요도 순위 (3분)

모든 설문에 대한 정보는 비밀로 보장될 것이며 설문 조사의 종합적인 결과는 추후에 받아보실 수 있습니다.

1장으로 가시오

© Cambridge Research Group 1996-2003. All rights reserved

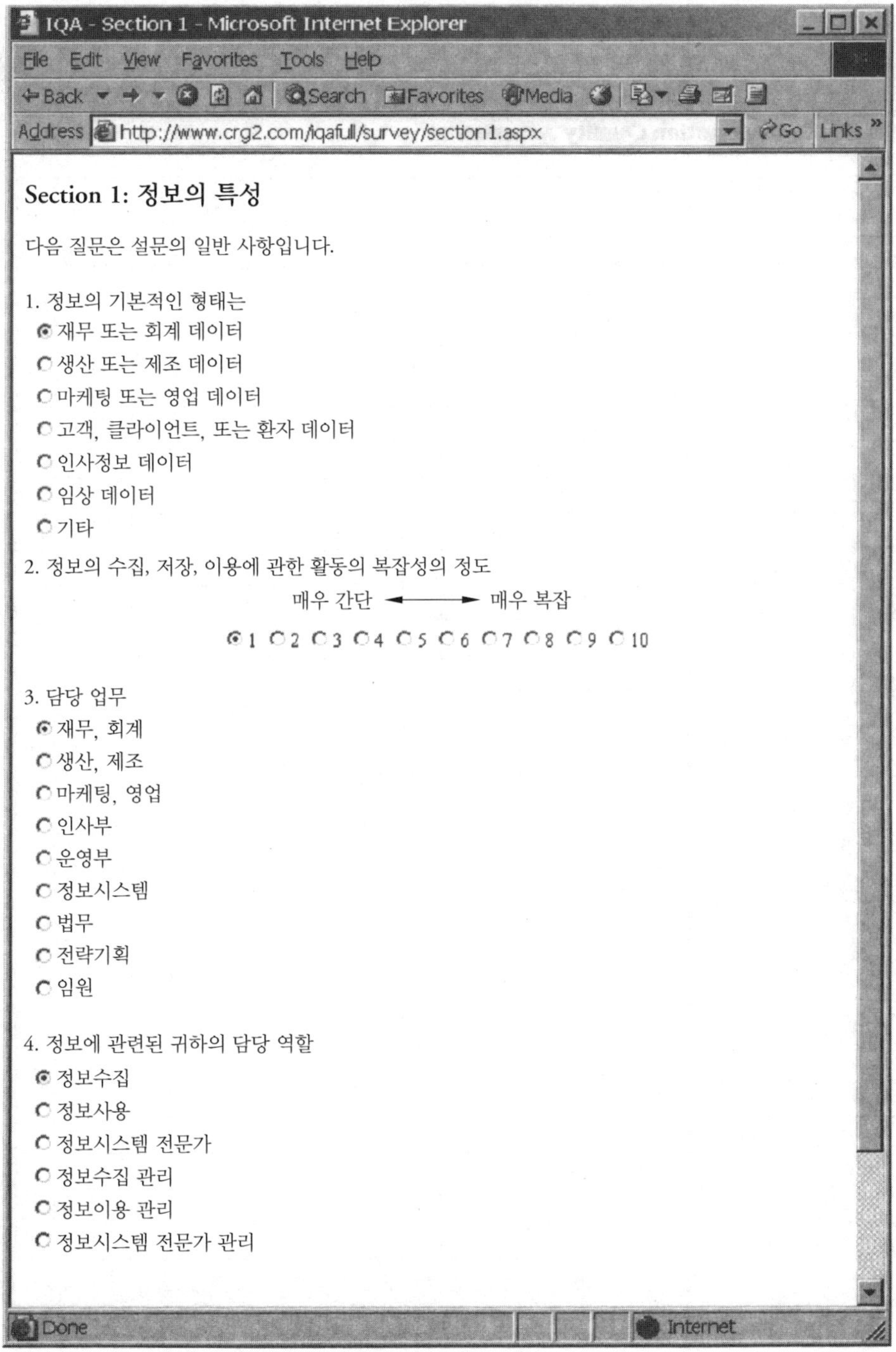

IQA - Section 1 - Microsoft Internet Explorer

File Edit View Favorites Tools Help

Address http://www.crg2.com/iqafull/survey/section1.aspx

Section 1: 정보의 특성

다음 질문은 설문의 일반 사항입니다.

1. 정보의 기본적인 형태는
   - ◉ 재무 또는 회계 데이터
   - ○ 생산 또는 제조 데이터
   - ○ 마케팅 또는 영업 데이터
   - ○ 고객, 클라이언트, 또는 환자 데이터
   - ○ 인사정보 데이터
   - ○ 임상 데이터
   - ○ 기타

2. 정보의 수집, 저장, 이용에 관한 활동의 복잡성의 정도

   매우 간단 ←——→ 매우 복잡

   ◉ 1 ○ 2 ○ 3 ○ 4 ○ 5 ○ 6 ○ 7 ○ 8 ○ 9 ○ 10

3. 담당 업무
   - ◉ 재무, 회계
   - ○ 생산, 제조
   - ○ 마케팅, 영업
   - ○ 인사부
   - ○ 운영부
   - ○ 정보시스템
   - ○ 법무
   - ○ 전략기획
   - ○ 임원

4. 정보에 관련된 귀하의 담당 역할
   - ◉ 정보수집
   - ○ 정보사용
   - ○ 정보시스템 전문가
   - ○ 정보수집 관리
   - ○ 정보이용 관리
   - ○ 정보시스템 전문가 관리

Done Internet

IQA - Section 2 - Microsoft Internet Explorer

Section 2: 정보 품질 평가

다음 항목은 정보의 특정 부분에 대해 기술하고 있습니다. 동의하시는 정도에 따라 평가하십시오. 여기서 정보란 정보품질 평가에 이용된 귀사의 정보와 데이터베이스를 말합니다.	전혀 아니다 ◄──► 매우 그렇다										
	1	2	3	4	5	6	7	8	9	10	
이 정보는 우리의 필요에 맞춰 조작하기 쉽다.											
이 정보의 의미를 쉽게 해석할 수 있다.											
이 정보는 항상 일관성 있는 형식을 취한다.											
이 정보는 필요한 값을 가지고 있다.											
이 정보는 쉽게 검색할 수 있다.											
이 정보는 간결한 형태로 되어 있다.											
이 정보는 승인 하에 접속하도록 보호되고 있다.											
이 정보는 완벽하지 않다.											
이 정보는 일관성이 없다.											
이 정보의 품질이 좋지 않다고 알려져 있다.											
이 정보는 완벽하다.											
이 정보는 간결하게 보여진다.											
이 정보는 이해하기 쉽다.											
이 정보는 신뢰할 만하다.											
이 정보는 집계하기 쉽다.											
이 정보는 충분한 분량이다.											
이 정보는 정확하다.											
이 정보는 업무에 유용하다.											
이 정보는 우리 일에 큰 도움을 준다.											
이 정보는 쉽게 접속할 수 있다.											
이 정보는 좋은 평판을 받고 있다.											
이 정보는 최신 자료이다.											
이 정보는 해석하기 어렵다.											
이 정보는 적절한 보안장치로 보호받지 않고 있다.											
이 정보는 신뢰성이 의심스럽다.											
이 정보의 양은 우리가 필요한 양에 부족하다.											
이 정보는 우리의 필요에 충족할 만큼 조작하기 어렵다.											
이 정보는 적시에 사용하기에 부족하다.											

IQA - Section 2 - Microsoft Internet Explorer

이 정보는 집계하기 어렵다.											
이 정보의 양은 우리의 필요에 불충분하다.											
이 정보는 부정확하다.											
이 정보는 우리의 일에 부가가치를 만들지 않는다.											
이 정보는 객관적으로 수집되었다.											
입력된 코드 정보를 해석하기 어렵다.											
이 정보의 의미를 이해하기 어렵다.											
이 정보는 최신 정보가 아니다.											
이 정보는 쉽게 해석될 수 있다.											
이 정보의 양은 너무 과도하지도 너무 적지도 않다.											
이 정보는 정확하다.											
이 정보의 접근은 충분히 제한적이다.											
이 정보는 일관성이 있다.											
이 정보는 품질에 대한 호평을 가지고 있다.											
이 정보는 이해하기 쉽다.											
이 정보는 사실에 근거하고 있다.											
이 정보는 우리의 욕구를 충족시킨다.											
이 정보는 확실히 믿을만 하다.											
이 정보는 우리 일에 관련이 있다.											
이 정보를 이용하는 것은 우리일의 가치를 높여준다.											
이 정보는 간결한 형태로 이루어져 있다.											
이 정보는 우리 일에 적절하다.											
이 정보의 의미는 이해하기 쉽다.											
이 정보는 신뢰할 만하다.											
이 정보는 우리의 임무에 필요한 사항들을 제공한다.											
이 정보의 표현은 간결하고 간단하다.											
이 정보는 우리의 임무에 가치를 향상시킨다.											
이 정보의 측정단위는 명백하다.											
이 정보는 객관적이다.											
이 정보는 필요한 사람만 접근이 가능하다.											
이 정보는 적시에 사용하기에 충분하다.											
이 정보는 다른 정보들과 결합하기 쉽다.											

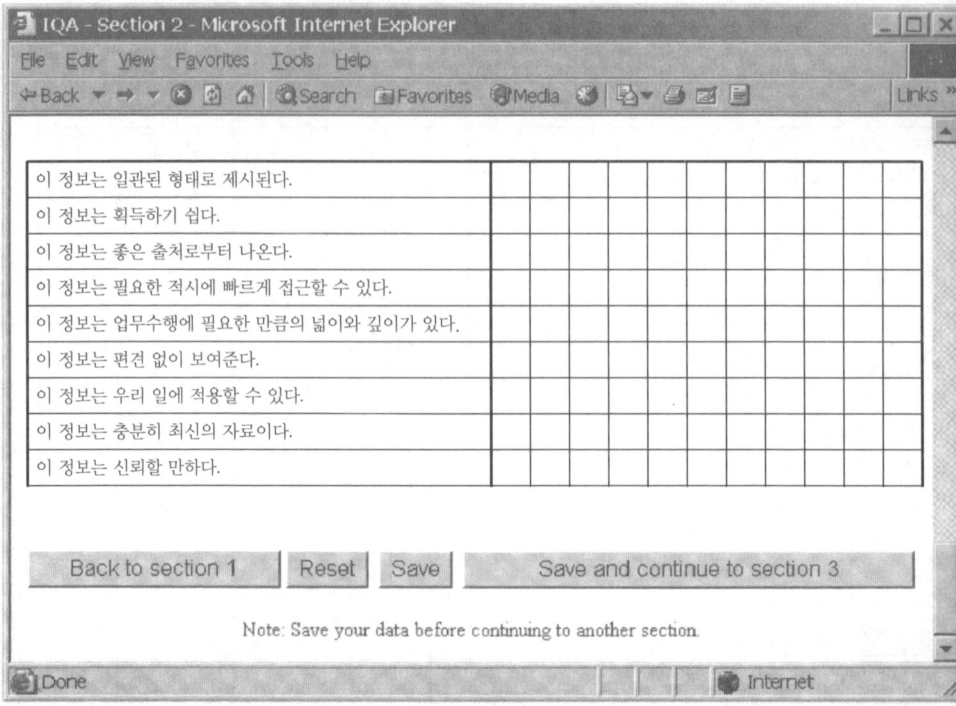
IQA - Section 2 - Microsoft Internet Explorer
File Edit View Favorites Tools Help
Back Search Favorites Media Links
이 정보는 일관된 형태로 제시된다.
이 정보는 획득하기 쉽다.
이 정보는 좋은 출처로부터 나온다.
이 정보는 필요한 적시에 빠르게 접근할 수 있다.
이 정보는 업무수행에 필요한 만큼의 넓이와 깊이가 있다.
이 정보는 편견 없이 보여준다.
이 정보는 우리 일에 적용할 수 있다.
이 정보는 충분히 최신의 자료이다.
이 정보는 신뢰할 만하다.
Back to section 1
Reset
Save
Save and continue to section 3
Note: Save your data before continuing to another section.
Done
Internet

IQA - Section 3 - Microsoft Internet Explorer

File Edit View Favorites Tools Help

Back Search Favorites Media Links

Section 3: 정보 품질 환경(context) 평가

다음 항목은 귀사의 특성과 품질에 관련된 활동에 관한 정도를 나타내고 있습니다.	전혀 아니다 ◄──► 매우 그렇다										
	1	2	3	4	5	6	7	8	9	10	
우리 회사는 TQM 시스템을 적용하고 있다.											
우리 회사는 정보의 결함을 찾아내는 도구를 가지고 있다.											
우리 회사에서는 정보의 품질을 확인하는 담당 직원이 있다.											
우리 회사는 정보의 일관성을 확인할 수 있는 도구가 있다.											
우리 회사의 직원들은 각자 업무 역할의 하나로써 품질 향상을 계속 추구한다.											
우리 회사는 프로세스 품질을 통제하는 TQM 시스템을 사용한다.											
우리 회사는 정보 품질을 담당하는 부서나 직원이 있다.											
우리 회사는 Deming, Juran 또는 Crosby와 같은 전문가들이 개발한 잘 알려진 품질개선 방식을 사용하여 품질에 관련된 문제를 해결한다.											
우리 회사에는 정보 품질 문제를 해결하는 업무를 담당하는 직원이 있다.											
우리 회사에는 정보의 완성도를 확인하는 도구가 있다.											
우리 회사에는 정보 품질 업무를 담당하는 특정 직원이 있다.											
우리 회사의 직원들은 품질개선 활동에 참여하고 있다.											
우리 회사는 정보의 정확성을 확인하는 도구가 있다.											
우리 회사는 정보를 모으고, 조작, 요약하는 소프트웨어를 제공한다.											
우리 회사는 다른 컴퓨터나 부서에서도 이용할 수 있는 데이터 정의를 표준화하는 데이터사전을 개발하고 있다.											
우리 회사의 직원들은 정보 품질을 향상시키는 일들을 수행할 수 있다.											
우리 회사는 최근에 다른 하드웨어 또는 소프트웨어 시스템에 정보를 이전하였다.											
우리 회사에서 정보의 품질을 보증하는 것은 정보를 사용하는 사람들의 책임이다.											
우리 회사는 정보를 관리하고 분류하는 새로운 데이터베이스 소프트웨어를 보유하고 있다.											
우리 회사에서는 필요시 정보를 개선하는 것은 비교적 쉽다.											

Back to section 2 | Reset | Save | Save and continue to section 4

Note: Save your data before continuing to another section.

Done | Internet

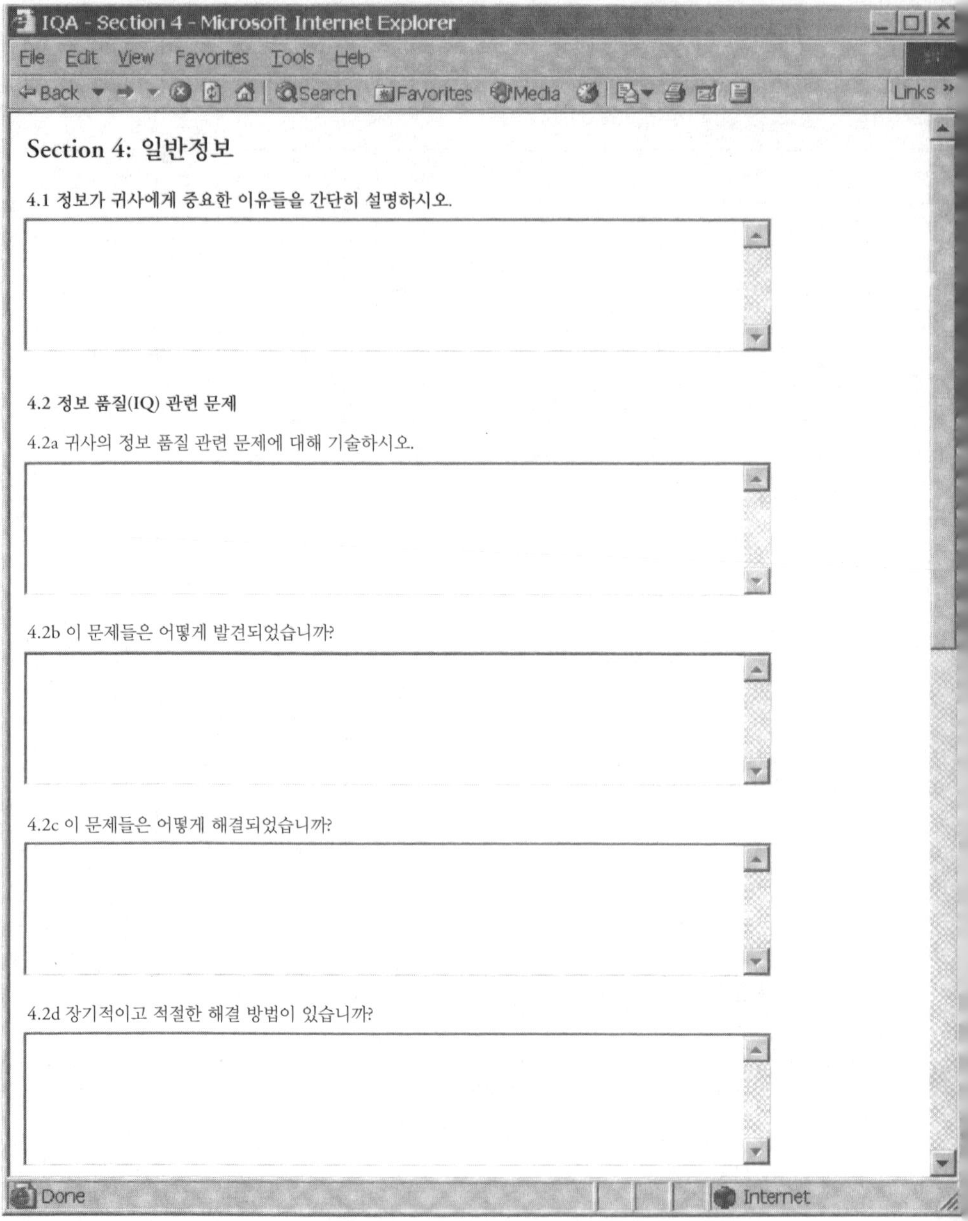
IQA - Section 4 - Microsoft Internet Explorer
File Edit View Favorites Tools Help
Back Search Favorites Media
Links
Section 4: 일반정보
4.1 정보가 귀사에게 중요한 이유들을 간단히 설명하시오.
4.2 정보 품질(IQ) 관련 문제
4.2a 귀사의 정보 품질 관련 문제에 대해 기술하시오.
4.2b 이 문제들은 어떻게 발견되었습니까?
4.2c 이 문제들은 어떻게 해결되었습니까?
4.2d 장기적이고 적절한 해결 방법이 있습니까?
Done
Internet

4.3 일반 문항

4.3a 귀하의 근무년수는?

- (●) 1년 미만
- ( ) 1년 ~ 5년
- ( ) 6년 ~ 10년
- ( ) 10년 이상

4.3b 귀하의 업무 경력은?

- (●) 1년 미만
- ( ) 1년 ~ 5년
- ( ) 6년 ~ 10년
- ( ) 10년 이상

4.3c 현재 부서의 근무년수는?

- (●) 1년 미만
- ( ) 1년 ~ 5년
- ( ) 6년 ~ 10년
- ( ) 10년 이상

4.3d 귀하의 최종 학력은?

- (●) 고졸
- ( ) 전문대 졸
- ( ) 대학 졸
- ( ) 대학원 졸

4.3e 귀하의 성별은?

- (●) 여성
- ( ) 남성

[Back to section 3] [Reset] [Save] [Save and continue to section 5]

Note: Save your data before continuing to another section.

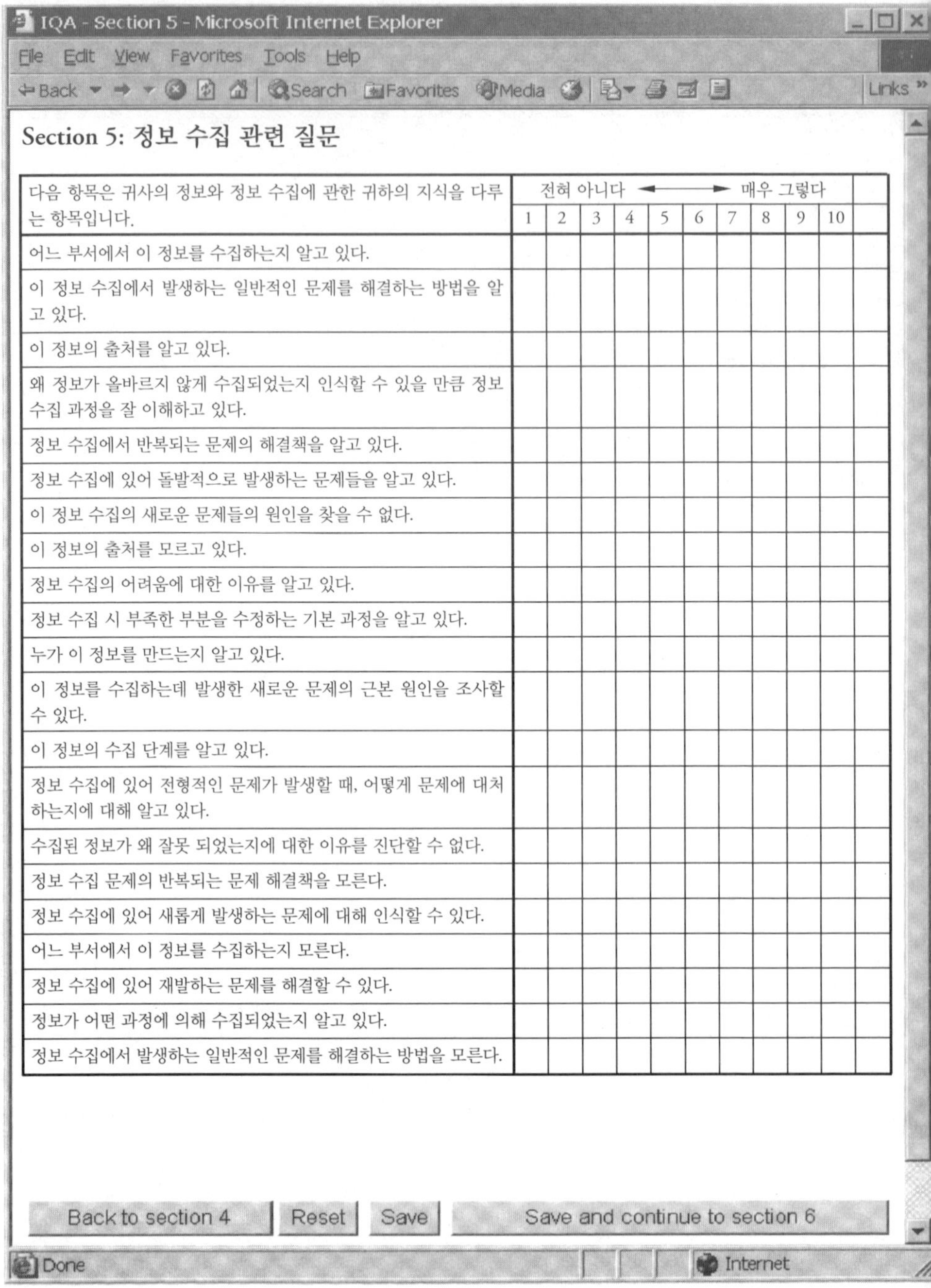

Section 5: 정보 수집 관련 질문

다음 항목은 귀사의 정보와 정보 수집에 관한 귀하의 지식을 다루는 항목입니다.	전혀 아니다 ◄──► 매우 그렇다										
	1	2	3	4	5	6	7	8	9	10	
어느 부서에서 이 정보를 수집하는지 알고 있다.											
이 정보 수집에서 발생하는 일반적인 문제를 해결하는 방법을 알고 있다.											
이 정보의 출처를 알고 있다.											
왜 정보가 올바르지 않게 수집되었는지 인식할 수 있을 만큼 정보 수집 과정을 잘 이해하고 있다.											
정보 수집에서 반복되는 문제의 해결책을 알고 있다.											
정보 수집에 있어 돌발적으로 발생하는 문제들을 알고 있다.											
이 정보 수집의 새로운 문제들의 원인을 찾을 수 없다.											
이 정보의 출처를 모르고 있다.											
정보 수집의 어려움에 대한 이유를 알고 있다.											
정보 수집 시 부족한 부분을 수정하는 기본 과정을 알고 있다.											
누가 이 정보를 만드는지 알고 있다.											
이 정보를 수집하는데 발생한 새로운 문제의 근본 원인을 조사할 수 있다.											
이 정보의 수집 단계를 알고 있다.											
정보 수집에 있어 전형적인 문제가 발생할 때, 어떻게 문제에 대처하는지에 대해 알고 있다.											
수집된 정보가 왜 잘못 되었는지에 대한 이유를 진단할 수 없다.											
정보 수집 문제의 반복되는 문제 해결책을 모른다.											
정보 수집에 있어 새롭게 발생하는 문제에 대해 인식할 수 있다.											
어느 부서에서 이 정보를 수집하는지 모른다.											
정보 수집에 있어 재발하는 문제를 해결할 수 있다.											
정보가 어떤 과정에 의해 수집되었는지 알고 있다.											
정보 수집에서 발생하는 일반적인 문제를 해결하는 방법을 모른다.											

IQA - Section 6 - Microsoft Internet Explorer

File Edit View Favorites Tools Help

Back Search Favorites Media Links

Section 6: 정보 보관 관련 질문

다음 항목은 귀사의 정보와 정보 보관에 관한 귀하의 지식을 다루는 항목입니다.	전혀 아니다 ←→ 매우 그렇다										
	1	2	3	4	5	6	7	8	9	10	
나는 우리 컴퓨터에 정보를 보관하고 유지하는 단계를 알고 있다.											
나는 우리 컴퓨터에 정보를 적절하게 보관하는데 발생하는 몇몇의 문제들을 알고 있다.											
나는 우리 컴퓨터에 정보를 보관하는데 발생하는 문제들을 해결하는 방법을 알고 있다.											
나는 어느 부서가 우리 컴퓨터의 정보들을 관리하는지 알고 있다.											
나는 우리 컴퓨터의 정보들을 보관하고 관리함에 있어 일어나는 새로운 문제들을 인식할 수 있다.											
우리 컴퓨터의 정보들을 보관할 때 생기는 전형적인 문제를 어떻게 처리해야 하는지를 알고 있다.											
우리 컴퓨터의 정보들을 보관하기 위해 어느 소프트웨어를 사용하는지 알고 있다.											
나는 우리 컴퓨터의 정보들을 보관하는 일반적인 문제들을 해결하는 방법을 모르고 있다.											
나는 우리 컴퓨터에 정보를 저장하는 과정에 대해 알고 있다.											
나는 사람들이 컴퓨터로 정보에 접근하는 과정을 왜 어려워하는지 알고 있다.											
나는 정보가 왜 부적절하게 저장되어 있는지 분석할 수 있도록 충분히 전산처리환경을 이해하고 있다.											
나는 우리 컴퓨터에 모든 정보를 저장하는 것이 왜 어려운지 알고 있다.											
나는 우리 컴퓨터의 정보들을 보관하는 일반적인 문제들을 해결하는 방법을 알고 있다.											
나는 누가 우리 컴퓨터의 정보들을 관리하는지 알고 있다.											
나는 우리 컴퓨터의 정보들을 보관하는 문제들의 일반적인 해결책을 알고 있다.											
나는 쉽게 설명할 수 있는 방법으로 우리 컴퓨터의 정보들을 보관하는 것이 왜 어려운지 알고 있다.											
나는 우리 컴퓨터에 정보를 보관하는데 계속적으로 발생하는 문제들을 해결하는 방법을 모른다.											
나는 어느 부서가 우리 컴퓨터의 정보들을 관리하는지 모른다.											
나는 우리 컴퓨터에 정보를 보관할 때 정보의 결함을 고치는 표준화된 과정을 알고 있다.											
나는 정보가 어느 컴퓨터에 보관되는지 알고 있다.											
나는 우리 컴퓨터에 정보가 왜 이와 같은 형식으로 보여지는지 알고 있다.											

Back to section 5 | Reset | Save | Save and continue to section 7

Note: Save your data before continuing to another section.

Done | Internet

IQA - Section 7 - Microsoft Internet Explorer

Section 7: 정보 이용 관련 질문

다음 항목은 귀사의 정보 이용에 관한 귀하의 지식을 다루는 항목입니다.	전혀 아니다 ←→ 매우 그렇다										
	1	2	3	4	5	6	7	8	9	10	
나는 이 정보를 이용하는 집단을 알고 있다.											
나는 이 정보를 이용할 때 발생하는 문제들의 일반적인 해결책을 알고 있다.											
나는 이 정보를 이용할 때의 사용 단계를 알고 있다.											
나는 이 정보를 이용할 때 발생하는 전형적인 문제들을 해결하는 방법을 모른다.											
나는 새로운 업무에 이 정보를 이용하는데 발생할 수 있는 새로운 문제들을 인식할 수 있다.											
나는 이 정보를 이용하는데 발생할 수 있는 문제들을 진단할 수 있다.											
나는 이 정보를 어떤 업무에 이용하는지 알고 있다.											
나는 정보가 이용될 시 생기는 정보의 결함을 수정하는 표준화된 과정을 모르고 있다.											
나는 정보를 이용하는데 생기는 새로운 문제들의 원인을 찾을 수 없다.											
나는 이 정보를 획득하는 데 필요한 전산접근과정을 알고 있다.											
나는 정보가 적절히 이용되었는지 확인하는 업무의 문제들을 알고 있다.											
나는 이 정보를 누가(개인 혹은 조직) 사용하는지 알고 있다.											
정보를 이용하는데 있어 발생할 수 있는 의미 해석이나 접근 방법과 같은 전형적인 문제가 발생했을 때 나는 그것을 어떻게 다루는지 알고 있다.											
나는 새로운 업무에 정보를 사용할 때 발생하는 새로운 문제들을 인식하지 못한다.											
나는 정보를 이용하는데 계속적으로 발생하는 문제들을 해결하는 방법을 모른다.											
나는 정보를 이용하는 전형적인 문제를 해결하는 방법을 알고 있다.											
나는 정보가 이용되는 과정을 알고 있다.											
나는 이 정보를 어느 집단에서 사용하는지 모른다.											
나는 정보를 이용하는데 발생하는 새로운 문제들의 원인을 알아낼 수 있다.											
나는 정보가 이용될 시 생기는 정보의 결함을 수정하는 표준화된 과정을 알고 있다.											

Back to section 6 | Reset | Save | Save and continue to section 8

Note: Save your data before continuing to another section.

Section 8: 정보의 중요도 관련 질문

다음 항목은 귀하의 업무에 사용되는 정보의 중요도를 나타냅니다.	전혀 아니다 ◄──► 매우 그렇다										
	1	2	3	4	5	6	7	8	9	10	
데이터는 이용 가능하고 쉽고 빠르게 검색할 수 있다.											
데이터양은 주어진 업무를 처리하는데 적절하다.											
데이터는 정확하고 신뢰성이 있는 것으로 여겨진다.											
데이터는 비어있지 않으며 주어진 업무를 처리하는데 깊이와 폭이 적절하다.											
데이터는 간략하게 표현되어 있다.											
데이터는 동일한 형식으로 표현되어 있다.											
데이터는 다른 업무에 적용하기 쉽고 조작하기도 쉽다.											
데이터는 정확하고 신뢰할 만하다.											
데이터는 적절한 언어와 그림 및 단위가 사용되었고 정의 또한 명백하다.											
데이터는 공정하고 편견이 없다.											
데이터는 주어진 일을 처리하는데 적용 가능하고 도움이 된다.											
데이터는 출처나 내용이 높이 평가된다.											
데이터의 접근이 보안유지에 적절하도록 제한되어 있다.											
데이터는 주어진 업무를 처리하는데 충분히 최신의 것이다.											
데이터는 쉽게 이해할 수 있다.											
데이터는 유용하며 정보의 사용을 통해 이익을 제공한다.											

Back to section 7 | Reset | Save | Save and finish

Note: Save your data before continuing to another section.

Chapter 04 데이터 품질 평가 2부

몇 가지 데이터 품질 변수들은 정량적으로 측정되어야 한다. 그래야 정성적인 설문평가와 비교하여 상태를 진단할 수 있다. 이 장에서는 이러한 정량 평가 항목들에 초점을 맞추었다. 정량 평가 항목을 개발할 때 기업 고유의 목표와 운영방식에 있어서 중요하게 생각되는 데이터 품질의 차원들을 고려하며 측정할 변수들을 결정해야 한다. 각 기업은 자사의 운영 상태를 점검하고 자체적으로 결정을 내려야 한다.

우리는 Codd(1970)가 제안한 전통적인 데이터베이스 무결성 제약조건들과 아울러 데이터 품질 디멘젼의 하위 집합(Wand, Wang 1996; Wand, Strong 1996)을 데이터 품질 측정법에 대한 내용의 기준으로 삼았다. 여기에 언급한 측정법은 그 나름대로 또는 독자들이 자사의 요구에 맞는 새로운 측정법을 개발하는 데 사용될 수 있기를 바란다. 여기에서 설명하는 방법론의 대부분은 Pipino, Lee, Wang(2002)에서 논의된 측정방법들을 좀 더 개념적으로 발전시킨 것이다.

|Codd 무결성 제약|

Codd가 제안한 무결성 제약은 개체 무결성(entity integrity), 참조 무결성(referential integrity), 도메인 무결성(domain integrity), 열 무결성(column integrity)의 기술적 무결성 제약에 덧붙여 비즈니스 규칙(business rules)을 다섯 번째 제약조건으로 포함시켰다. 이 카테고리는 각 기업 고유의 무결성 규칙을 포함시키기 위한 목적으로 개발되었다. 처음 네 가지 무결성 규칙에 의거해서 개발된 측정 변수들은 적용 업무의 상황과 관계되는 변수들이 아니어서 주어진 상황에 관계없이 데이터의 상태만 고려하면 된다. 따라서, 업무나 적용상황과 상관없이 어떤 데이터에도 적용시킬 수 있다.

개체 무결성은 테이블의 기본 키 필드 값이 널(null)이 되어서는 안 된다는 제약 조건이다. 이러한 규칙에 부합하는 정도를 반영하는 데이터 품질 측정법은 다음과 같다.

개체 무결성에 부합하는 정도 = 1 – (널(null) 기본 키의 수/전체 행의 수)

참조 무결성 규칙은 테이블 안의 외부 키 값이 관련된 참조 테이블의 기본 키 값과 일치하거나 외부 키의 값이 널(null)이어야 한다. 위의 측정법과 비슷하게 참조 무결성 규칙에 대한 부합 정도는

참조 무결성에 대한 부합 정도 = 1 – (종속 테이블의 널을 제외한 일치하지 않는 값의 수/종속 테이블의 전체 열의 수)

열 무결성의 측정법도 유사한 방법으로 표시할 수 있다. 열 무결성은 열의 값이 일련의 허용 값 내에서 얻어져야 한다. 이 규칙에 부합하는 행의 비율도 다음과 같이 간략하게 표현할 수 있다.

열 무결성에 부합하는 정도 = 1 – (잘못된 열 값의 수/테이블의 열 수)

앞서 말한 메트릭스는 단순 비율이며 아래와 같이 일반화시킬 수 있다.

$$비율 = 1 - \frac{잘못된\ 결과의\ 수}{전체\ 결과}$$

이 식의 결과가 1이면 가장 이상적인 상태이며, 0은 가장 바람직하지 않은 상태를 나타낸다. 일반적으로 사람들은 규칙을 어기는 경우의 수를 세지, 규칙에 맞는 경우를 세지는 않는다. 더군다나 규칙에 어긋나는 경우의 수가 적을 것으로 예상될 때는 이와 같은 형태의 비율을 산출하기가 더 용이할 것이다. 측정치는 규칙의 준수 정도를 나타내어야 하는 것이므로 우리는 규범에 맞는 정도를 나타내는 단순비율 형식을 채택하였다. 이어서 다른 차원의 측정치들을 설명하고 평가방법을 부연하고자 한다.

데이터 품질 지표

기본형 지표

데이터 품질의 평가는 다면 평가이다. 각 기업은 운영에 중요한 의미를 가지는 요소가 무엇이며 이러한 요소를 구성하는 변수를 정확하게 정의해야 한다. 그리고 이 변수들을 측정해야 한다. 요소의 대부분은 다항으로 구성된 변수이다. 어느 변수가 기업에게 중요한지를 정확하게 식별하고 정의해야 한다.

측정할 특정 변수는 이를 선택하는 것이 특정 메트릭스를 정의하는 것보다 훨씬 어려운 부분이며 최종적으로는 간단한 비율로 표현된다. 또한 이들 변수의 대부분은 상황에 따라 다르게 적용된다. 특정 요소 카테고리에 속한다고 해도 특정 요소를 측정하는 방법은 기업에 따라 다를 것이다.

데이터 품질을 평가하는 데 사용할 수 있는 요소를 여기서 검토하는 데 특별히 흥미롭고 많은 기업들에게 중요하다고 판단되는 차원의 변수들만 골라서 설명할 것이다.

오류 없음(free of error) 데이터가 올바른지(correct)를 이야기할 때 보통 '정확도(accuracy)' 라는 용어를 쓰지만 정확도는 여러 가지의 변수로 측정될 수 있는 디멘젼으로서 올바른 정도(correctness)의 하나일 뿐이다. 우리는 데이터가 올바른지를 표시하는 요소를 통칭하기 위해 '오류없음(free of error)' 이라는 용어를 사용하였다. 오류가 있는 데이터 단위를 계산할 때의 공식은 다음과 같다.

$$\text{오류 없음 비율} = 1 - \frac{\text{오류가 있는 데이터 단위의 수}}{\text{전체 데이터 단위 수}}$$

이 공식은 추가적인 설명이 필요하다. 상황에 맞추어 좀 더 정확하게 정의되어야 한다. 데이터 단위를 구성하는 것이 필드인지, 레코드인지, 테이블인지에 대한 간략한 설명도 필요하다. 또한 오류를 구성하는 것이 무엇인지도 밝혀야 한다. 측정의 정밀도도 정해야 한다. 한 텍스트 문자열에서 잘못된 문자 하나 정도는 허용될 수 있는 때도 있지만 어떤 경우에는 모든 문자가 정확해야 할 때도 있다. 그래서 측정단위와 지표가 상황에 근거해 개발되어야 하고 명확히 정의되어야 하는 것이다. 어떤 데이터베이스든지 이해관계자 중 누구든지에 상관없이 적용할 수 있는 정의를 내리는 것이 중요하다.

완전성(completeness) 데이터의 완전성은 데이터 품질의 중요한 디멘젼이다. 데이터의 완전성을 스키마 완전성(schema completeness), 열 완전성(column completeness), 모집단 완전성(population completeness)의 세 가지 관점에서 해석할 수 있다. 스키마 완전성이란 데이터의 개체와 속성들이 스키마에서 누락되지 않은 정도를 말한다. 열 완전성이란 테이블의 열에 누락된 값이 어느 정도 있는가를 말한다. 앞서 언급한 Codd의 열 무결성은 한 열이 한 개체의 필수 속성을 나타내는 경우 열 완전성에 대한 확인이라고 볼 수 있다. 모집단 완전성이란 모집단의 구성원이 나타나지 않은 정도를 말한다. 예를 들어 어떤 열에 50개 주가 적어도 한 번 이상 나타나야 하는데, 43개 주만 나타난다면 이는 완전하지 못한 것이다.

각각의 완전성 유형은 다음의 단순 비율로 측정할 수 있다.

$$\text{완전성 비율} = 1 - \frac{\text{불완전한 품목의 수}}{\text{전체 품목 수}}$$

일관성(consisfency) 일관성도 여러 관점에서 볼 수 있다. 예를 들어 한 테이블이나 여러 테이블에서 중복 데이터가 문제될 수 있다. Codd의 참조 무결성 제약조건은 이러한 유형의 일관성을 예시한 것이다. 두 번째 유형은 두 개의 서로 관련된 데이터 요소 사이의 일관성이다. 예를 들어 도시 이름과 우편번호는 일치해야 한다. 즉 우편번호만 입력하고 우편번호 테이블의 참조 무결성을 사용하여 도시 이름을 자동적으로 입력할 수 있다. 세 번째 일관성의 유형은 다양한 테이블에서 사용되는 동일한 데이터 요소의 형태가 일관성을 갖는다는 것이다. 이것은 필수 사항은 아닐 수도 있고 상황에 따라 다를 수 있다. 일관성을 측정하는 방법은 다음과 같다.

$$\text{일관성 비율} = 1 - \frac{\text{특정 일관성 유형에서 벗어난 경우의 수}}{\text{일관성이 검사된 전체 경우의 수}}$$

총괄지표

여기까지는 여러 가지 서로 다른 종류의 완전성과 일관성에 대해 논의했는데, 이제 이를 종합하는 총괄지표(aggregate form)의 필요성과 과정에 관해서 알아본다. 총괄지표는 각 디멘젼들의 분류를 평가하여 *n*개의 평가지표들을 종합하여 총괄 제시하는 지표이다.

여러 지표를 총괄하는 지표를 만들어 내기 위해서는 최소치 함수나 최대치 함수를 활용한다. 이 함수의 인수(argument)는 관련된 다면 변수의 지표들이다. 최소치 함수는 인수의 값 중에서 제일 작은 수보다 클 수 없다는 면에서 보수적이다. 인수에 들어가는 각개 지표들은 단순비율을 사용하여 0과 1 사이로 정규화한다. 더 관대한 기준을 허용하려면 최대치 함수를 사용한다.

M_i는 i번째 변수의 표준화된 값을 나타낸다. 최소치 함수는 $\min(M_1, M_2, \ldots, M_n)$의 형식을 취하며 $M_1, M_2, \ldots, M_n$은 해당 요소 변수의 표준화된 값을 나타낸다. 최대치 함수는 $\max(M_1, M_2, \ldots, M_n)$의 형식을 취하며 $M_1, M_2, \ldots, M_n$은 해당 요소의 변수에 대한 표준치를 가리킨다.

최소치 함수의 대안으로는 가중 평균함수가 있다. 예를 들어, 어떤 기업이 전체적인 요소 평가에 있어 각 변수의 중요도를 잘 파악하고 있다면 가중평균 함수를 구성할 수 있을 것이다.

$$\text{가중평균} = \sum_{i=1}^{n} a_i M_i$$

위의 식에서 a_i는 가중치로서 $0 \le a_i \le 1$ 이고 $a_1 + a_2 + \cdots + a_n = 1$이다. M_i는 i번째 변수의 표준화된 평가치이다.

데이터의 신뢰도와 데이터 양의 적절한 정도는 최소치 함수를 적용할 수 있는 두 가지 변수들이다.

신뢰도(believability) 신뢰도는 데이터가 진실하며 믿을 만한 정도를 말한다. 신뢰도를 평가하는 방법으로서 제3장에서 설명한 IQA 설문조사의 일부였던 주관적 평가를 사용할 수 있다. 또는 신뢰도를 다중 변수의 함수로 정의할 수도 있을 것이다. 후자의 경우 최소치 함수 또는 가중 평균치를 전체 평가에 사용할 수 있다. 예를 들어 데이터의 출처, 데이터의 적시성, 그리고 일반적 표준과의 일치에 관한 개인이 믿는 정도를 신뢰도에 포함할 수 있다. 이런 경우 신뢰도는 다음과 같이 정의된다.

신뢰도 = min(출처에 대한 신뢰도, 내부 일반 표준과 비교했을 때의 신뢰도, 데이터의 나이를 기준으로 한 신뢰도)

각각의 변수는 0~1 사이로 평가된다. 전체적인 신뢰도는 세 변수 중 최소값으로 할당된다. 출처의 신뢰도가 0.6이라고 가정하고 일반 표준과의 일치도는 0.8이며 데이터 나이에 관한 신뢰도가 0.7일 때 전체적인 신뢰도는

min(0.6, 0.8, 0.7) = 0.6이 된다.

여기에서 신뢰도 요소를 가중평균 함수에 사용할 때는 조심해야 한다. 사용할 척도들이 간격척도(interval scale)라고 가정하면 다루기 쉬운데, 만일 여기서 다루는 변수들에 순서척도(ordinal scale)가 있다면 가중평균 결과들이 제대로 도출되지 않을 것이다.

데이터 양의 적절도(appropriate amount of data) 최소치 함수는 데이터 양의 적절도를 측정하기 위해 사용할 수도 있다. '데이터 양의 적절도' 의 정의는 데이터의 양이 너무 적거나 많지 않은 상태를 나타내며 그 지표는 다음과 같다.

$$\text{적절한 데이터의 양 비율} = \min\left[\frac{\text{제공된 데이터 단위의 수}}{\text{필요한 데이터 단위의 수}}, \frac{\text{필요한 데이터 단위의 수}}{\text{제공된 데이터 단위의 수}}\right]$$

복합형 지표(complex form)

실무에 있어서 제일 중요한 두 가지 지표는 적시성(timeliness)과 접근성(accessibility)이다. 이 지표들은 단순하게 측정해도 되지만 복잡한 공식을 사용하여 모델화할 수도 있다.

적시성(timeliness) 적시성은 해당되는 업무와 관련된 데이터가 얼마나 새로운 것인가를 반영한다. 적시성을 측정하는 일반적 측정법은 Ballou et. al.(1998)이 다음과 같이 제안하고 있다.

$$\text{적시성} = \left\{\max\left[\left(1 - \frac{\text{최근성}}{\text{휘발성}}\right), 0\right]\right\}^{s}$$

여기에서 최근성(currency) = (납기 − 입력 시간) + 나이이며, 휘발성(volatility)은 데이터가 유효한 상태를 지속하는 기간을 말하고, 납기란 데이터가 사용자에게 전달되는 시간을, 입력 시간은 데이터가 시스템에 입력되는 시간을 말하며, 나이는 데이터가 시스템에서 처음 입력된 후부터의 시간을 말한다. 여기서 지수의 값은 해당 업무에 따라 달라지는데 이를 활용해서 이 지표의 민감도를 조정할 수 있다. 예를 들어 민감도 조정이 필요 없는 경우(s = 1)의 적시성이 0.81이라고 하면 민감하지 않은 경우(s = 0.5)에는 적시성이 0.9가 되며, 민감한 경우 더 빨리 데이터가 필요없게 되는 경우 (s = 2)에는 0.66이 된다.

어떤 기업에서는 이렇게 복잡한 지표가 필요하지 않은 경우도 있다. 예를 들어 데이터의 나이 자체가 적시성을 나타내는 적절한 기준이 될 수 있다. 지표는 적용될 상황에 따라 다르다는 것을 다시 한 번 상기해야 할 것이다.

접근성(accessibility) 접근성은 데이터를 쉽게 얻을 수 있는지를 의미한다. 접근성의 시간적 측면을 포함하는 지표는 다음과 같이 정의할 수 있다.

$$\text{접근성} = \left\{\max\left[\left(1 - \frac{\text{사용자의 요청부터 이를 받기까지의 시간}}{\text{사용자의 요청에서부터 이 요청이 필요없어 질때까지의 시간}}\right), 0\right]\right\}^{s}$$

데이터가 필요 없기 바로 전에 데이터가 전달될 경우, 데이터를 사용할 수는 있지만 훨씬 먼저 전달되었을 경우보다 별로 유용하지 않다. 이 지표는 사용자가 데이터를 필요로 하는 시간과 데이터를 전달하는 데 걸리는 시간을 비교하는 것이다. 데이터를 얻는 시간이 점차 증가해서 첫째 변수가 음수가 되면 접근성은 최대치 함수에 의해 0으로 평가된다.

여기서는 접근성의 기본 지표 단위로 시간을 사용한다. 접근성은 또한 데이터 경로의 길이, 구조 및 관계를 바탕으로 정의될 수도 있다. 여기에서 시간, 구조, 경로 길이가 모두 중요한 요소로 간주된다면 각각에 대한 개별 지표를 만들 수 있으며 최소치 함수를 써서 총괄지표를 만들 수도 있다.

복합형 지표의 일반형은 최대 연산자를 사용한다. 일반형은 다음과 같다.

$$비율 = \left\{\max\left[\left(1 - \frac{변수\ 1}{변수\ 2}\right), 0\right]\right\}^{s}$$

이 일반형은 두 변수로 이루어져 있고 이 두 변수는 서로 상충되는 관계에 있으며 지수 s는 민감성 패러미터이다.

| 지표의 자동화 |

MIT의 통합 데이터 품질 관리(Total Date Quality Management: TDQM) 연구 프로그램에서 개발된 무결성 분석기(Integrity Analyzer)(CRG 1997b)는 Codd의 도메인, 개체, 참조, 열, 사용자 정의 무결성에 대한 데이터베이스 무결성 제약들을 TDQM의 방법론에 원용하고 있다.

이 무결성 분석기가 개체 무결성에 대한 평가를 위해 어떻게 사용되는지 설명할 것이다. 개체 무결성 함수(function)는 각 테이블의 모든 기본 및 후보 키는 고유하며 비어있지 않음을 확인한다.

개체 무결성을 확인하기 위해 무결성 분석기 사용자는 데이터 무결성 풀다운 메뉴에서 개체 무결성을 선택하고 정의 탭을 선택한다. 정의 목록 상자에서 사용자는 각 테이블의 기본 및 후보 키에 해당하는 필드를 선택한다. 그 다음 사용자는 측정 탭을 선택하고 개체 무결성에 위반된 수를 측정하도록 시스템에 요청한다. 평가가 완료되면 사용자는 분석 탭을 선택하여 위반 통계 자료를 숫자, 그래프, 또는 보고서 형식으로 보여지도록 한다. 개선 탭을 선택하면 위반 사례를 표시하는 데이터 개체가 생성된다. 참조 무결성 확인도 비슷한 방식으로 한다.

개체 무결성의 정의, 측정, 분석, 개선 등의 기능에 해당하는 화면이 그림 4.1에 있다.

참조 및 열 무결성 확인을 위해서도 유사한 절차가 시행된다. 특정 규칙을 바탕으로 확인 작업을 하려면 사용자가 별도로 무결성을 정의해야 한다.

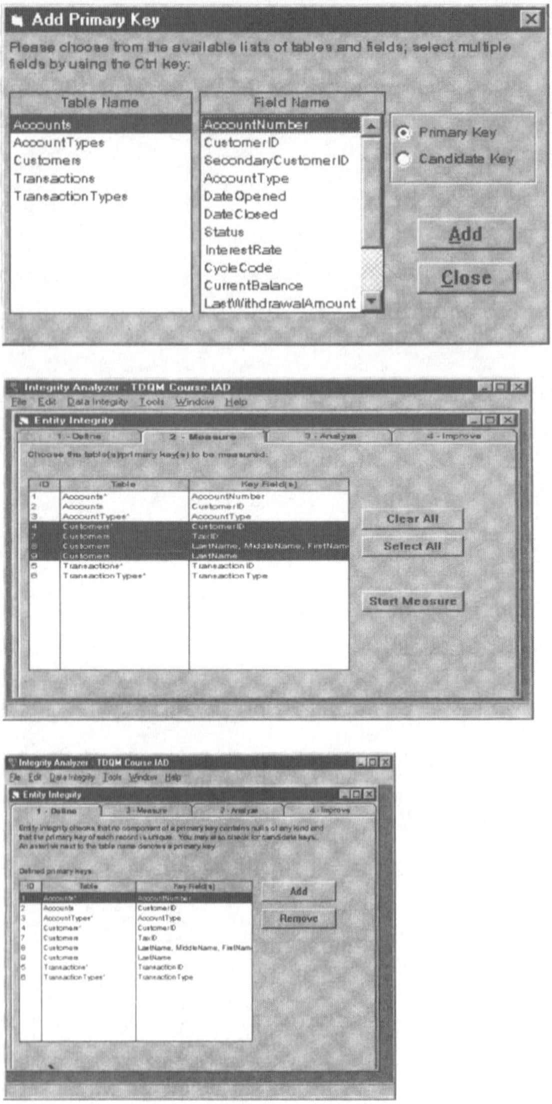

그림 4.1 개체 무결성 측정

출처: Cambridge Research Group(CRG 1997b).

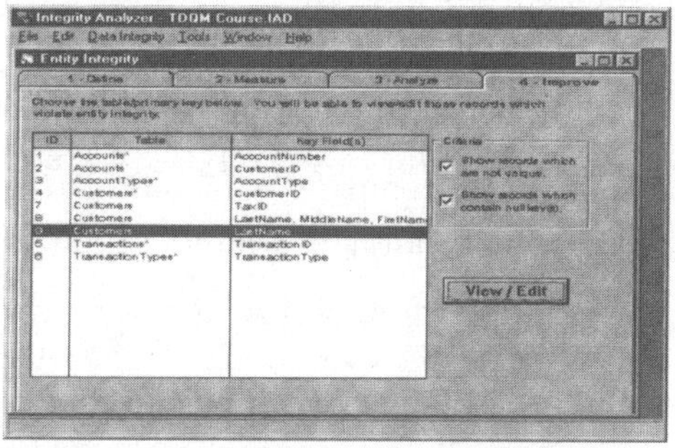
Integrity Analyzer - TDQM Course.IAD
Entity Integrity
View / Edit

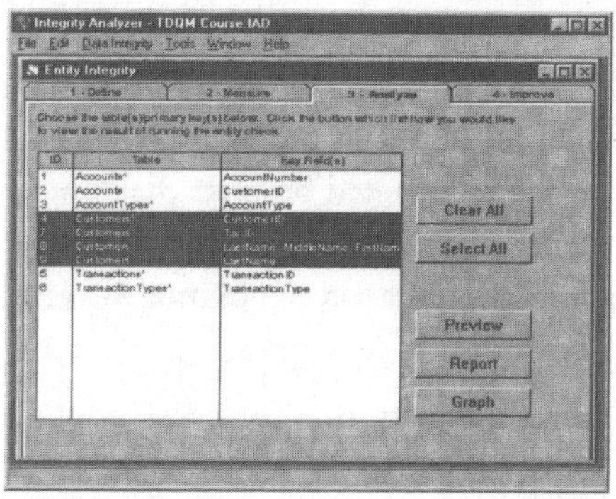
Integrity Analyzer - TDQM Course.IAD
Entity Integrity
Clear All
Select All
Preview
Report
Graph

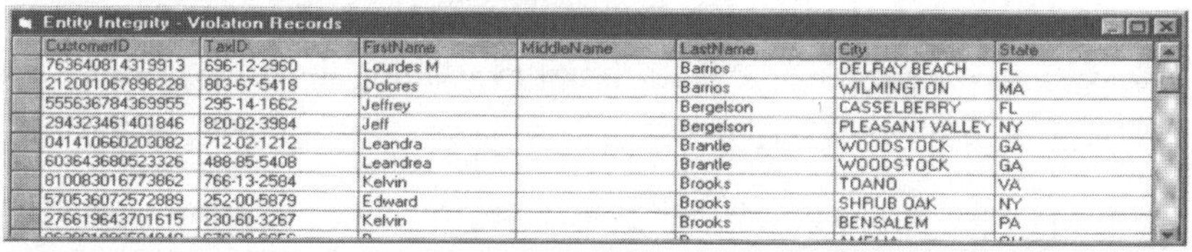
Entity Integrity - Violation Records
CustomerID TaxID FirstName MiddleName LastName City State
763640814319913 696-12-2960 Lourdes M Barrios DELRAY BEACH FL
212001067898228 803-67-5418 Dolores Barrios WILMINGTON MA
555636784369955 295-14-1662 Jeffrey Bergelson CASSELBERRY FL
294323461401846 820-02-3984 Jeff Bergelson PLEASANT VALLEY NY
041410660203082 712-02-1212 Leandra Brantle WOODSTOCK GA
603643680523326 488-85-5408 Leandrea Brantle WOODSTOCK GA
810083016773862 766-13-2584 Kelvin Brooks TOANO VA
570536072572889 252-00-5879 Edward Brooks SHRUB OAK NY
276619643701615 230-60-3267 Kelvin Brooks BENSALEM PA

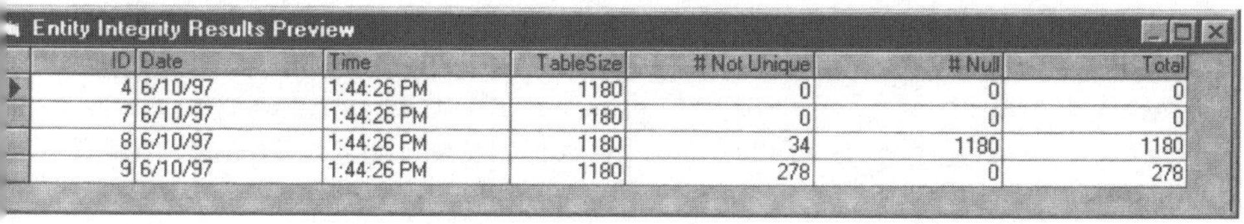
Entity Integrity Results Preview
ID Date Time TableSize # Not Unique # Null Total
4 6/10/97 1:44:26 PM 1180 0 0 0
7 6/10/97 1:44:26 PM 1180 0 0 0
8 6/10/97 1:44:26 PM 1180 34 1180 1180
9 6/10/97 1:44:26 PM 1180 278 0 278

그림 4.1 (계속)

사용자 정의 무결성 함수를 선택하면 정의된 조건이 화면에 표시된다. 사용자는 기존의 조건을 편집하거나 새로운 사용자 정의 규칙을 추가할 수 있다. 사용자가 추가 기능을 선택하면 시스템은 조건을 정의하는 창을 새로이 표시한다.

앞에서 말했듯이 측정 기능을 선택하면 데이터베이스의 이러한 규칙에 대한 위반을 평가한다. 분석 기능을 선택하면 평가 결과가 표시된다. 개선 기능을 선택하면 조건을 위반한 기록이 표시된다.

사용자가 정의하는 제약 조건들은 분야마다 다를 것이고 또한 산업마다 다르게 나타난다. 더군다나 이렇게 분야마다 다른 제약 조건들은 시간에 따라 변화한다. 무결성 분석기는 이 사용자 정의 제약들에 의해서 각 기업별로 맞추어진다.

무결성 분석기는 관계형 데이터베이스 소프트웨어에 대한 Codd의 무결성 제약을 단순히 구현한 프로그램이 아니다. 데이터베이스에 데이터를 입력할 때 Codd의 제약을 준수하는지 확인하는 상용화된 관계 데이터베이스 관리시스템(RDBMS)의 패키지와는 달리, 무결성 분석기는 Codd가 정의한 모든 제약과 응용 프로그램상의 사용자 정의 규칙에 기존의 데이터베이스가 부합하는 정도를 평가하는 진단 도구로서 데이터 저장소의 현재 품질 상태에 대한 분석을 제공하고 개선해야 할 사항을 제시한다.

이러한 기능들은 사실 데이터베이스 기능의 일부로서 사내에서 개발될 수 있다. 이 목적은 자동화된 방법으로 몇 가지 측정지표를 활용하여 평가하고 분석하는 방법을 보여주는 것이다. 어떠한 정성적 또는 정량적인 지표들을 선택하여 측정할 것인지는 각 기업들이 결정하여야 한다.

지금까지 데이터 품질의 특정 변수 또는 요소를 평가하는 데 사용할 수 있는 측정 지표들을 살펴보았다. 하지만 측정해야 할 데이터의 양이 상당히 많을 수 있는데, 제5장에서는 대용량 데이터베이스의 경우에 샘플링 기법을 활용하여 평가하는 원칙과 그 부분에 관해서 좀 더 상세히 논의할 것이다.

| 프로세스에 내장된 데이터 무결성 접근 방법 |

제3장에서 우리는 프로세스에 내장된 데이터 무결성 접근 방법에 대해 간략하게 다루었다. 여기에서는 소비재 글로벌 제조업체인 Glocom이 이를 활용한 방법을 소개하면서 이 기법을 상세히 설명하겠다. 이 사례는 Lee et. al.(2004)에 설명된 리서치의 결과를 요약한 것이다.

52개국에 자회사를 두고 있는 글로벌 소비재 제조업체인 Glocom은 건강, 세제, 가정용품 등을 생산한다. 이 회사의 기업 문화는 친절하고 국제적이며 우호적이다. Glocom의 정보 기술 인프라는 최신형이며 새로운 정보기술을 일찍 쉽게 받아들였다. 최신 데이터베이스 시스템을 갖추었고 몇 년간 데이터 품질 개선 프로젝트를 시험적으로 운영해 왔다.

Glocom의 첫 번째 TDQM 주기에서는 열 무결성에 주력했다. Glocom이 프로세스에 내장한 자동화된 도구는 무결성 분석기였다. 열 무결성 규칙은 기존의 시스템에서 일관성 있게 적용되지 않았기 때문에 무결성 위반이 예상되었다. 표 4.1은 Glocom의 여러 열 무결성 주기에서 얻은 결과를 다음의 다섯 가지 활동에서 요약한 것이다.

- **문제 인식**: 예약 칼럼에는 음수가 들어갈 수 없다는 무결성 규칙에 대하여 무결성 분석기를 사용하여 검사한 결과 그림 4.2의 샘플 결과를 얻었다. 음수 값이 CASE_BK(주문예약) 필드에 보여지고 있다.
- **문제 진단**: 위반 사례를 검토한 분석가들은 데이터 품질 관리자에게 이 문제의 해석을 부탁했다. 경험적으로 볼 때 데이터 품질 관리자들은 음수 값들은 주문취소로 인한 것이라고 의견을 제시했고 이 사실은 세일즈 매니저에 의해서 확인되었다.
- **해결책 강구**: 이 진단 결과를 보고 애널리스트와 관리자들은 Case_booked 필드의 원래 의미를 손상시키지 않는 범위 내에서 취소를 기록할 수 있는

표 4.1 프로세스에 내장된 열 무결성의 예

문제 인식	CASE_BK 열에 있는 납품 데이터의 허용되는 값은 음수가 아니어야 함(정의). CASE_BK 열의 납품 데이터의 값을 확인하여 0보다 작은지 확인(측정).
문제 진단	CASE_BK 열의 숫자가 음의 값으로 표시된 위반 기록을 검토(분석). 데이터 품질 관리자가 음수인 수치의 유효성 여부를 위해 영업 관리자와 대화(분석).
해결책 강구	영업 관리자는 음수가 취소된 예약임을 확인(분석). 데이터 품질 관리자와 영업 관리자는 이것이 문제라는데 합의(분석). 데이터 품질 관리자는 취소된 예약에 대해 새로운 필드를 추가하기로 결정하여 영업관리자에게 승인받음(분석).
해결책 구현	취소된 예약에 대한 새로운 필드인 CASE_CNL이 납품 데이터에 추가됨(개선). 취소된 예약은 CASE_BK 열에서 제거되고 새로운 필드에 추가됨(개선).
반성 및 학습	데이터 품질 관리자는 프로세스에 내장된 데이터 무결성 도구를 사용하여 문제를 해결하는 방법을 배웠음. 영업 관리자는 예외적인 경우에 대한 프로세스를 이해하고 데이터 품질 관리자와 대화하는 방법을 배웠음. 열 무결성 개선을 위한 반복적 프로세스를 통하여 데이터 품질 관리자와 영업 관리자 사이의 커뮤니케이션이 촉진되었음.

CASE_BK	DOL_BK	AST_CUST_ID	PROD_ID	WK_ID
-17	0	69000	90095	199841
-7	0	69000	90096	199841
-6	0	155450	1943	199738
-1	0	348000	90097	199643
-12	0	465600	90095	199633
-49	0	541800	90095	199710

그림 4.2 샘플 열 무결성 결과의 예

해법을 찾아냈다. 취소를 기록하는 새로운 컬럼을 만들고 Case_booked필드에서는 이러한 데이터를 삭제하기로 했다.

- **해결책 구현**. 이러한 변화는 운영되고 있는 데이터베이스뿐 아니라 데이터 웨어하우스에도 반영되었다.
- **반성 및 학습**. 열 무결성 개선을 위해 반복적인 프로세스를 수행함으로써 데이터 품질 관리자와 영업 관리자 사이의 의사소통을 촉진하였으며 이것은 다시 열 무결성 개선 기능을 더욱 촉진시켰다. 데이터 품질 관리자는 새로운 제약을 추가하거나 제약을 수정하여 새로운 조건을 수용하였고, 이를 위해 프로세스에 내장된 데이터 무결성 도구를 사용하는 방법을 배웠다. 예를 들어 영업 부문에서 생성된 새로운 값을 처리하기 위하여 추가적인 사용자 정의 규칙을 만들었으며 이 도구를 활용하여 프로그래밍하였다. 시간이 지남에 따라 영업 관리자는 예외적인 사례들을 취급하는 프로세스를 터득하게 되었고 데이터 품질 관리자와 직접 이에 대해 대화를 나누게 되었다.

이 사례는 컬럼이나 필드가 원래 계획된 목적과는 다른 용도로 사용되는 데이터의 전형적인 문제를 보여주고 있다. 데이터 속성이 시간이 흐름에 따라 변화하기 때문에 이런 일이 발생된다. 이 사례에서는 Case_Bk의 열 무결성 조항은 처음에 정의되었던 대로 놓아두고 취소된 예약을 위해서 새로운 필드가 추가되었다. 다른 경우에는 수정된 필드의 용도에 맞게 열 무결성이 재정의될 수도 있다. 관계형 데이터베이스에서는 무결성 제약이 자동적으로 적용되므로 영업 직원이 음수의 예약과 같은 범위 밖의 데이터를 입력해야 하는 경우, 데이터베이스 변경을 요청하는 표준 절차를 따라야 한다. 하지만 코멘트 필드에 '취소'를 기록하고 양의 값을 사용하는 등 관계형 데이터 베이스 관리 시스템의 무결성 제약을 변칙적으로 우회하는 방법들이 사용될 수 있다는 것을 잊어서는 안 된다. 따라서 열 무결성의 정기적인 관리가 지속적으로 필요한 것이다.

|결론|

이 장에서는 계량지표가 취할 수 있는 일반적인 형식을 제안하고 데이터 품질의 몇몇 디멘젼에서 이러한 형식이 활용되는 예를 보여 주었다.

하지만 계량지표를 아무리 잘 정의해도 실제적인 측정에 대한 필요성은 계속 남아 있다. 따라서 자동화된 측정 시스템을 선호하는 사람도 많을 것이다. 특히 규모가 큰 데이터베이스에서 수동으로 측정을 한다는 것은 무척이나 성가신 일이다. 대규모 데이터베이스 측정에 대한 절차를 자동화하는 방법으로 우리는 프로토타입 패키지인 무결성 분석기를 소개했는데 이것은 데이터 품질 평가에서 여러 기업들이 이미 많이 사용했던 방식이다. 또한 데이터 무결성 소프트웨어인 무결성 분석기를 어떻게 TDQM 프로세스 자체에 반영할 수 있는지도 설명하였다.

대규모의 데이터베이스에 대해서 광범위한 측정작업을 해야 한다면 모든 데이터를 검사하는 것은 불가능할 것이므로 검증된 샘플링 기법을 사용해야 한다. 제5장에서는 데이터의 표본 추출을 활용한 검증 방식에 관해서 설명할 것이다.

Chapter 05 데이터 품질 보장을 위한 표본추출

필요한 지표의 측정치를 얻기 위해 데이터베이스나 데이터 웨어하우스를 조사하는 일은 항상 효과적이지만은 않다. 모든 자료를 검토하는 조사는 너무 비용이 많이 들고 시간도 오래 걸릴 수 있다. 사실상 데이터베이스나 데이터 웨어하우스를 만들기 위해 수십억 개의 열이 있는 테이블을 작성하는 일이 허다하다. 이러한 상황에서 분석가는 표본 추출 방법을 이용하여 필요한 위험성(오류성)과 정확성의 조건을 만족시키는 방법을 채택해야 한다.

이 장은 우선 표본추출의 개념을 정립하고 여러 기초적인 표본추출 방법을 제시한다. 질 높은 데이터베이스나 데이터 웨어하우스를 검증하는 데 여러 가지 방법이 어떻게 사용되는지도 논의한다. 또한, 이러한 방법들이 어떻게 관계형 데이터베이스 관리시스템(RDBMS)에서 구조화된 질의어(SQL)를 사용하여 실제로 실행되는지도 살펴본다.

|기본 개념|

이 장에서는 표본추출의 기본적인 개념을 간단히 살펴보고 이를 특정한 데이터베이스나 데이터 웨어하우스를 검증하는 특정 상황과 연관시켜 살펴본다. 더욱 자세한 내용과 고도의 기법들에 관해서는 표본추출이론(Cochran 1997; Yamane 1967)과 감사(Guy, Carmichael, Whittington 1998)에 관한 교과서들을 참조한다.

통계학자들은 표본추출 방법을 두 가지로 나눈다. 확률적 표본추출과 비확률적 표본추출이다. 확률적 표본추출에서 각 단위는 알려진 확률을 가진 모집단에서 가져온다. 비확률적 표본추출의 경우에는 모집단에서 어떠한 단위를 가져올 확률이 얼마인지 알 수 없다. 즉 표본이 모집단에서 추출되었지만 그 결과물의 신뢰성을 평가할 방법이 없다. 확률적 표본추출법이 거의 모든 연구에서 사용되며 이 장에서 살펴볼 기법의 기준이 되는 방법이다.

표본추출에 있어서 몇 가지 중요한 주의사항이 있다.

첫 번째는 표본추출의 목적을 정립하는 것이다. 일차적으로는 데이터베이스 테이블의 레코드에서 오류를 찾는 것이 표본추출의 주요 목적이다. 궁극적인 목적은 관심있는 모집단 패러미터의 적정 추정치를 얻는 것이다. 대부분의 경우 이 패러미터는 비율의 형태를 취한다. 이 비율은 오류나 비오류의 백분율이 될 수 있다.

두 번째로 중요한 작업은 기본적인 단위를 정하고 그 기본적인 단위를 포함하는 모집단을 식별하는 것이다. 데이터베이스 감사에서 가장 많이 쓰이는 기본 단위는 바로 레코드이며 모집단이란 모든 레코드를 포함하는 테이블들을 일컫는다. 주의할 점은 만약 레코드의 한 필드를 표본추출한다고 하더라도 기본 단위는 여전히 레코드란 점이다. 통계 용어로는 이렇게 표본 추출된 한 필드가 기본 단위와 연관된 하나의 변수라고 한다. 이 변수의 실제 값은 기본단위마다 다르게 나타난다.

완벽성을 위해 표본추출 단위와 프레임의 개념을 소개한다. 기본단위와 표본추출 단위를 같게 보아도 무방할 수도 있지만 그렇지 않은 경우도 있다. 이 두 가지가 서로 다를 경우에는 표본추출된 각 항목이 바로 단위가 된다. 데이터베이스와 데이터 웨어하우스에서는 아주 드문 경우를 제외하고는 표의 열이 기본 및 표본추출 단위가 된다. 프레임은 표본을 추출해낸 데이터의 집합체인 모집단을 의미한다. 데이터베이스 환경에서 프레임은 특정한 테이블에 포함된 레코드 전부를 가리키며 모집단과 동일하다. 보통의 경우에서 프레임은 모집단과 같지 않을 수도 있지만 모집단을 대표한다.

분석가는 정확성과 신뢰성도 고려해야 한다. 이 수치는 반복되는 표본추출 사례에서 얻을 수 있는 신뢰성에 대해 수용할 수 있는 오류의 범위를 나타낸다. 이 값은 선택할 표본의 크기에 직접적인 영향을 미친다. 정확성, 신뢰성, 표본 크기는 항상 상호 연관성이 있다. 더 정확히 말하면 표본 크기가 클수록 정확성이 커진다.

마지막으로 측정의 방법을 제시해야 한다. 여기서 방법은 표본추출을 수행하는데 기법을 가리키며 표본추출을 어떻게 할지를 규정하는 샘플링 기법과는 다르다. 데이터베이스 환경에서는 특정 데이터 요소의 직접 측정(관찰) 방법을 사용한다. 제3장의 정보품질평가(IQA) 조사의 경우 측정방법은 설문이라고 할 수 있다.

간단한 예를 통해서 기본 개념들을 알아볼 수 있다. 데이터베이스에 '고객' 이라는 테이블이 있다고 가정해 보자. 우리의 목적은 주소가 없는 레코드의 비율을 추정하는 것이다. 이 경우 우리는 총 레코드수에 대한 빈칸의 비율을 추정한다. 기본단위는 '고객' 테이블의 레코드(열)이다. 모집단은 '고객' 테이블의 모든 레코드(열)이다. 이 예에서 표본추출 단위 또한 '고객' 테이블의 레코드(열)이며, 프레임은 '고객' 테이블 전체이다. 방법은 데이터를 직접 관찰하는 것이다. 우리는 95%의 신뢰 수준에서 표본추출의 정확성이 실제 모집단의 비율 대비 0.05를 넘지 않도록 지정할 수 있다.

예를 들어 만약 우리가 데이터베이스에서 비어있는 주요 필드값의 백분율을 알고자 한다면, 기본단위는 여전히 열이지만 표본추출 단위와 프레임은 달라진다. 데이터베이스가 너무 커 그 안의 모든 테이블에서 표본을 얻기가 어렵다고 가정해 보자. 만약 테이블의 부분집합을 기본단위가 얻어진 곳에서 선택하였다면, 표본단위는 하나의 테이블이 될 것이고 프레임은 선택된 테이블들이 포함된 총 범위가 될 것이다.

최종 목적은 모집단의 추정치를 찾아내는 것이다. 이를 위해서는 적절한 표본추출 절차와 표본 크기를 선택해야 한다.

표본추출 절차 선택하기

우리는 질높은 데이터 분석을 위한 여러 표본추출 절차를 활용할 수 있다. 어떤 절차를 선택하느냐는 당면 문제와 제약 조건에 의해 결정된다. 일반적인 접근 방법은 먼저 어떤 표본추출 절차가 적정한지 결정하는 것이다. 다음으로는 불량비율과 같은 관심있는 패러미터의 추정치를 명시하여야 한다. 신뢰도의 수준과 정확성 정도도 아울러 명시되어야 한다. 이는 필요한 표본 크기를 정하는 데 사용된다.

여러 변형도 있긴 하지만, 데이터 품질 분석자는 아래 네 가지 일반적인 표본추출 절차 중 하나를 선택할 수 있다.

단순 무작위 표본추출(simple random sample)

무작위 숫자 생성기를 사용하여 필요한 크기의 무작위 표본을 표집할 수 있다. 따라서 만약 표본추출하려는 테이블이 N개의 열을 가지고 있는데 표본 크기가 n개라면, 1부터 N 사이에서 무작위로 n개의 숫자를 생성하여 이를 열로 사용하여 추출하면 되는 것이다.

계통적 표본추출(systemic sample)

계통적 표본추출은 단순 무작위 표본추출의 한 변형이다. 한 테이블에서 여러 레코드를 표본추출하는 경우 무작위로 첫 번째 레코드를 선택한다. 첫 번째 열이 선택되면 그로부터 매 *k*번째 열을 선택한다(*k*는 표 크기에 대한 표본 크기의 비율). 실제로는 계통적 표본추출 접근법이 단순 무작위 방법보다 표본을 추출하는 작업을 조금 쉽게 만들어 준다.

층화 무작위 추출법(sfratified random sample)

데이터의 품질이 일정하지 않다고 생각한다면, 즉, 어떠한 부분집합이 다른 부분집합보다 더 많은 오류를 가지고 있다고 생각한다면, 그런 부분을 알맞게 표본에 추가시킬 수 있어야 한다. 이는 각 계층 내에서의 데이터의 품질이 비교적 일정한 부분군(계층)을 만들고 각 계층에서 단순 무작위 표본추출을 행하므로서 달성할 수 있다. 예를 들어 레코드를 측정 필드에 관해서 오름 차순으로 정렬하였을 때 필드의 값이 높은 레코드가 오류를 더 많이 가지고 있다는 것을 알고 있다면, 이 접근법을 사용할 수 있다. 테이블을 둘로 나누어 두 개의 계층을 만든 다음 각 계층에서 무작위로 표본을 추출할 수 있다.

군집표출(cluster sample)

군집표출에서 모집단은 특정한 조건에 따라 군집으로 나뉜다. 군집의 부분집합은 무작위로 선택된다. 한 군집의 모든 기본 단위를 검색하거나 선택된 각 군집의 무작위 표본을 검증할 수 있다. 이는 데이터 웨어하우스에서 여러 테이블을 합할 때 유용하다. 이 방법은 모든 데이터베이스의 모든 테이블을 검토하지 않아도 된다는 조건하에서 여러 다른 데이터베이스에서 하나의 데이터 웨어하우스로 데이터를 가져올 때 적용할 수 있다. 각 테이블은 군집이라고 할 수 있다. 테이블의 부분집합을 무작위로 선택할 수 있다. 즉, 테이블의 모든 열이나 샘플열을 무작위 표본으로 선택하여 검토할 수 있다.

위 네 가지 방법 중에서 가장 자주 사용되는 것은 기본적인 무작위 표본추출 방법이다.

| 표본 크기 결정하기 |

표본 크기는 중요한 문제이다. 비용상의 제한도 영향이 있기는 하지만, 가장 중요한 고려사항은 사용자가 얼마나 많은 오류를 허용할까 하는 것이다. 데이터의 품질과 관련된 대부분의 지표들은 비율로 구성되어 있다. 비율을 추정할 때 표본 크기를 결정하는 공식은 $n = z^2p(1-p)/e^2$ 이며, 이 때 n은 선택된 표본 크기이며, p는 예상 비율이다. z는 표준화된 정규 분포의 양측값이며, e는 원하는 정확성이나 허용 가능한 오류를 뜻한다. p를 추측하는 것은 어려울 수 있다. p를 0.5로 추정하고자 할 때 필요한 표본의 사이즈가 제일 크므로 별다른 정보가 없는 경우에는 0.5를 사용한다. 하지만 만약 다른 p값을 추측할 수 있다면 다른 값을 사용하여야 한다. 종종 예상 표본을 사용하여 p의 값을 추측한다. 결점이 있는 열의 정확한 비율이 30%와 70% 사이라면 위 공식을 사용하면 된다. 하지만 모든 데이타베이스에 적용되는 것은 아니다.

간단한 예로 이 절차를 설명할 수 있다. 우리의 목적이 주소가 없는 고객 레코드의 비율을 추측하는 것이라고 해 보자. 신뢰도 95%($z = 1.96$) 구간에서 0.01의 오류를 허용한다고 하자. 보수적으로 참값의 비율을 0.5로 추정한다. 이런 조건에서 표본 크기인 n은 $n = (1.96)^2(0.5)(0.5)/(0.01)^2 = 9{,}604$ 이다. 따라서 만약 한 테이블에 백만 개의 열이 있다면 우리는 약 1%의 열만 추출하면 되는 것이다.

만약 불량 레코드의 수가 아주 적다면 표본 크기를 결정하는 다른 방법을 써야 한다. 적절한 추정치를 얻기 위해서 샘플 사이즈가 충분히 커야될 필요는 없다. 한 가지 방법은 표본에서 불량 레코드의 수(m)를 미리 결정하여 그

수가 될 때까지 레코드를 하나하나 추출하는 방법이다. 이 방법으로 불량 레코드의 실제 비율을 계산할 수 있으나, 표본 크기가 임의로 변경되기 때문에 별로 실용적이지는 않다.

경험에 의하면 불량 레코드의 기대치를 최소한 2이상으로 잡아야 한다 (Gitlow et al. 1989). 필요한 최소한의 표본 크기는 $n \geq 2.00/(1 - \Pi)$의 부등식을 만족시키며, 이 경우 Π은 용인할 수 있는 열의 실제 비율을 나타낸다(Π는 관찰에 의해 추측한다). 표본이 커질수록 더 정확한 추측을 가능하게 하고 신뢰도를 높일 수 있다.

다음은 이 방법의 적용 사례이다. 앞의 예와 같이 z가 1.96이고 e가 0.01이라고 가정해 보자. Π에 대해 가지고 있는 정보에 의거하면, Π는 약 0.999 정도(0.1%) 되어야 한다. 경험에 의하면 필요한 최소한의 표본 크기는 2,000개이다. 표준 식을 적용한다면, 표본 크기는 39가 되어 너무 작다.

업무처리용 데이터베이스 환경에서의 표본추출

제4장에서 소개된 객관적 방법은 모두 추정치를 사용한다. 좋은 표본추출 방법과 적절한 표본의 크기를 미리 안다고 해서 실제 표본추출이 다 된 것은 아니다. 관계형 데이터베이스 관리시스템의 대표적인 도구인 SQL 질의어를 통해서 표본추출을 원활하게 할 수 있다. 상대적으로 쉽게 쓸 수 있는 SQL 질의를 통해서 선택된 표본추출법을 실행할 수 있다. 제4장에서 설명한 무결성 분석기 등 평가 절차를 자동화하는 소프트웨어도 표본추출 프로그램에 도움을 줄 수 있다.

SQL의 여러 연산자, 함수, 그리고 제한구 등은 앞에서 기술한 지표값을 얻는데 도움이 된다. 예를 들어 COUNT 함수는 어떠한 값을 가지거나 조건을 만족시키는 열의 수를 계산하는데 사용한다. CUSTOMER 테이블에는 CUSTOMER_ID, CUSTOMER_NAME, CUSTOMER_ADDRESS, CUSTOMER_BALANCE

등 네 개의 컬럼이 있다고 가정하자. 문제를 단순화하기 위해 주소는 한 컬럼에 전부 기록되어 있다고 가정하자. 이제 SQL 문장을 이용하여 열의 수를 계산할 수 있다.

```
SELECT COUNT(CUSTOMER_ID)
  FROM CUSTOMER;
```

CUSTOMER_ID가 비어있는 레코드의 수를 계산하고자 한다면, 다음의 문장을 사용할 수 있다.

```
SELECT COUNT(CUSTOMER_ID)
  FROM CUSTOMER
    WHERE CUSTOMER_ID IS NULL;
```

만약 총액이 $0과 $1,000,000 사이인 레코드의 수를 계산하고자 한다면,

```
SELECT COUNT(CUSTOMER_ID)
  FROM CUSTOMER
    WHERE CUSTOMER_BALANCE BETWEEN 0 AND 1000000;
```

라고 쓰면 된다.

이와 반대로 총액이 위의 범위를 벗어나는 레코드의 수를 계산하고자 한다면,

```
SELECT COUNT(CUSTOMER_ID)
  FROM CUSTOMER
    WHERE CUSTOMER_BALANCE < 0 OR CUSTOMER_BALANCE >
1000000;
```

라고 쓰면 된다.

총계를 내는데는 SQL의 사용이 비교적 용이하다. CUSTOMER 테이블의 모든 레코드를 검사하면서 전수조사를 할 것을 가정한다. 하지만 이 장의 요

점은 표본추출 없이 자료조사를 할 수 없는 경우이다. 이 경우에도 SQL이 유용하다. 이 질의어는 표본을 이루는 열의 부분집합을 선택할 수 있는 임의의 정수를 생성할 수 있게 해 준다(테이블의 행 번호에 해당하는). 임의의 수를 만드는 문장은 SQL의 종류에 따라 다르다. 예를 들어 마이크로소프트의 SQL에서는 RND라는 수생성 함수를 사용한다. 정확한 표현이 무엇이든지 여러 다른 표현방식이 사용되더라도 테이블의 행을 임의로 선택할 수 있게 해 준다. 따라서 전체 테이블에서 행들의 표본을 추출할 수 있다.

테이블의 행을 임의로 선택하여 부분집합을 만들고 조건을 부여하여 총계를 계산할 수 있는 역량을 활용하여 제4장에서 소개한 지표값을 추출할 수 있다. 이어서 Codd의 무결성 제약을 평가하는데 이 기법을 적용하는 것에 관해서 설명한다. 위에서 지적한 바와 같이, 여기서 소개하는 지표들은 데이터 품질지표의 일부분이다. 하지만 이 장에서 소개된 기법을 실용적으로 적용하는 데는 아주 효과적이다.

혹자는 데이터베이스 관리시스템에서 개체 무결성의 침해를 허용하지 않기 때문에 다음에 설명하는 테스트들이 불필요하다고 생각할지 모른다. 불행하게도 경험상 데이터베이스가 손상된 사례도 있고 무결성의 침해 또한 발생하기 때문에 이 테스트들은 필요하다.

개체 무결성

개체 무결성의 침해는 키필드가 비어 있거나 키필드 값이 유일하지 않거나의 두 가지 경우이다.

키필드의 수치가 비어 있는 경우, 목표는 모집단의 몇 퍼센트가 비어 있는지를 알아보는 것이다. 이는 결국 비율을 추측하는 것이다. 비율을 추측하는데 알맞은 기법을 사용할 수 있다. 기본적인 무작위 표본추출법이 유용할 것이다.

두 번째 경우(비유일성)는 좀 더 어려운 문제이다. 이상적인 방법은 하나의 행을 택하여 다른 행들과 비교하여 키필드 값의 중복이 존재하는지를 확인하는 것이다. 어떤 중복된 행이 이미 기록되었는지 확인하면서 각각의 행을 검토하는 것이다. 이 방법은 거의 모든 대규모 관계형 데이터베이스에 적용하기는 어렵다. 테이블에 있는 행의 수를 알고 있다면, SQL을 이용하여 독특한 값의 개수를 셀 수 있을 것이다. 예를 들어 CUSTOMER 테이블에서 이를 실행하기 위한 SQL 문은 다음과 같다.

```
SELECT COUNT(DISTINCT CUSTOMER_ID)
  FROM CUSTOMER;
```

행의 총 수와 CUSTOMER_ID의 독특한 값을 가진 필드의 수와의 차이로 중복된 수를 계산할 수 있다. 경우에 따라서는 이 방법도 어려울 수 있다. 그럴 경우 무작위 표본추출법을 사용할 수 있다. 표본 크기를 계산하는 식을 사용하여 표본 크기를 계산한다. 그런 후 SQL 기법을 적용하여 무작위 표본을 선택하고 위반 사례의 수를 알아내는 것이다.

열 무결성

열 무결성 제약조건은 하나의 열에 있는 값이 허용되는 범위 안에 있는지를 확인하는 것이다. 열 무결성의 침해는 다음의 경우에 일어났다고 본다.

- 빈 값
- 무효 값
- 유일하지 않은 값(기본키가 아닌 필드임에도 그렇게 지정된 경우)
- 유효한 숫자 중의 하나가 아니거나 숫자 또는 알파벳이 아닌 경우
- 유효한 범위를 넘어선 경우(연속적)

빈 값, 무효 값, 그리고 유일하지 않은 값은 개체 무결성 검토를 위하여 SQL을 적용했던 방법으로 검토할 수 있다. 값을 검토하기 위해 기본적인 무

작위 표본추출법을 사용할 수 있다. 하지만 이 오류가 각 레코드에 일정하게 분산되어 있는 것이 아닐 수도 있다. 그 경우에는 층화 추출법을 사용할 수 있다. 샘플링 방법은 해당 열의 값들과 관련하여 레코드의 특성에 따라 결정되어야 한다. 유효한 문자열 범위에 데이터가 속하는지를 검사하는 것은 불연속적인 숫자의 리스트에 대해 검사하는 것과 같은 방법으로 진행하면 된다.

만약 우리가 단순히 한 값이 어떠한 범위 내에 있다는 것을 검토하는 데에만 관심이 있다면(이항식 분포를 사용하여), 퍼센티지를 추정해 내면 된다. 이는 앞서 설명한 이항식의 파라미터를 추측하는 방법과 같다. 표본이 생성되면 열은 BETWEEN 연산자를 포함하는 SQL 문장을 사용하여 평가할 수 있다.

참조 무결성

참조 무결성의 위반은 흥미로운 문제이다. 참조 무결성의 위반은 한 테이블의 참조키의 값이 다른 연관된 테이블의 기본 키와 맞지 않을 경우 일어난다. 하지만 만약 참조키 값이 비어있는(NULL) 경우 참조 무결성은 지켜진 것으로 보게 된다. 큰 테이블에서 어떤 참조키가 빈칸(NULL)을 가지고 있는지를 알아낼 수 있을까? 이 경우 SQL을 써서 해결할 수 있다.

```
SELECT *
  FROM (테이블 이름)
    WHERE (참조 키의 이름) NOT NULL;
```

와 같은 간단한 SQL 질의어는 참조키 값이 비어 있지 않은 레코드들을 찾아낼 것이며, 우리가 찾고자 하는 모집단을 구성할 것이다. 그리고 나서 SQL의 INSERT INTO 함수를 써서 참조키가 비어 있는 레코드들을 제외한 테이블을 만든다. 이제 이 테이블에서 무작위 표본을 추려낼 수 있다.

그러고도 매칭의 문제는 남아 있다. 참조키 필드에서 무작위로 표본을 뽑을 수도 있다. 이 경우에는 해당 참조키가 참조하고 있는 기본키의 값과 일

일이 대조해야 한다. 경우에 따라서 이 일을 하는 것이 현실적으로 불가능할 수도 있겠지만 일반적으로 일차 테이블이 이를 참조하는 테이블보다는 레코드 숫자가 적다. 예를 들어 부서 테이블은 20개의 레코드를 가지고 있고, 이 20개의 부서에서 일하는 직원들의 레코드가 직원 테이블에 기록되어 있는 경우 직원 테이블은 100개나 1,000개의 레코드를 가지고 있는 것이다. 이와 같이 일차 테이블의 경우 매칭은 어렵지 않을 것이다.

다른 접근법은 SQL 외부 결합을 실행하는 것이다. 그러면 1차적인 키필드와 참조키 필드가 맞지 않는 열, 혹은 둘 중에 하나가 비어 있는 열을 선택하는 SQL 질의어를 만들 수 있다. 결과의 테이블은 많지 않은 열을 가지고 있으며 총체적으로 검토할 수 있게 된다. 참조 무결성 위반은 많지 않다.

분산형 데이터베이스와 데이터 웨어하우스로의 확장

데이터 품질 평가는 기존의 중앙집중형 데이터베이스의 평가에 한정되어 있지 않다. 많은 회사들이 데이터 웨어하우스나 데이터 마트 등과 이를 제어하기 위한 소프트웨어를 만든다. 하지만 이런 데이터 웨어하우스는 데이터 품질 평가를 거쳐야 한다. 일반적으로 데이터 웨어하우스의 데이터는 충분히 검토되어 높은 품질을 가지고 있다고 보지만, 현실적으로 항상 그렇지는 않다. 보통 검토된 데이터는 사실적 정확성이나 완벽성 측면에서 주로 검토하고 있지만, 여러 측면에서 높은 품질을 가졌다고 단정지을 수는 없다. 실제로 같은 필드에 다른 타입의 데이터가 입력되는 등의 오류는 종종 데이터 웨어하우스의 여러 부분에서 발견된다. 데이터 웨어하우스가 좋은 품질의 데이터를 가졌다고 가정할 수는 없으며, 그렇기 때문에 표본추출 및 검토가 필요하다.

앞에서 우리는 클러스터 표본 디자인이 데이터를 데이터 웨어하우스로 가져오는데 유용하다고 했다. 기본적인 테이블은 이 표본 디자인 체제 안에서 데이터 품질이 평가된다. 데이터 웨어하우스가 생성되면 업무처리용 데이터베이스에 사용한 기법을 적용할 수 있다.

데이터 웨어하우스말고도 데이터베이스들도 점점 더 분산화되어가고 있다. 분산형 데이터베이스에서 어떻게, 그리고 무엇을 표본추출할 것인가가 문제의 초점이다. 센트럴 데이터베이스가 있고 분산을 위해서 데이터의 부분적인 복제를 할 때의 표본추출 접근법은 데이터베이스가 최소한의 중복성을 가지고 분산되면서 센트럴 데이터베이스가 없을 때의 표본추출법과는 다르다.

여러 사이트에서 프로세싱하는 경우나 데이터가 분산되어 있는 경우는 흥미로운 예이다. 이 경우 서로 다른 분산형 데이터베이스들의 집합들을 다루어야 한다. 따라서 개별 데이터베이스 수준에서 층화 표본추출을 해야 할 가능성이 높다. 어떠한 데이터베이스가 다른 데이터베이스보다 품질이 좋다거나 안 좋다는 것을 알고 있으면 이 방법이 합리적이다. 아니면 분석자가 샘플 데이터베이스를 임의로 선택할 수도 있다. 어떤 경우든 기본적인 표본 디자인이 되면 개별 테이블에서 사용했던 평가 방법들을 활용할 수 있다.

|결론|

이 장에서 우리는 관계형 데이터베이스를 평가할 수 있는 몇개의 기본적인 개념과 기법을 알아보았다. 특히 표본추출의 몇 가지 기본적인 개념과 기본적인 SQL 디자인을 알아보았다. 표본추출과 SQL은 데이터 품질 분석자에게 훌륭한 품질 평가 도구가 될 수 있다. 표본추출 디자인은 제3장에서 살펴본 데이터 품질의 개인별 인식의 평가와 제4장에서 살펴본 계량지표의 평가에 적용할 수 있다. SQL 디자인은 계량지표의 평가와 관련이 있다. 이러한 도구들을 활용해서 품질을 측정함으로써 데이터 품질에 관한 인식을 제고하고 앞장에서 언급한 진단법의 기초를 다질 수 있을 것이다.

다음 장들에서는 데이터 품질의 중요성을 인식하고 기본적인 데이터 품질 평가를 실행하고 난 후 살펴볼 문제에 대해서 논할 것이다.

Chapter 06

데이터 품질 문제와 패턴의 해부

제2장부터 제5장까지는 데이터 품질을 평가하고 감사하기 위한 방법론, 도구와 기법에 관해서 알아보았다. 데이터 품질의 평가에 대해 얼마나 준비가 되어 있는지를 알아보는 것은 품질 향상을 위한 기초적인 단계이다. 아주 복잡하고 방대한 데이터 품질 문제를 총체적으로 이해하지 않고서는 품질을 높일 수가 없다. 예를 들어 데이터 소비자가 '데이터에 접근을 할 수 없다' 고 말하는 경우, 보안 문제, 정보조사 능력의 부족 또는 정보를 어떻게 명명하고 나열했는지에 대한 지식 부족 등 데이터 품질의 여러 측면이 상호연관된 복잡한 상황을 나타내는 것이다. 또한 데이터 품질 조사를 통해서도 조직 내에서 접근성이 매우 낮게 인식되고 있음이 확인될 것이다. 대체적으로 이러한 기본적인 데이터 품질 문제는 동떨어져 발생하는 것이 아니다. 이는 장기간에 걸쳐 축적된 복잡한 절차에서 유발되고 있으며, 근본적으로 데이터 소비자가 데이터를 사용하면서 겪는 어려움에 대한 이유를 알려줄 수 있다. 데이터 품질을 높이기 위한 효과적인 방법은, 조심스럽게 데이터 자체를 검토

하고 향상시키는일 뿐만 아니라 그 환경까지도 개선해야 하는 것이다. 데이터 환경이란 데이터를 모으고 저장하고 사용하는 것과 관련된 모든 부분들을 가리킨다. 데이터 환경은 데이터베이스 시스템과 정보시스템 인프라뿐만 아니라 데이터품질을 규정짓고 이에 영향을 미치는 업무 프로세스 메카니즘, 규칙, 방법론, 행위, 정책, 문화를 모두 포함한다. 데이터 품질 문제는 자동화된 컴퓨터 환경에만 존재하지 않는다. 문제는 수동적인 사업절차나 수동과 자동이 결합된 복합적 환경에서도 생길 수 있다. 여기서 설명하는 패턴과 해결책은 수동이든 자동이든 모든 환경에서 적용된다.

이 장에서 우리는 기업에서 데이터 품질 문제를 일으킬 수 있는 10가지 근본상황에 대해 분석하고 살펴볼 것이다. 그리고 기업이 이 상황에서 부정적인 문제를 피하고 데이터 품질을 높일 수 있게 조정하는 방법에 대해 논할 것이다. 이 장은 Strong, Lee, 그리고 Wang(1997a; 1997b)의 세미나에 기초를 두고 있으며 거기서 사용된 자료를 바탕으로 한다.

데이터 품질 문제의 10가지 근본상황

여기에서 살펴볼 10가지 근본상황은 선도하는 조직에서 수행되었던 사례연구와 데이터 품질 분석 연구에서 뽑은 것들이다. 이들은 시간이 지나면 데이터 품질 문제로 발전할 수 있는 여지를 가진 상황들이다. 반대로 이런 상황들은 적절히 조치되었을 때 데이터 품질의 향상을 가져올 수도 있다. 조치들은 일시적이고 단기적인 패치가 될 수도 있고 장기적인 해결책일 수도 있다. 확실한 것은 장기적인 해결책이 더욱 이상적이라는 것이다.

10가지 근본상황은 다음과 같다.

1. 여러 데이터 소스: 같은 정보라도 여러 소스가 있을 경우는 한 가지 정보에 여러 값을 제공하기도 한다. 이는 당시에는 유효했던 값을 포함하기도 한다.

2. 데이터 생성의 주관적 판단: 주관적 판단에 의한 정보 생성은 편견이 있는 정보를 만들 가능성이 있다.
3. 제한된 컴퓨팅 자원: 컴퓨팅 자원이 부족하면 관련된 정보의 접근성도 제한될 수 있다.
4. 보안과 접근성의 상충: 정보의 접근성은 보안, 비밀성, 기밀성의 조건과 서로 상충된다.
5. 코딩된 데이터: 여러 부서에서 각기 코딩된 데이터는 디코딩이 쉽지 않고 이해하기 어렵다: 코드가 일치하지 않는 경우도 발생할 수 있다.
6. 데이터 형태의 복잡성: 텍스트와 이미지들을 같이 프로세스할 수 있는 자동화된 알고리즘은 아직 없다. 이런 비수치 정보들은 필요할 때 찾을 수 있게 인덱스하는 것이 쉽지 않다.
7. 데이터의 양: 정보의 저장량이 방대할 때는 원하는 시간 내에 원하는 정보로의 접근을 힘들게 할 수 있다.
8. 입력규칙이 너무 제한적이거나 무시되는 경우: 입력할 때 지켜야 할 규칙들이 너무 제한적이라면 데이터 입력이 불필요하게 통제되어 중요한 의미가 있는 데이터를 못 받아들일 수도 있다. 데이터 입력자가 데이터 필드에 정보를 입력하지 않을 수 있으며, 규칙에 맞게 하기 위해 수치를 바꿔 오류 정보를 생산해내기도 한다.
9. 데이터 요구사항의 변경: 정보 소비자의 업무와 조직 환경(시장, 법적 요구, 트렌드 등)이 바뀜에 따라 연관이 있거나 유용한 정보도 바뀐다.
10. 분산형 이종 시스템: 통합 메커니즘이 없는 분산형 이종 시스템은 일관되지 않은 정의, 포맷, 규칙, 수치 등을 생성한다. 데이터의 원래 의미가 없어지거나 바뀔 수도 있으며 같거나 다른 목적을 위해 다른 시간, 다른 장소, 다른 시스템에서 다른 데이터 소비자에 의해 사용될 수 있다.

1. 여러 데이터 소스

동일한 정보에 대해 여러 소스가 존재하면 이 정보에 여러 값을 만들 가능성이 있다. 데이터베이스를 디자인할 때 한 데이터를 여러 장소에서 저장하고 업데이트하지 않도록 주의하라고 권고한다. 왜냐하면 여러 곳에서 일일이 업데이트를 제대로 하는 것은 어렵기 때문이다. 그와 비슷하게 동일한 정보에 있어 다른 절차들을 사용하는 것은 여러 값을 생성할 가능성이 높다. 예를 들어 한 병원의 응급실에 입실할 경우, 전문의의 평가 및 응급실 간호사의 검사 등 두 개의 절차를 이용하여 응급실 환자의 상태를 기록한다고 하자. 이 두 가지 절차의 결과는 다르게 기록될 수 있을 것이다. 그렇지만 수납을 위해서나 환자 기록을 위해서나 일관성 있는 결과는 필수적이다.

이런 상황은 조직 내에서 빈번하게 일어나는데, 이는 여러 다른 목적, 즉 치료 또는 회계상의 이유를 위해 디자인한 시스템이 환자 상태 등과 같은 동일한 정보를 필요로 하기 때문이다. 이런 자율적인 시스템을 운영하는 것은 동일한 정보를 모으는데 이원화되고 서로 다른 절차를 요구하고 있다.

대개 여러 소스에서 동일 정보를 생성하는 것은 아주 심각한 문제를 일으킬 수 있다. 예를 들어 병원에서 임상 정보를 바탕으로 하여 계산한 액수보다 정부의 상환액이 더 많다면 재정상이나 법적 문제를 불러올 수 있다. 또한 신뢰성에 의문이 있는 고객이 정보를 더 이상 사용하지 않으려고 할 수도 있다.

이러한 문제가 종종 무시된다. 여러 소스를 통한 정보생성 절차는 서로 다른 값을 지속적으로 생성하고 운영하도록 만든다. 정보 소비자는 서로 다른 시스템을 사용하기 때문에, 예를 들어 임상 소비자는 임상 정보만을, 다른 소비자는 재정정보만을 보기 때문에 혹은 모든 소비자가 동일한 소스만 사용하기 때문에 이런 문제점을 발견할 수 없는 경우도 있다. 또는 정보 소비자가 정보를 선택적으로 다운로드 받기 때문인 경우도 있다. 단기적인 개선책으로 조직은 두 가지 시스템을 다 사용하되 한 가지만 청구서 작성의 목적으로 사용하도록 규정할 수 있다. 환자의 상태에 대한 평가와 항상 차이가 발생한다면 절차를 개선할 여지가 있음을 고려해야 한다.

조급하게 개선책을 강구하는 것보다 더 궁극적인 개선책은 정보생성 절차를 다시 살펴보는 것이다. 정보가 어떻게 생성되야 하는가? 예를 들어 우리가 연구한 병원 중 한 곳은 응급실 환자 상태를 공통적으로 정의하기로 하고 이를 일정하게 유지할 수 있는 생성절차를 만들기로 하였다.

장기적인 개선책은 유사어를 허용하지 않는 규칙을 만들어 다른 그룹이 동일 데이터나 절차를 서로 다른 이름으로 부르지 않게 하는 것이다. 또한 동음이의어의 사용을 금지하여 서로 다른 것을 동일 이름으로 지칭하지 않게 해야 한다. 만약 정당한 이유로 동음이의어의 사용이 허락된다면, 데이터 사전에 명시해야 하고 조직 전체에 이를 알려야 한다.

2. 데이터 생성의 주관적 판단

주관적 판단에 의한 정보생성은 편견이 있는 정보를 만든다. 조직의 데이터베이스에 저장된 정보는 사실이라고 간주한다. 하지만 이런 '사실'을 모으는 절차가 주관적인 판단에 따라서 만들어질 수 있다. 앞서 말한 환자 상태의 평가가 하나의 예가 될 수 있다. 또한 진단한 질병과 환자에 행해진 치료방법을 나타내는 의학 코드에 관한 예도 들 수 있다. 코드를 지정하는 규칙과는 별개로 의학 코드를 만드는 사람들은 알맞은 코드를 선택하는 데 주관적인 판단을 사용하고 있는 것이다.

정보생성에 주관적인 판단을 사용한다는 것을 알게 되면 정보 소비자는 이런 정보를 사용하지 않으려 할 것이다. 따라서 값비싼 인력을 사용해 판단 절차를 통해 모아진 정보이지만 기업에 합당한 이익을 가져다 주지 않을 수도 있다.

이러한 데이터상의 문제는 데이터 소비자에게 알려지지 않을 수도 있다.

왜냐하면 주관적인 판단은 소비자가 알지 못하는 데이터의 생성절차를 통해서 이루어지기 때문이다. 데이터 소비자는 컴퓨터 시스템에 저장된 정보가 실제보다 더 사실이라고 믿고 있기 때문이다. 문제를 조급히 해결하기 위해 동일한 사실에 대해 생성하는 정보의 차이를 다루는 정보생성 규칙을 추가하게 된다.

정보생성 절차에서 사람의 판단을 완전히 제거하자는 것이 아니다. 어떠한 정보는 주관으로밖에 생성할 수 없기 때문에 주관을 완전히 제거할 수는 없다. 장기적인 개선책은 데이터 수집가에게 더욱 향상된 교육을 시키고, 사업 영역에 대한 데이터 수집가의 지식을 넓히고, 어떠한 판단이 내려져야 하는지에 대해 정확한 의견 교환 및 의사소통을 하자는 것이다.

3. 제한된 컴퓨팅 자원

컴퓨팅 자원이 부족하면 관련된 정보의 접근성이 낮아진다. 예를 들어 한 항공사가 용량이 불충분하고 신뢰도가 낮은 통신망을 이용하여 항공기 부품 재고를 관리한다고 해보자. 그 결과, 모든 정보가 저장되지 않으며 정확하지도 않아 완전하지 않은 정보를 구축하게 될 것이다. 어떤 건강관리기관(HMO)에서 모든 직원에게 컴퓨터를 제공하지 않아 정보와 생산성에 문제가 생긴 적이 있다. 완벽한 정보가 없이 업무를 처리한 결과 부적절한 의사결정 문제가 생기기도 했다.

오늘날 대부분의 업무는 컴퓨터를 이용하고 신뢰할 수 있는 통신망을 사용하고 있지만, 컴퓨터 자원은 여전히 불충분할 때가 많다. 예를 들어 인터넷 통신은 늘어나는데 용량은 한정되어 있다. 사람들은 항상 더 좋은, 더 빠른, 더 향상된 컴퓨터와 대용량의 통신망을 원한다. 정보 소비자가 불평을 할 때마다 이 문제는 임시방편으로 좀 더 많은 컴퓨터 용량을 제공해줌으로써 해결하고 있다.

장기적인 개선책으로 기업들은 기술을 업그레이드하는 정책을 이용한다. 예를 들어 몇몇 대학은 컴퓨터를 정기적으로 업그레이드하여 항상 최신의 컴퓨터 사양을 유지하도록 하였다. 또한 더 많은 컴퓨터 자원을 지원하기 위한 자금이 사용자에게 지원되도록 하여 데이터 소비자가 직접 집행하고 활용할 수 있게 하였다. 데이터 소비자가 컴퓨터를 사용하는 데 필요한 사용료를 지불하도록 하면 컴퓨터를 더욱 효율적으로 사용할 수 있게 될 것이다.

4. 보안과 접근성의 상충

정보의 쉬운 접근성은 보안, 비밀성, 기밀성의 조건에 상충될 수 있다. 데이터 소비자는 더 높은 품질의 정보에 쉽게 접근할 수 있어야 한다. 하지만 정보의 비밀성, 기밀성, 그리고 보안은 이러한 접근을 통제한다. 따라서 높은 품질의 정보에 대한 접근성과 보안은 항상 갈등관계에 놓여있다. 예를 들어 환자의 건강기록은 기밀내용을 담고 있지만, 분석자는 이런 기록을 모아 연구하고 옳은 의사 결정을 내릴 수 있어야 한다. 환자의 비밀은 환자의 기록을 사용하기 전에 법적 허가를 받게 함으로써 보호할 수 있다. 정보 소비자가 허가를 받아야 하는 것 자체가 정보에의 접근성을 차단하는 것이다.

단기적인 해결책은 비밀성, 기밀성, 보안의 문제가 제기될 때마다 임기응변식 해결책을 사용하는 것이다. 예를 들어 만약 환자의 에이즈 감염 사실이 본의 아니게 알려졌다면, 재발을 막기 위한 새로운 절차를 마련하는 것이다. 이런 새로운 절차는 합법적인 접근성을 위한 장벽은 최소화시키도록 고안될 수 있을 것이다.

더 궁극적인 개선책은 모든 정보가 처음 생성되었을 때 비밀성, 기밀성, 그리고 보안의 정책과 절차를 만드는 것이다. 이러한 정책에 의거하여 일정한 기준 절차를 마련하여 최대한 적은 노력과 시간으로 필요한 정보에 접근할 수 있도록 하여야 한다. 정보 소비자는 정보의 비밀성, 기밀성, 보안의 요건에 대해 알고 있으며, 합당한 규칙을 준수하기 원한다. 하지만 그들은 보안과 기밀성에 대한 새로운 정의와 의미에 대해 상호 협의할 때 서로 협력할 것이다.

5. 코딩된 데이터

서로 다른 전문적인 영역에서 코딩된 데이터는 디코딩하거나 이해하기 어렵다. 기술이 발전함에 따라 글자 및 이미지 등 여러 종류의 정보를 모으고 저장할 수 있게 되었지만 정보저장 장치 자체가 주된 문제가 아니다. 정보에 대한 입력과 접근을 쉽게 하는 것이 중요한 사항이다.

예를 들어 병원에서 환자 치료에 관한 노트를 보자. 의료 코더들이 이 노트를 읽고 비용 청구를 위한 질병관련 코드그룹으로 입력한다(Fetter, 1991). 그러나 정확한 노트 내용을 전산으로 바꾸는 데 많은 비용이 소요되기 때문에 종이로 남게 된다. 노트를 해석하고 입력하는 것은 시간소모적인 행동이라서 환자 퇴원서를 포함한 몇 가지 정보는 의사가 구술하고 컴퓨터에 바로 입력한다. 더 많은 의사들이 직접 전자 데이터를 입력하고 많은 수의 병원이 전자 서류를 사용한다. 이미지 기술이 발전됨에 따라 이미지를 저장하고 불러오는 것도 쉬워졌다.

정보 저장 및 검색 기술이 계속적으로 발전함에 따라 기업은 어떠한 정보를 얼마나 저장할 것인가를 결정할 필요가 있다. 코드의 경우에 코드를 완벽하게 해석하는 데 필요한 의학 및 공학과 같은 사업 영역 지식은 정보 소비자에게 알려져야 한다. 그러기 위해서는 전문가의 지식을 코드화하고 공유해야 한다. 이러한 절차는 장기적으로 행해져야 한다.

가능하다면 동일한 분류에 대한 여러 코드들은 구분해야 한다. 하나의 코드로 통일시키는 것이 바람직하지만, 그럴 수 없다면 코드맵을 유지하는 것이 비용상으로도 효율적일 것이다. 정보를 전자적으로 저장하는 데 많은 비용이 소요되므로 정보 소비자에게 전달되는 정보의 품질이 향상되지 않는다면 아무 소용이 없을 것이다.

6. 데이터 형태의 복잡성

텍스트와 이미지 정보를 같이 프로세스하는 자동화된 컨텐츠 분석 알고리즘은 아직 없다. 이러한 비수치 정보들은 필요한 정보를 찾을 수 있도록 인덱스하기가 쉽지 않다.

정보 소비자가 비수치 정보에 접근할 수 있고, 여러 시스템을 통해 분산된 정보에 접근할 수 있어도, 그들의 목적은 접근 자체가 아니다. 그들은 정보를 종합하고 조작하면서 트렌드를 파악하려고 한다. 기술적으로 접근이 가능하지만 분석하기가 어렵거나 불가능한 정보의 경우에 이 문제가 더 심각하다.

의학연구에 있어서도 전자 이미지들을 가지고 계량분석에서 쓰는 통계분석이나 트렌드 분석과 유사한 연구를 해야할 필요가 있다. 우리가 연구한 병원 중 한 곳은 문서와 이미지를 전자 문서로 저장하지 않고 있었다. 정보의 전자식 저장은 병원이 여러 엑스레이 정보를 분석하는 것을 자동화할 때까지는, 예를 들어 환자가 폐렴증상을 보이는지 여러 엑스레이 정보를 사용하여 결정할 수 있기 전까지는 그 필요성을 느끼지 못하고 있었던 것이다.

병원은 환자의 치료가 어떻게 전개되고 있는지 추적할 필요가 있다. 그에 필요한 치료 정보는 의사와 간호사의 노트에 저장된다. 의학 분야에서는 문자를 요약하기 위해 코드를 주로 사용한다. 문제를 해결하기 위해서는 이와 연관된 여러 시스템에 저장된 정보 분석의 어려움을 해결해야 한다. 소비자가 각 시스템에 접근한다 해도, 그들은 통일되지 않은 정의, 이름, 포맷을 가진 여러 시스템에 저장된 정보의 유형을 분석할 수 없다. 이 문제는 뒤의 열번째 상황인 분산형 이종 시스템과도 연관이 있다.

이러한 문제는 여러 가지 한시적인 방법으로 해결되곤 한다. 예를 들어 코딩 시스템을 통해 각종 문서정보의 분석이 이루어지고 있다. 여러 시스템의 필드를 매치시키는 일도 이러한 정보를 분석하는 일의 일부이다. 하지만 이런 임시 해결방법은 종종 다른 문제들을 야기시킨다. 첫째, 이 경우 어떠한 필드에 맞게 매치시켜야 하는 것과 같이 어느 한 부분에 해당하는 단편적인 해결책이 될 수 있다. 이 문제를 전체적으로 해결하려면 여러 번의 이와 같은 단편적인 해결책이 필요하게 된다. 둘째, 단편적인 해결책들은 완전하지 않고 또 다른 문제를 일으킬 수 있다. 예를 들어 Soundex 알고리즘을 이용하여 여러 시스템에서 사용된 이름을 매치시켜도 적절한 매치를 다 찾지 못할 수 있다. 분석 가능한 정보로 요약하는 코딩 시스템은 정보 소비자가 코드를 해석하도록 한다면 잘못된 분석을 할 가능성이 크다.

장기적인 해결방법은 진보된 정보기술과 에플리케이션을 적용하는 것이다. 데이터 웨어하우스와 공통 데이터 사전은 시스템 내의 구조화된 정보의 분석 등 몇 가지 문제에 부분적인 해결책이 된다. 이미지 정보를 분석하는 알고리즘도 빠르게 진화하고 있지만, 일반적으로 새로운 정보를 저장하는 기술이 정보를 분석하는 기술보다 항상 먼저 개발된다.

7. 데이터의 양

저장된 정보의 방대한 양은 원하는 시간에 원하는 정보로의 접근을 힘들게 할 수도 있다. 우리는 종종 '많은 정보'가 '적은 정보'보다 확실히 낫다고 할 수는 없다고 말한다. 방대한 양의 정보는 정보를 저장하고 유지하는 책임이 있는 사람들과 유용한 정보를 찾는 사람들에게 문제를 일으킬 수 있다. 예를 들어 한 전화회사가 한 시간에 수천 개의 요금 거래를 생성한다고 하자. 소비자는 전화회사의 담당 직원이 자신의 요금 문제를 해결하기 위해 거래 기록에 바로 접근하기를 원한다. 또한 HMO는 1년에 백만 개가 넘는 환자 레코드를 생성한다. 몇 년에 걸쳐 구축된 질병의 유형과 절차를 분석하는 일은 몇 백만 개의 기록에서 선택된 몇 천 개의 기록을 기반으로 한다. 병원은 일년에 몇 만 명의 환자를 관리한다. 그러면 1년에 12기가바이트의 정보를 생성하게 된다. 여러 해에 걸쳐 축적된 유형을 분석하는 일은 HMO에 큰 문제가 된다.

정보 시스템 전문가는 방대한 양의 정보를 저장하고 효율적인 접근을 가능하게 만드는 표준 기술을 가지고 있다. 그 기술은 문서정보를 압축하기 위한 코드를 사용하는 것이다. 예를 들어 병원 시스템은 코드 시스템을 이용하여 환자의 종교정보를 저장한다. 1은 종교 A를, 2는 종교 B를 표시하는 것과 같은 방법이다. 그런 코드 시스템은 흔히 사용되지만, 그 코드를 해석해야 하는 정보 소비자에게는 큰 부담일 수 있다. 한 소비자는 "나는 컴퓨터 시스템의 품질을 컴퓨터 앞에 붙어 있는 메모지의 수를 보고 결정한다"고 한다. 이 메모지들은 소비자가 화면에 보이는 정보가 무엇을 뜻하는지 해석하는 데 도움을 주기 위한 것이다. 이 문제는 다섯 번째 상황인 코딩된 데이터와도 연관이 있다. 더 새롭고 더 발전된 그래픽 사용자 인터페이스로 이런 문제를 해결할 수 있게 될 것이다.

더 장기적인 해결책은 필요한 정보를 더욱 정밀하게 요구하는 것에 대해 필요한 저장용량에 대한 의사결정이라든지 추가적인 검색 시간의 발생, 의사결정 실행 시간 등과 같은 다양한 요구사항 간의 상호 조정을 의미한다. 데이터는 쉽게 검색되고 사용되도록 정리해야 한다. 접근성을 높이는 또 한 가지 방법은 정보를 종합 · 요약하는 것이다. 하지만 정보의 종합은 정보 소비자의 요구사항을 정확하게 해석하는 것에 달려 있다.

HMO의 경우 단기적인 해결방안은 주말 동안 기록을 발췌하여 추세 분석에 필요한 정보를 다운로드하는 것이었다. 이러한 임시적 다운로드는 정보에 접근하고 이를 분석하는 데 필요한 시간을 더욱 증가시켰다. 더 장기적인 해결책으로는 지난 십수 년 동안 축적된 연간 정보의 부분집합으로 구성된 새로운 데이터베이스를 구축하는 것이었다. 접근하기 쉬운 클라이언트 · 서버 시스템에 저장된 이 새로운 데이터베이스는 일주일에 한번씩 업데이트 되었다. 이 데이터베이스를 디자인하고 관리함으로써 이 기업은 대규모 정보량에 대해 임시 방편적인 해결책 이상의 것을 구축할 수 있었다.

8. 입력규칙이 너무 제한적이거나 무시되는 경우

입력할 때 지켜야 할 규칙들이 너무 제한적이면 데이터 입력 프로세스가 불필요할 정도로 통제가 되어 중요한 의미를 지닌 데이터를 잃을 수도 있다. 데이터 입력 담당자들이 이러한 규칙들을 지키기 위해서 눈에 보이는 값을 수정하여 검사만을 통과하려 한다거나, 아니면 그냥 그대로 뛰어넘게 만들어서 데이터 오류를 유발시키는 것이다.

위에서 지적한 바와 같이, 데이터 품질을 향상시키는 일은 정확성 이 외에 더 많은 것이 요구된다. 정보의 사용성과 유용성도 고려되어야 한다. 따라서 우리의 초점은 오류만이 아니며 시스템 문제나 구조화 문제도 포함된다. 정보 생성에 관한 어떤 오류는 시스템 문제이기도 하다. 예를 들어 반복되는 정보 입력의 누락 등이다. 오류는 정보생성 절차 어디에서도 나타날 수 있지만, 시스템 오류는 일상적인 검토로 찾아내기가 힘들고 전체 시스템에 영향을 미치기 때문에 더욱 위험하다.

이 책의 병원사례에서는 입력단계에서 코드 확인이 안 되어서 외래환자의 수술기록이 건강관리기관(Health Management Organization: HMO)의 컴퓨터에 전혀 입력이 되지 않았다. 이 문제는 사후 분석 보고서에서 발견되었다. 이상해서 조사해보니 데이터가 종종 입력되지 않았다는 사실을 알게 되었다. 이는 데이터 입력 시스템을 새로 구입하였을 때부터 지속된 현상이었다. 데이터 입력자는 아무런 불평도 못 들었기 때문에 그 정보가 중요하지 않다고 단정하였다. 지금 이 시점에 이 정보를 되살리기에는 많은 비용이 소요되고 복구가 불가능할지 모른다.

이런 경우는 정보 생성 절차의 숨겨진 문제에 의해 발생된다. 임시적인 해결책으로는 이 문제가 발견될 때마다 해결하는 것이다. 예를 들어 HMO는 우선 이 정보를 설명 필드에 삽입하여 소프트웨어가 업데이트될 때까지 사용하기로 하였다. 더 궁극적인 해결책은 상품의 생산 과정과 비슷하게 정보 절차를 이해하고 기록하며 제어하는 것이다. 기업은 데이터 수집가와 데이터 관리자가 좋거나 나쁜 데이터가 조직에 미치는 영향을 알고 있어야 한다. 즉, 데이터 수집이 사업운영의 일부분이 되어야 한다.

9. 데이터 요구사항의 변경

정보 소비자의 업무나 조직 환경이 변함에 따라 연관이 있거나 유용한 정보의 유형도 바뀐다. 정보는 데이터 소비자의 필요를 만족시킬 때 좋은 품질의 정보라 할 수 있다. 정보 소비자가 필요로 하는 정보를 제공하는 것은 어려운 일이다. 시장에는 많은 정보 소비자가 있으며 그들은 서로 다른 욕구를 갖고 있다. 또한 그들의 욕구는 시간에 따라 변한다. 하나의 해결책이 소비자에게 만족스럽다 해도 시간이 지나면 그 해결책의 품질이 퇴색될 것이다.

병원의 경우, 병원의 치료비의 환급액은 각 의료 절차의 비용에 대응되는 금액을 사용하는 것에서 질병관련 코드그룹에서 정의한 환자의 질병에 대응하는 고정된 금액을 부과하는 방식으로 변화하였다. 따라서 비용을 분석하는 데 필요한 경영정보를 얻기 위해서는 기존과는 다른 비용 계산을 수행할 수 있는 정보를 수집하고 사용하는 절차가 필요하다.

이런 상황으로 인해 데이터 소비자에게 제공된 정보와 그들이 원하는 정보가 매치되지 않게 되었다. 문제가 커지면 프로세스와 컴퓨터 시스템을 변경하여 임시적으로 해결할 것이다. 매치되지 않는 사례가 발생할 때마다, 데이터 소비자는 여러 가지 수작업과 편법을 사용하여 그들의 업무를 마무리할 것이다. 이러한 편법들이 일상화되면 여러 가지 작은 문제점들은 발견되지 못하고 지나치게 될 것이다.

더 장기적인 해결책은 정보 절차와 시스템의 변화를 계획하고 문제가 커지기 전에 정보 소비자의 요구를 예상하는 것이다. 이를 위해서는 사업환경을 지속적으로 검토하는 것이 필요하다. 또한 적극적인 경영데이터와 미래 정보 요구를 위한 데이터 책임자도 있어야 한다. 그리고 절차도 탄력성 있게 보고할 수 있도록 디자인되어야 한다. 예를 들어 병원은 그 상환절차에 변화를 예상하고 그에 맞춰 절차와 시스템을 변경하였다. 적극적으로 행동하지 않는 기업은 심각한 재정상의 문제에 부딪치게 될 것이다.

10. 분산형 이종 시스템

통합 메커니즘이 없는 분산형 이종 시스템은 일정하지 않은 정의, 포맷, 규칙, 수치 등을 생성한다. 분산형 이종 시스템에서는 모든 정보가 마치 한 곳에 있는 것처럼 접근되고 분석될 수 있다. 분산형 시스템은 조직의 정보를 저장하는 능력에 도움을 줄 수 있다. 하지만 분산형 시스템은 독특한 문제가 있는데, 데이터를 선택하고 통합하는 데 드는 시간 때문에 관련 정보에 접근하지 못하는 경우가 생길 수도 있다.

분산형 시스템과 관련된 가장 공통적인 문제는 일관적이지 못한 정보에 있다. 즉, 동일한 정보에 대해 몇 개의 다른 값이나 표현이 시스템 전반에 걸쳐 있을 수 있다. 이런 정보는 서로 다른 소스에서부터 생성되거나 사본을 일정하게 업데이트하지 않는 데에서 발생하게 된다. 서로 다른 대표값이 있는 정보는 자동화된 시스템을 통합할 때도 문제가 된다. HMO의 몇몇 부서는 질병관련 코드그룹을 소수점이 있는 값으로 저장하였고, 나머지는 소수점이 없는 값으로 저장하였다. 이러한 부분은 정보가 통합될 때 문제로 나타났다. 수동적이든 자동적이든 이와 같은 문제를 해결하는 방법은 임시방편적인 접근 방식으로 간주된다.

데이터 웨어하우스는 분산형 시스템에서 발생되는 문제의 해결을 위해 자주 사용되는 해결책이다. 오래된 시스템을 새로 고쳐서 쓰는 것보다 데이터 웨어하우스를 만들어 기존 시스템에서 정보를 가져와 문제를 해결하는 것이다. 이는 분산형 시스템에 중앙집권적인 접근을 시도하는 것이다. 데이터 웨어하우스나 데이터 마트를 개발하는 데도 데이터 수집가, 데이터 관리자, 데이터 소비자의 협력 없이는 높은 데이터 품질을 보장할 수 없다. 이런 해결방법을 적용하면, 소비자측의 접근성 문제는 줄어든다. 이보다 한 단계 더 나아간다면 기업은 일관성 있는 절차를 마련해야 한다. 넓은 의미의 욕구가 충족될 수 있고 단편적인 변화도 흡수할 수 있는 적절한 기준이 마련되어야 한다.

데이터 품질 문제의 발현

앞에서 살펴본 데이터 품질의 근본상황들은 긍적적이거나 부정적인 형태로 발현된다. 그림 6.1은 이런 근본상황의 진전을 요약한 것으로 긍정적 또는 부정적인 경우에 어떻게 진전되는지를 보여준다. 표 6.1과 6.2는 문제의 징후, 문제의 형태, 단기 및 장기 해결책의 결과에 대해 나열한다. 여기서는 이러한 근본상황이 어떻게 문제로 진행되는지에 대해 알아본다. 문제를 일찍 해결한다면 발전적인 방향으로 이끌어갈 수 있지만, 여기서는 조기 발견으로 효과를 볼 수 있는 부정적인 결과에 대해 자세히 알아보도록 한다. 근본상황의 진행은 그림 6.1에 나타난 문제 중 하나로 발전하기 때문에 전통적인 데이터 품질 요소에서 하나 이상의 기법을 사용하여 잘못된 점을 발견하고 기본 문제를 진단할 수 있다.

실제 운영시에는 위 상황들은 여러 가지 형태로 확대되어 나타날 수 있다. 그 중에 가장 눈에 띄는 것은 데이터가 접근이 힘들다거나, 사용이 어렵다거나 아예 사용이 불가능한 것이다. 여기서 우리는 위의 근본상황들이 야기할 수 있는 보편적인 문제들을 데이터 품질 요소에 연관지어 살펴보고자 한다.

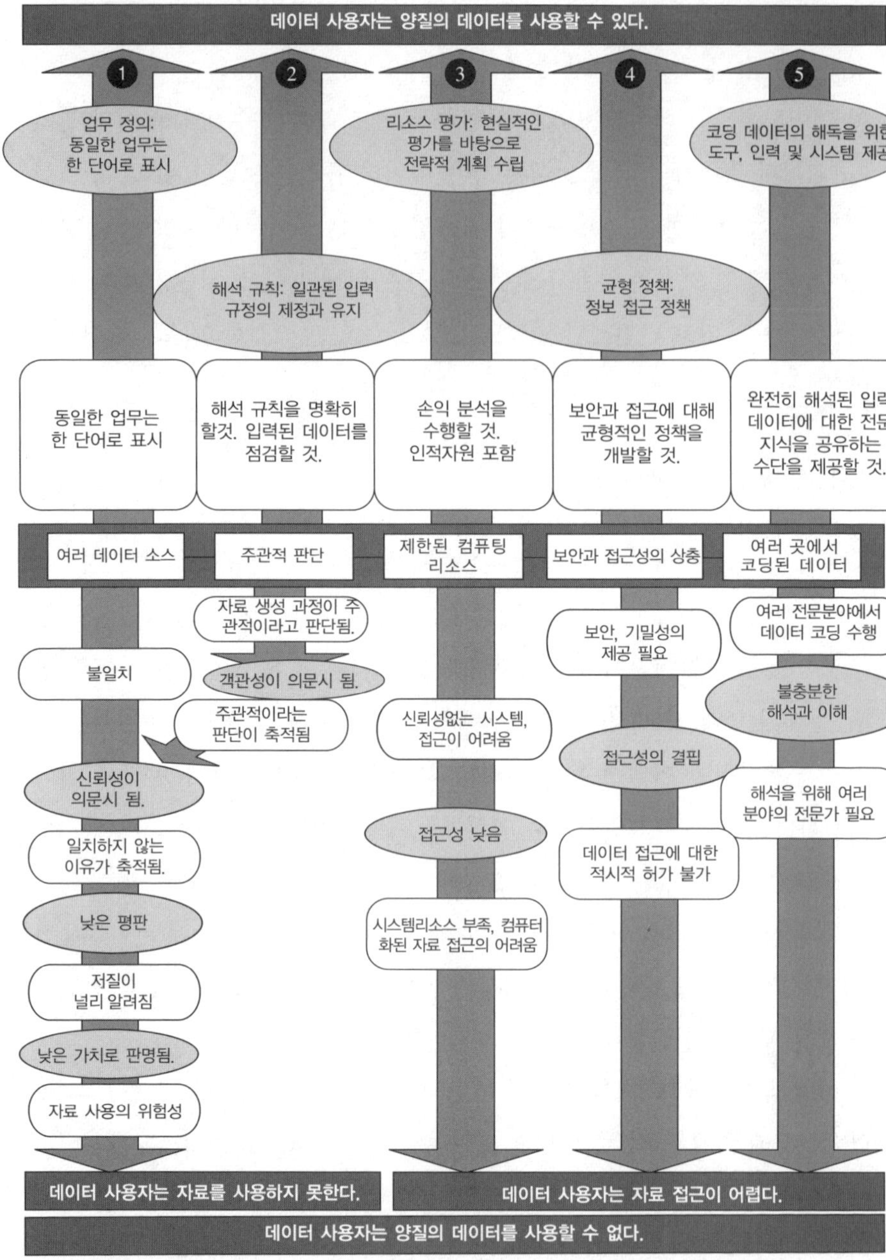

그림 6.1 데이터 품질에 있어서 10가지 근본상황의 전개: 긍정적/부정적 방향

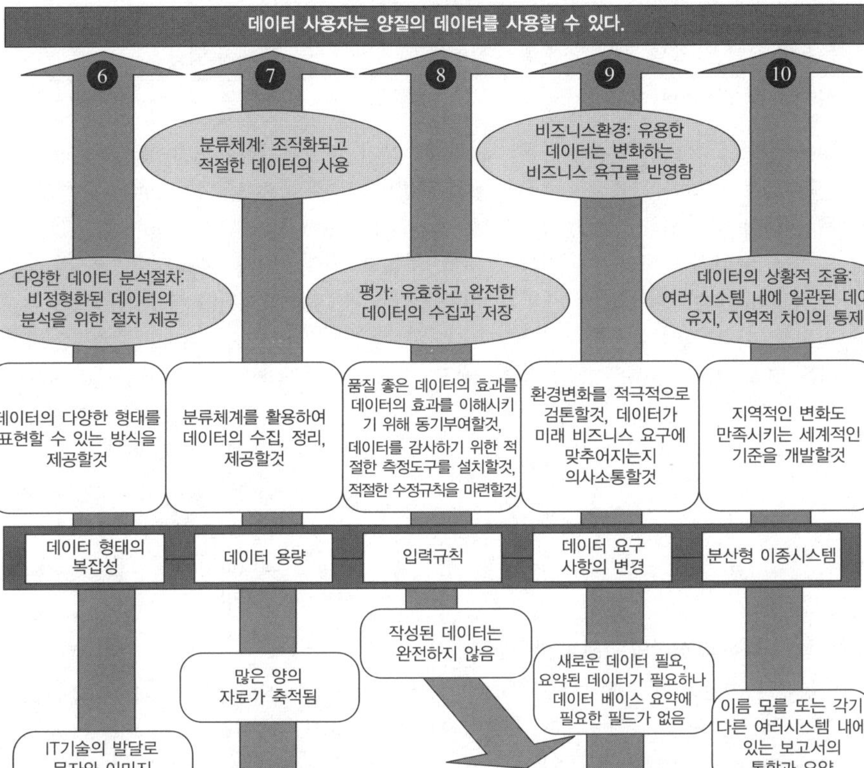
데이터 사용자는 양질의 데이터를 사용할 수 있다.
6
7
8
9
10
분류체계: 조직화되고 적절한 데이터의 사용
비즈니스환경: 유용한 데이터는 변화하는 비즈니스 요구를 반영함
다양한 데이터 분석절차: 비정형화된 데이터의 분석을 위한 절차 제공
평가: 유효하고 완전한 데이터의 수집과 저장
데이터의 상황적 조율: 여러 시스템 내에 일관된 데이터 유지, 지역적 차이의 통제
데이터의 다양한 형태를 표현할 수 있는 방식을 제공할것
분류체계를 활용하여 데이터의 수집, 정리, 제공할것
품질 좋은 데이터의 효과를 데이터의 효과를 이해시키기 위해 동기부여할것, 데이터를 감사하기 위한 적절한 측정도구를 설치할것, 적절한 수정규칙을 마련할것
환경변화를 적극적으로 검토할것, 데이터가 미래 비즈니스 요구에 맞추어지는지 의사소통할것
지역적인 변화도 만족시키는 세계적인 기준을 개발할것
데이터 형태의 복잡성
데이터 용량
입력규칙
데이터 요구 사항의 변경
분산형 이종시스템
작성된 데이터는 완전하지 않음
새로운 데이터 필요, 요약된 데이터가 필요하나 데이터 베이스 요약에 필요한 필드가 없음
많은 양의 자료가 축적됨
이름 모를 또는 각기 다른 여러시스템 내에 있는 보고서의 통합과 요약
IT기술의 발달로 문자와 이미지 데이터의 저장 가능
불완전한 데이터
너무 많은 양의 자료
일관되지 않은 표현
사용자의 업무요구에 부적절한 데이터, 분석과 요약을 위해서 불충분한 데이터
불일치와 불명확
많은 양의 자료로 인해 프로세싱 시간의 지연
통합과 요약의 불일치로 이종 분산시스템 내에 있는 데이터가 부가기능 미창출
이미지와 문서 자료는 요약하는 기능이 부족하여 분석하기 어려움
적시성 부족
부적절한 데이터
낮은 부가가치 제공
데이터 사용자는 자료 접근이 어렵다.
데이터 사용자는 자료의 사용에 어려움을 겪는다.
데이터 사용자는 양질의 데이터를 사용할 수 없다.

표 6.1 데이터 품질의 10가지 근본상황의 긍정적인 발현

문제의 유형 및 설명	문제의 징후	문제의 영향
상황 1-여러 데이터 소스		
같은 정보의 복합적인 출처는 정보의 다양한 값들을 만들어낸다. 하나 이상의 이름을 가진 데이터 문제(유의어 문제), 혹은 같은 이름을 가진 아이템들이 다른 것을 나타낸다(동음이의어의 문제).	다른 시스템이 각기 다른 목적을 위해 개발되거나 같은 정보를 요구하는 여러 기관이 다른 부분을 위해 개발된 정보. 같은 정보는 하나 이상의 파일로 업데이트될 수 있다.	다양한 값이 동일한 정보로 존재한다. 정보는 상반되어 나타난다. 데이터를 일치시키기 위해 시간이 소요된다. 재정적인 문제나 법적인 문제들도 생긴다. 사람들은 두 개의 데이터 아이템이 같지 않은데도 같다고 생각한다. 사람들은 아이템이 마치 데이터가 일치하는 것처럼 분류하고 합치려고 시도한다. 그리하여 잘못되고 모순되는 결과를 낳는다.
상황 2-데이터 생산의 주관적인 판단		
주관적인 판단이 작용되는 정보 생산은 편견이 있는 정보를 만들어 낸다.	규율과 제한으로 데이터 입력을 확인하지 않다. 데이터 입력을 위한 제어가 거의 사용되지 않는다. 자유로운 입력 형식이 데이터 필드에 사용된다.	신뢰할 수 없거나 부정확한 데이터가 입력되고 사용된다.

해결 방안	달성 목표	향상된 데이터의 사용
상황 1-여러 데이터 소스		
정보의 출처를 하나로 유지하라. 정보의 업데이트와 사본의 제작은 이 출처에서만 허용하라. 동의어나 동음이의어를 확인하기 위해 데이터 사전이나 이름 보관소를 마련하라. 혼동되는 용어들을 문서화하고 전달하라.	데이터는 하나의 출처에서 업데이트되고 변경된다. 동일한 데이터의 이름과 정의는 일치해야 한다. 데이터의 내용은 특별한 경우에만 조정될 수 있다. 동의어나 동음이의어는 존재하지 않는다.	일관된 이름과 정의로 되어 있는 데이터는 데이터의 고유 의미를 나타내며 데이터 소비자들에 의해 사용된다.
상황 2-데이터 생산의 주관적인 판단		
경영분야의 전문가들이나 데이터 소비자들은 입력된 데이터를 검토한다. 데이터 수집자들을 교육한다. 데이터 입력 담당직원(data entry clerk)은 적절한 전문 지식을 갖추어야 한다. 주관적인 판단이 필요한 부분을 해석하는 규칙을 명시하라. 어떤 데이터가 주관적인지 전달하라.	규칙의 일관된 해석, 일관된 입력규정, 완벽한 정의로 이루어진 데이터 보관소의 유지를 추구한다.	객관적인 데이터는 데이터 소비자들이 이용하지만, 몇몇의 데이터 중에는 주관적인 속성이 있음을 알고 있다.

표 6.1 (계속)

문제의 유형 및 설명	문제의 징후	문제의 영향
상황 3–제한된 컴퓨팅 리소스		
실제 타당한 정보의 접근성 결여는 전산 리소스 제한으로 인해 발생된다. 하드웨어나 네트워크 리소스가 부적합함. 코딩계획은 오래되고 문서화되지 않음. 복합 아이템이 하나의 데이터 필드에 저장됨.	데이터 소비자들은 전산 리소스와 신뢰성에 대해 불만을 갖는다. 소비자들은 필요한 정보를 찾거나 접근할 수 없다.	제한된 전산 리소스로 인해 정보에 대한 접근이 제한된다. 부적절한 문서화로 인해 데이터가 숨겨지거나 없어지는 경우가 발생한다.
상황 4–보안 · 접근성의 상충		
정보의 접근성을 쉽게 하는 것은 보안, 사생활 보호, 비밀유지와 항상 대립된다.	사생활 보호, 보안, 비밀유지는 중요하다. 하지만 데이터가 가치를 제공하기 위해서는 접근이 가능해야만 한다.	보안에 관한 메커니즘은 접근성을 막는다. 데이터는 낮은 가치를 제공하게 된다.
상황 5–데이터 코딩		
다른 기능과 분야에서 입력된 데이터는 해독하고 이해하기 어렵다. 코드들은 상호 충돌될 수 있다.	다양한 부서로부터 생성된 데이터는 여러 조직에서 교차해서 사용된다.	데이터는 이해하기 어렵고 적절한 내용으로 구성되어 있지 않다.

해결 방안	달성 목표	향상된 데이터의 사용
상황 3-제한된 컴퓨팅 리소스		
손익분석을 수행하라. 현실적인 목표를 세워라. 리소스 평가에서 인적자원을 포함시켜라.	리소스 하부조직과 능력의 현실적인 평가를 수행한다.	시스템 내 데이터는 데이터 소비자에 의해 적절히 접근될 수 있다.
상황 4-보안 · 접근성의 상충		
보안과 접근성에 관한 일관된 정책과 과정을 개발하라. 모든 이해집단과 더 많은 정보를 공유하는 것이 필요하다. 보안과 비밀유지의 의미가 무엇인지 새로운 정의를 내려라.	균형적이고 일관된 정보 접근 규정을 사용한다.	접근할 수 있고 보호된 데이터는 데이터 소비자들이 적절히 이용할 수 있다.
상황 5-데이터 코딩		
완전히 해석된 입력 데이터에 대한 전문 지식을 얻기 위해서는 전문가 시스템과 인력과 같은 수단을 제공해야 한다. 코드맵을 제공한다. 완벽한 매핑이 가능하지 않을 때, 매핑에 관한 이슈들을 해결하게 위한 과정에 동의를 해야 한다. 보통 새로운 속성의 추가 또는 그것들을 유지하기 위한 새로운 과정의 도입 등을 들 수 있다.	모든 입력된 데이터는 일관성이 있어야 하며 이해할 수 있어야 한다. 코드 테이블은 이해할 수 있는 설명과 의미로 작성되어야 한다.	데이터 소비자들은 이해할 수 있는 데이터를 사용한다.

표 6.1 (계속)

문제의 유형 및 설명	문제의 징후	문제의 영향
상황 6–데이터 형태의 복잡성		
문서나 이미지를 자동으로 분석할 수 있는 알고리즘은 없다. 비수치화로 된 정보는 정보의 위치를 알려줄 수 있는 인덱스를 만드는 것이 매우 어렵다.	운영 및 경영의사 결정은 복합적인 이미지와 텍스트 데이터를 분석하는 것을 필요로 한다.	전자형식으로 저장된 문서 데이터와 이미지의 분석은 매우 제한적으로 이루어진다.
상황 7–데이터의 용량		
저장된 데이터의 양이 크면 빠른 시간 안에 필요한 정보에 접근하기 어렵다.	전략적 및 경영의사 결정을 위해 대용량의 운영관련 자료가 필요하다.	필요한 자료를 추출하고 요약하는데 많은 시간이 필요하다.

해결 방안	달성 목표	향상된 데이터의 사용
상황 6-데이터 형태의 복잡성		
비수치화된 데이터의 분석이 가능한 적절한 절차를 제공하라.	분석 가능한 형태가 제공된다.	데이터의 모든 형식은 해석이 가능하고 이해할 수 있으며 분석이 가능하다.
상황 7-데이터의 용량		
필요한 사항을 간략하게 정리하라. 의사결정에서 조회시간과 속도에 맞춰 추가적인 저장 장치와의 균형을 맞추어야 한다. 데이터를 검색과 사용에 맞게 정리하라(예, 디지털, 그래픽 정보). 데이터의 분류 체계과 상황을 설정하라. 접근시간과 통합하는 시간을 줄이기 위해 요약 데이터를 제공하라.	잘 조직되고 중요한 데이터가 제공된다.	데이터 소비자들은 잘 조직화되고 적절한 데이터를 적시에 사용한다.

표 6.1 (계속)

문제의 유형 및 설명	문제의 징후	문제의 영향
상황 8-제한적이고 우회적인 입력규칙		
매우 제한적인 입력규칙은 중요한 데이터를 잃어버릴 수도 있다. 데이터 입력 담당직원(data entry clerk)은 필드에 데이터를입력하는 것을 지나칠 수도 있다(정보분실). 또는 규정에 맞추기 위해 가치를 임의적으로 변경하거나 입력 규칙을 위반할 수 있다(오류 정보).	과다한 입력규칙을 갖춘 새로운 입력시스템을 구입하거나 개발한다.	정보는 손실되거나 왜곡되며 신뢰할 수 없게 된다.
상황 9-데이터 요구사항의 변경		
정보 소비자의 업무와 조직의 환경이 변화할 때, 적절하고 유용한 정보들은 변하게 된다. 특히 데이터의 출처보다도 데이터의 분류 체계나 통합되는 방법이 바뀌는 수가 많다. 새 데이터는 설계 때 고려되지 않아 수집되지 않고 결과적으로 자료를 잃어버리게 된다.	소비자들 및 소비자 업무, 조직의 경쟁적이고 규칙적인 환경의 변화에 따라 데이터 소비자들은 다른 형태의 보고서를 요청한다. 데이터 수집가도 다양한 또 다른 데이터를 입력하고 수집해야 한다.	이용 가능한 정보와 업무에 필요한 정보 사이에 불일치가 발생한다.
상황 10-분산형 이종 시스템		
분산형의 이질적인 시스템은 일관되지 않은 정의와 형식, 규칙과 가치를 만들어 낸다.	데이터 소비자들은 조작, 유연성, 일관성의 결여에 대해 불만을 갖는다.	정보는 접근하고 통합하기에 일관적이지 않고 어렵다.

해결 방안	달성 목표	향상된 데이터의 사용
상황 8-제한적이고 우회적인 입력규칙		
품질 좋은 데이터의 효과를 이해시키기 위해 데이터 수집가와 관리자에게 동기를 부여하라. 데이터를 감사하기 위한 적절한 측정도구를 설치하라. 적절한 수정 규칙을 마련하라. 기업프로세스의 한 부분으로 데이터를 수집하라.	유효하고 완전한 데이터의 수집과 저장이 가능하다.	데이터 소비자는 완벽하고 적절한 데이터를 사용한다.
상황 9-데이터 요구사항의 변경		
데이터의 필요성을 주기적으로 재검토하라. 환경도 재검토하라. 향후에 필요한 데이터를 담당할 책임자를 분명히 지정하라. 자료를 출처에서부터 수집하고 가장 하위레벨에서 유지하라. 데이터를 종합하기 쉽게 만들어라.	데이터는 모든 이해집단의 현재와 미래의 필요 사항을 반영한다.	데이터는 기업이 필요로 하는 사항을 반영한다.
상황 10-분산형 이종 시스템		
일관된 절차를 수립하라. 지역적인 변화들도 만족시킬 수 있고, 세계적인 차원의 욕구도 만족시킬 수 있는 기준을 개발할 수 있도록 노력하라.	분산형의 시스템에서 적절한 통제를 통해 일관된 데이터가 제공된다.	데이터 소비자들은 분산형 시스템의 통합된 데이터를 이용한다.

표 6.2 데이터 품질의 10가지 근본상황의 부정적인 발현

상황	사례	단기 해결	단기 해결에 관련된 문제	데이터의 최종 결과
1. 여러 데이터 소스	질병의 심각성을 평가하는 과정에서 두 가지 값의 정보가 나타남.	하나의 시스템을 사용해야 함. 정보 사용자에게 하나의 소스로부터 정보를 다운로드하여 제공해야 함.	사용되지 않는 시스템은 없어지게 됨.	데이터는 사용되지 않음.
2. 데이터 생산의 주관적인 판단	의료 코드 입력자들은 질병관리 그룹코드를 선택할 때 임의적으로 판단함.	정보의 편차를 줄이기 위해 입력규칙을 추가해야 함.	추가된 규정이 복잡하고 주관적이고 일관되지 않을 수 있음.	데이터는 사용되지 않음.
3. 제한된 컴퓨팅 리소스	신뢰성이 떨어지는 통신망은 불완전한 정보를 초래함. 터미널의 부족은 정보의 가치를 격하시킴.	전산 리소스를 더 공급하거나 이용자들이 그들의 전산 리소스를 각자 구입하여 해결함.	전산 리소스 할당은 합리적인 사안을 토대로 하기보다 정치적인 처리과정이 될 수 있음.	데이터는 접근할 수 없거나 점차 사용되지 않음.
4. 보안 · 접근성의 상충	환자 의료정보는 반드시 안전하게 보관되어야 하며 비밀이 보장되어야 함. 하지만 분석가나 연구원들은 접근하는 것이 필요함.	보안 위반과 접근성에 관련된 불평에 대해 각자의 상황에서 해결책을 모색함.	모든 상황은 특이 사항으로 간주되고 각각의 접근 허용을 위한 협상 시간이 증가함.	데이터는 접근할 수 없거나 점차 사용되지 않음.

상황	사례	단기 해결	단기 해결에 관련된 문제	데이터의 최종 결과
5. 데이터 코딩	의료에 관련된 이미지나 환자에 관련된 기록들은 반드시 저장되고 접근할 수 있어야 함.	CAT 스캔과 같은 이미지들을 분석하기 위해 다양한 전산 알고리즘을 사용하고 문서를 요약하기 위해 코딩 시스템을 사용함.	부분적 해결책으로 새로운 다른 문제를 발생시킬 수 있음(예, 해석하기 힘든 코드의 사용).	데이터는 접근할 수 없거나 점차 사용되지 않음.
6. 데이터 형태의 복잡성	정보의 이미지와 문서 자료는 트랜드를 분석하기 어려운 것임. 예: "중환자 중 폐렴이 증가하는 것은 일반적인 일인가?"	전자적으로 정보의 문서와 이미지를 저장함.	전자적인 저장은 입력관련 비용이 많이 드는 반면 출력상의 가치는 제한적일 수 있음.	데이터는 접근할 수 없거나 점차 사용되지 않음.
7. 데이터 용량	트랜드를 분석하려는데 한 해만 해도 12GB 이상이 됨. 수백만이 넘는 자료에서 수천 개의 기록들을 추출하여 분석해야 함.	코드를 이용하여 정보를 압축해야 함. 정보를 발췌한 부분집합도 활용함.	정보 이용자들은 코드를 해석하는 데 어려움이 있음. 정보의 해석이 더 필요할 수 있음. 분석하기 위해서는 시기적절하지 않을 수 있음.	데이터는 접근할 수 없거나 점차 사용되지 않음.

표 6.2 (계속)

상황	사례	단기 해결	단기 해결에 관련된 문제	데이터의 최종 결과
8. 제한적이고 우회적인 입력규칙	입력규칙이 제대로 적용되지 않아 정보가 손실되거나 임의로 변경됨.	입력규칙의 적용을 받지 않는 메모칸에 정보를 입력하고 프로그램 패치를 이용하여 적합한 곳에 데이터를 옮김. 잘못된 정보가 입력되지 않도록 입력 담당 직원에게 전함.	추가적인 프로그래밍이 필요하며 더욱 더 복잡한 정보의 입력규칙이 요구됨.	데이터는 사용되지 않음.
9. 데이터 요구사항의 변경	정부 차원의 보상에 대한 근거 자료가 변화함에 따라 정보 처리과정과 시스템의 변화가 요구됨.	필요한 정보와 이용 가능한 정보 사이의 불일치가 너무 클 경우에 정보 처리과정과 시스템을 개정함.	정보 처리과정이나 시스템은 정보 이용자의 필요에 뒤쳐짐.	데이터는 접근할 수 없거나 점차 사용되지 않음.
10. 분산형 이종 시스템	여러 부서에서 질병에 관련된 그룹 코드 사용에 각기 다른 형식들을 사용함.	이용자들은 정보들을 각 시스템에서 발췌하고 요약하여 관리함.	이용자들은 데이터와 파일 구조를 이해하지 못함. 이용자들의 부담만 가중시킴.	데이터는 접근할 수 없거나 점차 사용되지 않음.

쓰이지 않는 데이터

여러 소스의 동일 데이터가 일치하지 않는 문제는 데이터 품질과 관련해서 흔히 일어나는 일이다. 처음에 데이터 소비자는 품질 문제의 원인이 소스 때문인지를 알아채지 못한다. 그러다가 데이터가 서로 상이하다는 것을 인식하게 된다. 따라서 이런 문제는 처음에는 **신뢰도** 문제로 간주된다. 데이터 품질 프로젝트에서 품질의 각 디멘젼들 간의 상호작용을 강조하고 특정한 문제로 나타나게 되는 과정(그림 6.1 참조)들을 강조 설명하기 위해서 디멘젼들은 볼드체로 표시했다.

시간이 갈수록 정보 불일치의 원인은 여러 소스의 **정확성**에 관한 평가가 나쁘게 나타남으로써 정확하지 않은 소스는 **나쁜 평판**을 받게 된다. 좋지 않은 품질은 확실하지 않은 사실에 의해서도 발견될 수 있다. 평판이 좋지 않은 데이터가 모두에게 알려지면 이 데이터는 **부가가치**가 낮다고 간주되어 사용되지 않는다.

데이터 생성 절차의 주관적인 판단 또한 하나의 원인이 된다. 예를 들어 코드화되거나 해석된 데이터는 원본 데이터보다 품질이 낮은 것으로 간주된다. 처음에는 데이터 생성 절차에 대해 알고 있는 사람들만 이런 잠재적인 문제에 대해 인식한다. 이런 문제는 데이터의 **객관성**에 대한 문제이다. 시간이 가면 데이터 생성의 주관성에 관한 정보가 쌓여 데이터의 **신뢰도**와 **평가**에 영향을 미치고 결과적으로 데이터 소비자에게는 **부가가치**가 낮게 인식된다. 결론적으로 의심이 가는 데이터는 사용되지 않는다.

데이터 소스 사이의 불일치는 여러 기업에서 발견된다. 예를 들어 항공사의 재고관리 시스템 데이터와 창고 재고 수량이 일치하지 않는다고 하자. 창고 재고 수량은 시스템 데이터의 **정확성**을 평가하는 기준이 된다. 즉, 시스템 데이터 소스는 정확하지 않고 **신뢰도**가 떨어지며, 실제 창고 수량에 맞게 정기적으로 수정되어야 한다. 하지만, 시스템 데이터는 점차 불일치가 증가하고 이 데이터가 의사결정에 사용되지 않을 때까지 **평판**은 나빠지게 된다.

병원 사례에서는 두 개의 데이터베이스 사이에서 불일치가 일어났다. 하나의 데이터베이스는 역사적인 데이터(TRACE)이고, 다른 데이터베이스는 경영상의 단기 데이터(STATUS)이다. TRACE의 역사적인 데이터는 병원의 정보와 제어 시스템에서 추출한다. TRACE는 관리자가 장기적인 의사결정을 위해 사용하고, 의료 연구자가 사용하기도 한다. STATUS 시스템 기록 데이터는 그때 그때 사용되는 자원을 관리하는 일상적인 병원 자료이다. 병상 사용률과 같은 몇몇 데이터는 양쪽 시스템에서 모두 사용된다. 하지만 종종 그 값이 다르다. 시간이 지나면서 TRACE는 **정확성**을 가지는 소스로 **평판**을 받게 되고 STATUS는 그 사용이 줄어든다.

HMO의 불일치 데이터값은 HMO 내부의 환자기록과 병원이 청구금을 위해 제출한 내역서 사이에서 생겨난다. 예를 들어 HMO가 관상동맥 바이패스 수술을 위한 청구서를 받으면, HMO 환자기록에는 심각한 심장질환의 기록이 있어야 한다. 불일치는 양방향으로 생겨난다. 병원측에서 HMO에 기록이 없는 청구를 하거나 HMO의 기록은 있으나 병원의 청구내역이 없이는 문제가 존재하는 경우이다. 처음에는 HMO가 외부(병원측) 데이터가 틀렸다고 간주하며 HMO 내부의 데이터가 더욱 신뢰도가 높고 좋은 **평판**을 받고 있다고 생각한다. 하지만 이런 상대적 품질 평가는 사실적인 분석에 기초한 것이 아니다.

주관적인 판단은 병원과 HMO에서 모두 일어난다. 병원의 의학적 기록을 코딩하는 사람들은 환자에 대한 의사와 간호사의 메모를 기초로 하여 진단과 절차 코드를 만들고 금액 청구를 위해 질병관련 코드그룹을 만든다. 이런 사람들은 많은 훈련을 거치지만 그래도 주관성이 남아 있다. 따라서 이 데이터는 원본 데이터보다는 덜 객관성을 가진다고 본다.

데이터 생성 서식도 데이터의 객관성을 낮춘다. HMO의 의사들은 체크박스가 있는 서식을 사용하여 일정한 절차상의 코드를 사용하며 자유로운 서식을 사용하여 직접 컴퓨터에 입력하는 의사들보다 좁은 범위의 절차를 따른다. 이런 가변성이 데이터의 신뢰도에 영향을 미친다.

접근불가 데이터

데이터의 접근 문제는 기술적인 접근 문제와 데이터 소비자가 접근성 문제로 생각하는 데이터의 표현문제 그리고 또 다른 접근성 문제로 간주하는 데이터의 양과 관련된 문제 등을 포함한다.

항공사가 새로운 공항에 입주할 경우 그 컴퓨터 운영 시설이 예전 공항에 남게 되면 신뢰도가 떨어지는 데이터 통신망에 의해 데이터를 주고 받게 된다. 예약이 가장 중요한 우선 순위를 가지므로 이 신뢰도가 떨어지는 통신망은 재고 데이터에 대한 접근성 문제로 간주된다. 이는 항공사의 재고 정확성 문제로 연결되는데 데이터를 업데이트하는 문제가 다른 데이터 관련 업무보다 덜 중요하게 생각하기 때문에 발생한다.

병원에는 환자 기록의 기밀성 유지와 관련하여 데이터 품질의 **접근성** 문제가 발생하게 된다. 데이터 소비자는 환자 기록의 보안에 관한 중요성도 알고 있지만 접근성에 반하는 사용에 대한 승인의 문제도 인식한다. 이는 데이터의 전체적인 평판과 부가 가치에 영향을 미친다. 데이터 관리자도 접근성을 방해하는 요인이 되는데 이는 그들이 허락없이 데이터를 공유할 수 없기 때문이다.

코딩된 데이터는 해석과 이해의 문제에 봉착한다. 의사와 병원 업무 및 HMO에 관한 코딩 시스템은 공통적인 진단과 절차를 요약하고 분류하는데 필요하다. 하지만 코드를 해석하는데 필요한 전문지식은 접근성에 방해가 된다. 대부분의 의사와 분석가들은 이런 코드를 이해하지 못한다. HMO의 의사들 사이에서도 데이터를 분석하고 해석하는 것은 문제가 되는데, 이는 각 의사팀이 서로 다른 코딩 시스템을 사용하기 때문이다.

문자나 이미지로 된 의학 데이터 등 복잡한 데이터 값은 해석의 문제를 가져온다. 의학기록은 의사와 간호사가 작성한 기록과 의학 기기에서 제공된 이미지를 포함한다. 이런 데이터는 환자 개개인의 진행 상태를 판단하기 어렵다. 또한 환자의 유형을 분석하기도 어렵다. 따라서 데이터 표현값은 데이터 접근성에 방해가 된다. 이런 데이터는 분석이 가능하지 않은 대표값을 쓰기 때문에 데이터 소비자에 낮은 접근성을 제공한다.

시간이 지나면서 방대한 양의 데이터는 부가가치를 높히는 시기 적절한 데이터의 제공을 어렵게 한다. 예를 들어 HMO는 몇백만 개의 환자기록을 생성하는 수십만 명의 환자에게 서비스를 제공한다. 환자 기록의 분석을 위해서는 보통 주말 동안 필요한 데이터를 추출하여야 한다. HMO 옵션에 가입하는 회사들은 의료활동의 평가를 원하며 이러한 추출된 자료의 분석 필요성을 증가시키고 있다. 시기 적절하게 제공되기 어려운 방대한 데이터와 같은 문제의 패턴도 접근성 문제로 간주된다.

사용하기 어려운 데이터

앞에서 우리는 정보 소비자의 업무를 지원하지 않는 데이터 문제에 대한 세 가지 원인을 살펴 보았다. 이는 누락(불완전) 데이터, 부적절하게 정의되고 측정된 데이터, 적절하게 통합될 수 없는 데이터이다. 이런 데이터 품질 문제를 풀기 위해 데이터 소비자의 업무에 부가가치를 높이는 데이터를 제공하는 프로젝트를 시작하였다.

불완전한 데이터는 운영상 문제에서 발생될 수 있다. 항공사의 재고 거래의 불완전한 데이터는 데이터의 정확성 문제에 영향을 미친다. 정비사들은 가끔 업무활동서에 부품번호를 누락시킬 수 있다. 그러면 사용한 부품의 데이터가 누락되었기 때문에 재고 데이터가 제대로 업데이트될 수 없다. 따라서, 부정확한 기록이 생성된다. 어떤 정비 감독자는 이런 상황을 허용하면서

"정비사의 1차적인 의무는 시간에 맞춰 항공기를 정비하는 것이지 서류를 작성하는 것이 아니다"라고 하였다.

항공사의 불완전한 데이터는 운영상 문제와 관련이 있었지만 병원의 데이터는 불완전한 설계와 관련이 있었다. 병원의 TRACE 데이터베이스의 데이터 양은 **접근성**이 용이한 적절한 크기이며 데이터 소비자의 업무 연관성과 부가가치 제공을 위해 적절한 완전성도 가진다. 그 결과 데이터 소비자는 불완전한 데이터에 대해서 불평을 거의 안 한다.

그러나 여러 분산형 시스템에서 데이터를 통합할 때에 문제가 생긴다. 한 HMO에서 데이터 소비자는 여러 부서에서 일관되지 않는 용어와 데이터 값을 쓰는 것에 대해 불평한다. 예를 들면 매 천 명의 환자당 병원 일수 등의 기초적인 데이터도 부서마다 다르게 정의된다. 이런 문제는 각 부서가 자발적으로 디자인 결정을 내리고 서로 다른 업무 규칙을 적용하기 때문이다.

데이터 품질 문제의 변이

데이터 품질에 관해서는 일반적으로 제어기술(입력통제, 데이터베이스 무결성 제한, 데이터베이스 업데이트 제어 프로그램 등)을 사용하여 데이터 품질을 보장하려고 한다. 이런 접근 방법은 데이터 품질을 실질적으로 향상시켜준다. 하지만 정보 시스템 제어에만 초점을 맞추는 것은 데이터 소비자를 포괄적으로 만족시킬 만한 품질수준을 달성하기에는 부족하다. 데이터 저장의 제어는 필요하지만 충분하지 않다. 정보 시스템과 데이터 품질 전문가는 프로세스 기술을 데이터 생성 절차에 적용할 필요가 있다.

데이터 소비자는 데이터의 접근과 관련한 어떠한 제한도 모두 접근성 문제로 간주한다. 예전에는 접근성을 기술적인 컴퓨터 시스템 문제로 보았고 데이터 품질 문제로 보지 않았다. 데이터 관리자의 관점에서 보면 데이터가 기술적으로 접근 가능하면 접근할 수 있게 하였다. 하지만 데이터 소비자에게 접근성은 기술적인 접근성 이상의 의미가 있다. 소비자들의 입장에서는 그들이 필요한 시간에 맞추어 적절한 데이터 가공을 할 수 있는 용이성까지 포함한 접근성을 원한다.

접근성에 대하여 이렇게 서로 다른 관점도 연구 중에도 발견되었다. 예를 들어 이제는 데이터를 blob*의 형태로 저장할 수 있다. 데이터 관리자가 이런 새로운 형태의 데이터에 접근할 수 있는 기술적인 방법을 제공한다고 하여도 데이터 소비자는 여전히 예전의 기록된 데이터를 분석하듯 새 데이터를 분석해야 하기 때문에 데이터의 접근성이 향상됐다고 생각하지 못한다. 접근성의 관점에 대한 다른 예는 ① 자동화된 시스템을 통해 합쳐진 데이터는 기술적으로 접근할 수 있지만, 데이터 소비자는 비슷한 데이터 요소가 다르게 정의되고, 측정되고 표현되었기 때문에 데이터의 접근성이 좋지 않다고 생각한다는 것, ② 코딩된 의료 데이터는 문서 형태로 되어 있어 기술적으로 접근 가능하지만, 데이터 소비자는 사용된 코드를 해석할 수 없기 때문에 데이터의 접근성이 좋지 않다고 생각한다는 것, 그리고 ③ 방대한 양의 데이터가 기술적으로는 접근 가능하지만, 데이터 소비자는 접근에 시간이 많이 걸리기 때문에 접근성이 좋지 않다고 생각하는 것 등을 포함한다. 데이터 품질 전문가는 그들이 제공하는 기술적 접근성과 데이터 소비자가 원하는 포괄적인 접근성의 차이점을 이해해야 한다. 이런 차이점이 확실해지면, 데이터 웨어하우스와 같은 기술은 적은 양의 연관성 있는 데이터를 제공할 수 있으며, 그래픽 인터페이스를 이용하여 접근성을 향상시킬 수 있다.

데이터 소비자는 그들의 업무와 관련시켜 데이터 품질을 평가한다. 같은 데이터는 다른 차원의 품질을 요구하는 여러 업무에 쓰일 수 있다. 또한 이

---

* blob: binary large objects의 준말로서 워드파일, 이미지 파일, 엑셀 파일 등의 바이너리 데이터 파일을 저장하는 형식으로서 텍스트 레코드 형태로만 저장하던 기존의 데이터 서비스에서 확장된 데이터 타입을 가리킨다.

런 품질 요구 사항은 시간이 지나면 업무 요구 사항의 변화에 따라 변하게 되어 있다. 따라서, 고품질의 데이터를 제공하는 것은 쉬지 않고 움직이는 표적을 맞추는 일과 같다. 예전에는 데이터 품질을 사용자의 요구를 분석하거나 관계형 데이터베이스 질의어 등을 사용하여 제공하였다. 이런 예전의 방법은 업무가 행해지는 환경의 변화에 맞춰 변화되지 않았다.

데이터 소비자가 여러 업무를 수행하고 이런 업무를 위한 데이터의 요구 사항이 변하기 때문에, 데이터 품질은 데이터 요구사항을 제시하는 수준을 넘어서야 한다. 데이터 소비자에게 가치있고 유용성 높은 품질의 데이터를 제공하는 데는 쉽게 통합되고 수정될 수 있는 탄력적인 시스템을 설계하는 것이 중요하다. 다른 대안은 끊임없이 변화하는 데이터에 대한 요구를 만족시키기 위해 데이터와 시스템를 제대로 유지하는 것이다.

결론

최근까지도 정보 품질 문제가 널리 알려지거나 여러 조직에 심각한 재정 및 운영상 비용문제를 야기할 수 있다는 인식이 높지 않았다. 이런 문제는 위기를 맞기 전에는 잘 발견되지 않는다. 데이터 품질 문제가 위기를 맞았을 때는 단기적인 해결책이 주로 적용되었고, 장기적인 해결책은 거의 실행되지 않았다.

많은 기업이 전략적 또는 경영과 운영상의 의사결정을 위해 정보의 품질에 점점 더 의존하기 시작했기 때문에, 단기적인 해결책은 더 이상 바람직하지 못하다. 단편적인 조치는 반응적인 해결책이다. 기업들은 잠재적인 문제를 알아내어 문제가 생기기 전에 적극적인 해결책을 개발해야 한다. 그러기 위해서는 정보 생성 절차에 대한 지식이 필요하며 왜 이런 절차들이 의도한 대로 실행되지 않는지에 대한 이해가 있어야 한다(Lee and Strong, 2004).

이 장에서 우리는 데이터 품질 문제에 대한 10가지 근본상황을 해부해 보았다. 기업들은 문제가 위기로 발전되기 전에 여기서 제공된 문제의 전형을 응용하여 해결책을 개발할 수 있다. 기업들은 적절한 행동을 취하고 조기에 주의사항에 귀를 기울인다면 고품질의 정보를 더욱 쉽게 달성하고 바람직한 데이터 품질 관리를 할 수 있을 것이다.

Chapter 07

데이터 품질 문제들의 근본원인 식별: 건강관리기관(HMO)의 사례

앞에서 우리는 심각한 데이터 품질 문제가 될 수 있는 10가지 근본상황에 대해 알아보았고, 조직에서 이런 상황을 어떻게 해결할 수 있는지 살펴보았다. 한 가지 문제는 여러 개의 상황에서 도래할 수 있으며 그 원인을 찾는 것도 쉽지 않다. 아주 적극적인 문제해결 의식이 있어야 가능하다. 궁극적인 목표는 문제의 재발을 막는 것이지 단순히 직면한 문제만 해결하는 것은 아니다.

하나의 특별한 해결책이 있는 것은 아니다. 중요한 것은 해결책이 엄격하게 적용되고 논리적이며 잘 관리되어 협력적인 방향으로 흘러가야 한다는 것이다. 이번 장에서 우리는 한 건강관리기관(HMO)에서 데이터 품질 문제의 원인을 어떻게 발견하고 해결하였는가에 관한 사례연구를 할 것이다.

---

* HMO: Health Maintenance Organization의 약자로서 지정한 의료기관에서만 서비스를 받도록 제한할 수 있는 의료보험을 운영하는 기업들을 지칭함.

이 회사는 가정을 세우고 이를 증명하는 방식을 사용하였다. 근본적으로 이 접근법은 문제를 관찰한 뒤 가정을 세워 시험하고 증명하는 전통적인 과학적 접근법을 따른다. 이 사례는 한 회사의 경험을 바탕으로 한다. 하지만 문제를 발견하고 고품질의 데이터를 생성하는 복잡한 업무를 어떻게 해결해야 하는지에 대한 전체적인 통찰력을 제공한다.

| 사례연구: Feelwell 건강 시스템 |

Feelwell 건강 시스템이라는 이름은 본 연구를 위해 만든 가상의 이름이지만, 이 사례연구는 한 건강관리기관의 실질적인 경험을 토대로 한다. 우리는 회사에서 실제로 사용한 용어를 사례연구를 위해 사용할 것이다. 특히 주요 임원과 한 인터뷰에서 사용된 용어는 연구를 위해 중요하다. 그림 7.1은 건강관리산업에서 사용하는 키워드를 보여준다. Feelwell은 고객에게 보험을 판매한다. 보험에는 고객이 선택할 수 있는 여러 혜택이 있다. 고객은 건강, 치

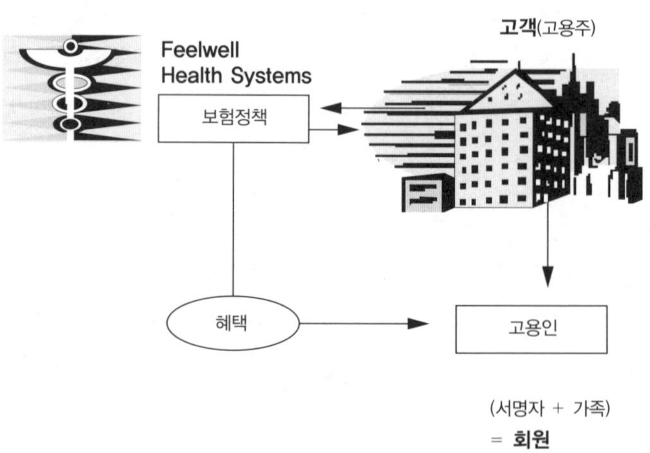

그림 7.1 용어

과, 안과 등 한 개 이상의 보험을 가입할 수도 있다. 각 보험은 그에 해당하는 혜택이 주어진다. 고객이란 직원과 그 가족을 위해 건강보험에 가입하는 고용주(기관, 회사 등)를 의미한다. 서명자로도 불리는 직원과 그 가족은 회원이라고 한다. 사례는 기본적으로 고객과 직원 및 그 가족, 보험, 계약, 그리고 고객과 건강관리기관 사이의 거래 및 절차에 대한 정보를 포함한다.

| 문제의 인식 |

Feelwell의 회장인 폴린 브라운 씨는 최근 1,600만 불을 절감한 일에 대해 주주회의에서 보고하였다. 우연하게도 그 주주회의에서 정보품질 관리인인 캐런 애로요 씨는 Feelwell이 지난 3년 동안 확인되지 않은 청구건에 1,600만 불을 지불해왔던 사실을 자신이 모르고 있었다는 것을 발견했다. 그녀는 곧 확인하여 보았고, 직원들에게도 데이터와 계산절차를 여러 번 확인하도록 하였다. 하지만 결과는 여전히 1,600만 불이 되었다.

애로요 씨는 정보 품질 전략을 세우고 관리하면서 주로 기업 데이터 웨어하우스인 PARIS를 관리하고 있다. 그녀는 정보 품질관리 절차의 일환으로 데이터 웨어하우스에 있는 몇백 명의 데이터 소비자를 조사하였고 인터뷰를 하였으며, 상호협업팀을 만들어 관련된 문제를 조사하였다. 조사 결과 그녀는 정보문제가 어떻게 사업활동과 관련 되어 있으며, 특히 고객의 업무와 어떻게 관련되는지 이해할 수 있었다.

조사와 사후 인터뷰를 통해 알게 된 가장 중요한 문제는 회원이 해약하는 보험의 정보에 관한 것이었다. 데이터 웨어하우스 사용자가 이 문제를 처음으로 발견하였고, 매달 보험을 해약하는 약 41,000명의 회원이 데이터 웨어하우스에는 아직 유효하다고 나온다는 사실을 애로요 씨에게 알려주었다. 애로요 씨와 팀은 이 문제와 연관된 내용을 조사했다. 데이터 웨어하우스에 대해 분석한 결과 다음 사실을 알게 되었다.

- 보험 보장의 일부를 해약했음에도 불구하고 매달 99,490~171,385명의 회원들이 유효한 회원으로 기록되어 있었다.
- 서명자가 해약을 해도 그 가족은 유효하다고 나타났다.
- 의료보장 외의 상품을 구입한 회원들의 혜택정보가 데이터베이스에 없었다.
- 배우자가 사망한 회원은 중복 계산되고 있었다.
- 유효하다고 나타난 45,000~64,000명의 회원은 이미 해약한 사람들이었다.

애로요 씨는 27개월분의 데이터에서 발견된 오류를 모두 나열한 차트(그림 7.2)를 만들었다. 그 차트는 보험을 해약하였지만 데이터 웨어하우스상에는 유효한 회원으로 나타나는 사람들의 수를 보여주었다. 회원정보 문제가 재정상에 어떠한 영향을 미치는지 알아보기 위해 애로요 씨와 팀은 추가적인 분석을 하여 청구관리 시스템에서 보험을 해약한 회원들에게 1,600만 불을 지급한 사실을 발견하였다.

애로요 씨는 이 결과를 가지고 보험혜택 관리인과 바로 인터뷰를 하였다.

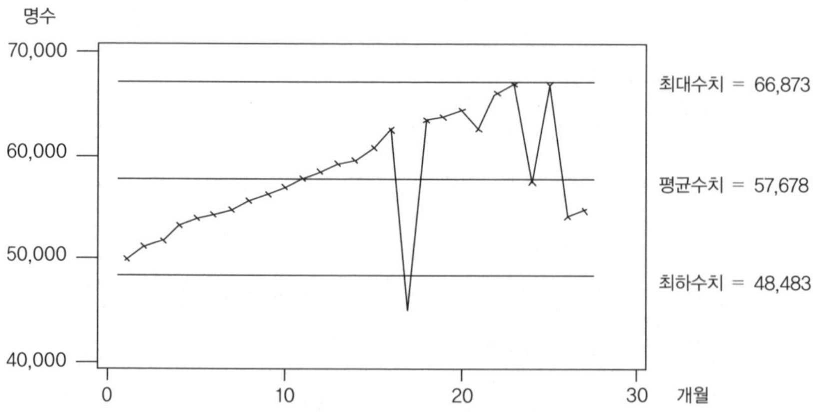

그림 7.2 해약되었지만 계약유효로 나타난 회원수

이 문제의 열쇠를 쥐고 있는 그는 다른 부서로 옮길 준비를 하고 있었다. 다음은 애로요 씨와 보험혜택 관리인(CM)과의 인터뷰의 한 부분이다.

KA: PARIS를 살펴보면 매달 45,000~60,000명의 회원이 해약 이후에도 유효회원으로 나타난다. 이 사실을 알고 있었나?

CM: 이는 고객자료인 CR이 청구관리 시스템인 CPS와 혜택관리 시스템인 BPS에 해약통지를 보내는데 CPS가 회원 차원이 아닌 고객 차원의 정보에서 해약을 하기 때문일 수 있다. 사업절차향상팀은 해약기능을 하나의 시스템으로 통합하기를 권하고 있다. 예전에는 CPS와 BPS를 상호 연계하여 관리하는 것이 문제였다. 해약기능을 한 곳으로 통합하여 데이터를 CPS와 BPS로 직접 전달할 수 있다. 재배치 절차는 동시에 일어나야 하며 데이터 인터페이스 과정에서 하나도 빠지면 안 된다.

KA: 지금 이 절차를 관리하는 사람은 누구인가?

CM: 내가 알고 있는 게 맞다면, 회원 해약절차의 관리는 고객관계 부서에서 하고 있다. 만약 새 절차가 실행되고 있다면, 예전의 회원을 삭제하는 것은 버튼 하나면 해결될 것이다. 내가 이 부분이 실행이 되는지 계속 확인할 것이고 데이터가 잘 인터페이스되는지도 확인할 것이다.

KA: 해약한 회원의 가족이 유효하게 나타나는 부분도 보였다. 이에 대해서는 아는 것이 있는가?

CM: CPS가 이 문제도 즉각 해결하려고 하고 있다.

KA: 미래에 생길 수 있는 오류에 대해서는 어떻게 할 계획인가?

CM: BPS에서 전송하는 데이터는 아무 문제가 없을 것이다. 문제는 이미 몇 년을 사용했다는 것이다. 문제는 CPS에 있다. 지금은 데이터를 CPS에서 직접 입력할 수 있다. 우리는 이 시스템을 바꿔 데이터가 수동적으로 입력되지 않도록 하려고 하는데 청구부서에서 이를 강력히 반대하고 있다. 요즘 이 부분을 조정하고 있으며 BPS는 내년 초에는 실행될 것으로 보인다. 내가

CPS와 BPS의 조정절차 담당자와 연락해 이 문제에 대해 상의할 것이다.

KA: BPS는 비의료보장 보험을 구입한 회원의 정보는 포함하지 않는다. 따라서 회원이 과대 표시되고 있다.

CM: HT(분석자)가 현재 그 문제를 알아보고 있다. 비의료보장 보험은 이제 마케팅하고 있지 않기 때문에, 몇 명의 예외만이 발견될 것이다. 하지만 과거의 기록을 찾아내어 바꾸는 것은 힘든 일이다. 세밀한 손익분석이 이루어져야 하고 얼마나 많은 과대 표시가 어디에서 이루어졌는지를 결정하는 일은 쉽지 않을 것이다. 다른 대안은 새로운 품목 코드를 사용하는 것이다. BPS가 새로운 품목 코드를 만들 수 있겠지만, 많은 시간과 노력이 필요할 것이다.

이 인터뷰를 통해 보험혜택 관리인은 애로요 씨에게 지금이 어떠한 상황인지, 그리고 누가 관련되어 있는지에 대해 많은 정보를 제공하였다. Feelwell은 다섯 개의 부문과 기업본부로 나누어져 있다. 전사 데이터 웨어하우스(PARIS), 관련 업무 부서들(전사 시스템), 그리고 애로요 씨가 제 1부문에 속해 있다. 제 2부문에서는 해약절차를 담당하고 있고 제 3부문도 해약에 관련하고 있다. 제 2부문에서는 PARIS에 데이터를 공급하는 BPS와 CPS를 관리하고 있다. 데이터 웨어하우스의 내부 데이터 고객은 조직 전체에 퍼져 있다.

인터뷰에서 밝혀진 몇몇 사항은 그 이후 근본원인의 분석 절차에서 중요한 사항으로 대두되었다.

- "만약 새 절차가 제대로 실행되고 있다면, 예전의 회원을 삭제하는 것은 버튼 하나면 될 것이다. 내가 이 부분이 실행이 되는지 계속 확인할 것이고 데이터가 잘 인터페이스되는지도 확인할 것이다." "요즘 조정을 하고 있으며 BPS에서 내년 초에는 실행될 것으로 보인다." 애로요 씨는 여기에서 새로운 해약 절차의 준비로 적용이 최소한 몇 달은 지연되었음을 알게 되었다.

- “BPS에서 전송하는 데이터는 아무 문제가 없을 것이다 . . . CPS와 BPS의 조정절차 . . . 이 문제에 대해 상의할 것이다.” 불행하게도 BPS 데이터 전송 시스템은 문제가 있는 것으로 밝혀졌으며, CPS-BPS 조정절차는 이미 여러 번 보류되어 실행될 수 있을지도 모르는 상황이였다.
- “만약 새 절차가 실행되고 있다면, 예전의 회원을 삭제하는 것은 버튼 하나면 될 것이다.” “CPS가 이 문제도 즉시에 해결하려고 하고 있다.” 정보 품질 문제에 대한 전형적인 대응법 중 하나가 한 번에 해결하는 것이며 조정절차를 거치는 것이다(데이터 청소). 이런 방법이 효과를 발휘하더라도 근본적인 원인에 대해서는 다루게 되지 않았을 것이고 근본원인을 방관하여 결국 다른 문제가 언젠가는 대두되었을 것이다.

사업부서 간 상호협력팀의 구성

애로요 씨는 해약 프로세스에 관련하여 사업 및 기술분야에서 정보 수집가, 관리자, 고객을 대표하는 사람들을 모아 협력팀을 구성하였다. 그 팀은 6개월 동안 활동하였으며 6주마다 한 번씩 회의를 가졌다. 회의가 없을 때 구성원들은 두세 명씩 만나 작은 미팅을 가졌다. 회원정보에 관한 여러 문제 중에서 해약한 후에 데이터 웨어하우스에서 유효한 것으로 나타난 회원 문제부터 해결하기로 했으며, 그로 인해 발생한 추가적인 비용(1,600만 불)에 대해 조사하기로 했다. 실행가능성과 재무상의 효과가 팀의 연구 주제의 선택에 영향을 미쳤다.

이 상호협력팀이 여러 부서의 대표자로 구성되긴 하였지만, 그래도 문제를 해결하기에는 많은 어려움이 있었다. 예를 들어 한 분석자는 “아무런 문제의 증후가 없던 부서에서 문제가 생기는 이유를 알아보는 것은 이웃집의 정원을 파내어 내 집의 하수구 문제를 해결하려는 것과 같은 이치이다”라고 했다.

그 외 다른 어려움은 다음과 같다.

- 시간과 자원이 제한적이었다.
- 아무도 전체적인 해약절차와 그 관련인에 대해 알고 있지 않았다.
- 누가 어떤 절차를 담당하는지 알아보기가 힘들었다.
- 필요한 정보를 찾기가 힘들었고 누가 어떤 정보를 알고 있는지 찾아내기 힘들었다.
- 문제의 결과와 증상으로 해를 입은 사람들은 힘들었지만, 문제의 원인을 제공한 사람들은 아무 문제도 느끼지 못했다. 따라서 이들은 추가적인 분석을 하는데 별로 인센티브가 없었다.

프레임워크 세우기: 가설의 설정과 테스트

팀은 분석의 기초로서 가정을 세우고 증명하기로 하였다(그림 7.3). 여러 번의 시행착오 후에 팀은 원인의 가정을 세울 수 있었다. 그런 후 가정을 시험하였다. 이 절차는 증상이 논리적으로 이해되고 설명될 때까지 반복되었다. 예를 들어 처음에는 청구절차 시스템(CPS)에서 의심가는 청구 건수를 처리하고 비용을 지불하기 때문에 CPS에 문제가 있을 것이라고 가정하였다.

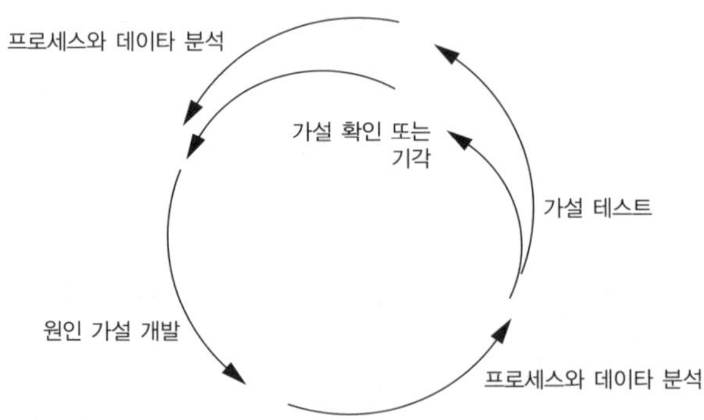

그림 7.3 가설의 개발과 테스트
출처: Katz-Haas and Lee, 2002, p. 21.

CPS는 시간과 장소면에서 분석팀과 가까이 있었으며 보험혜택 관리인도 CPS가 문제의 원인일 것이라고 생각했다. 하지만 예비 검사에서 해약절차와 그와 관련한 회원정보의 문제는 여러 가지 원인에서 기인한 것일 수 있음이 밝혀졌다.

가정을 증명하거나 반증하기 위해 관련 인물의 인터뷰를 하고, 데이터 분석을 하고, 기록을 찾고, 조사를 하였다. 질문 중에는, "A가 정지하면 모든 문제가 해결되고 미래에 아무런 문제가 없을 것인가?" "B가 실행되면 모든 문제가 해결되고 미래에 아무런 문제가 없을 것인가?" "C가 정지하거나 시작되면 다른 문제가 생길 것인가? 그 문제의 영향은 얼마나 될 것인가? 부정적인 영향을 줄일 수 있을 것인가?" 등이다.

애로요 씨와 팀은 문제가 하나의 원인만이 아니라 업무상 서로 엮여 있는 의사결정, 조치 그리고 회의 등의 상호작용 등 여러 가지에서 유래한다는 결론을 내렸다.

|주요 정보|

회원정보는 건강관리기관에게 아주 중요한 요소이다. 회원수를 포함하는 회원정보는 사업의 상품과 서비스에 대한 분석, 대 정부 보고, 사업 및 재정계획 수립 등에 사용된다. 회원수는 여러 계산절차에 사용된다. 회원수 계산이 틀리다면 그 문제는 거의 모든 사업절차, 기능, 의사 결정에 영향을 미친다. 또한 그 문제는 많은 비용을 야기한다. 왜냐하면 대안책을 마련하는 데 드는 시간 및 노력, 부가가치가 있는 활동을 하지 못하는 것, 불필요한 청구에 지불하는 것, 정확하지 않은 분석, 적절치 않은 회원 서비스, 과소비용 또는 과대비용이 지불된 프로그램, 기회손실, 고객유실, 부적절한 가격, 그리고 의사결정 장애로 인한 낮은 영업 이익 등이 모두 낭비이기 때문이다.

회원정보는 내부 및 외부 서류에 포함된다. 오류와 불일치는 회사 이미지에도 영향을 미친다. 또한 회원정보에의 오류가 밝혀지면 주정부나 연방정부에서 벌금을 물릴 수도 있다.

|데이터 품질 문제의 원인 규명|

해약절차는 고객에게서 해약통지를 받으면 시작되며 회사와의 보험계약을 갱신하지 않는 것을 의미한다. 해약정보는 여러 부서, 기능, 사업절차, 데이터베이스에 걸쳐 적용되며 궁극적으로는 사업 결정, 청구비용 지불정지, 회원수 계산, 보험인수, 경영 보고서, 공급자 통지 등에 사용된다.

문제의 원인을 알아내기 위해 팀은 이와 관련된 연계 프로세스와 전체적인 해약절차를 이해해야 했다. 이론상의 절차와 실제의 절차를 모두 이해 되었다. 팀은 해약절차와 관련 부서, 사람들, 기능 등과 부수적인 절차, 데이터베이스, 그리고 데이터 요소 등을 알아내기 시작하였다. 필요한 정보를 알아내기 위해 팀은 여러 위치에 있는 많은 직원들과 수차례 인터뷰를 실시하였고, 문서, 데이터 분석 결과 및 여러 자료를 수집하였다. 그와 동시에 기능 간의 인터페이스, 의사소통의 문제, 복잡한 절차, 업무 주기의 지연 그리고 피드백절차 등 복잡한 시스템에서 문제가 발생할 수 있는 주요 부문과 세부 절차를 살펴보기 시작했다.

업무 실행절차, 조직구성 체제, 그리고 정보시스템이 개발되고 실행되는 프로세스는 모두 서로 의존적이며 동시에 독립적이다. 그렇기 때문에 정보시스템 문제가 발생했을 때 문제가 하나의 시스템에서만 발생된다고 말할 수 없는 것이다.

매핑절차, 관련 인터뷰, 사업절차와 정보 흐름의 반복적인 분석, 장애요소 및 원인 요소분석 등은 정보와 절차의 상호 관련성을 이해하도록 도와주었다. 팀은 더욱 자세한 정보 상품 맵을 만들고 '이음새가 끊어져 있는 곳' 을 발견할 수 있었다. 그림 7.4와 7.5는 팀의 발견 절차의 결과를 보여준다. 여기 보이는 그림은 전체 조직의 일부분이다.

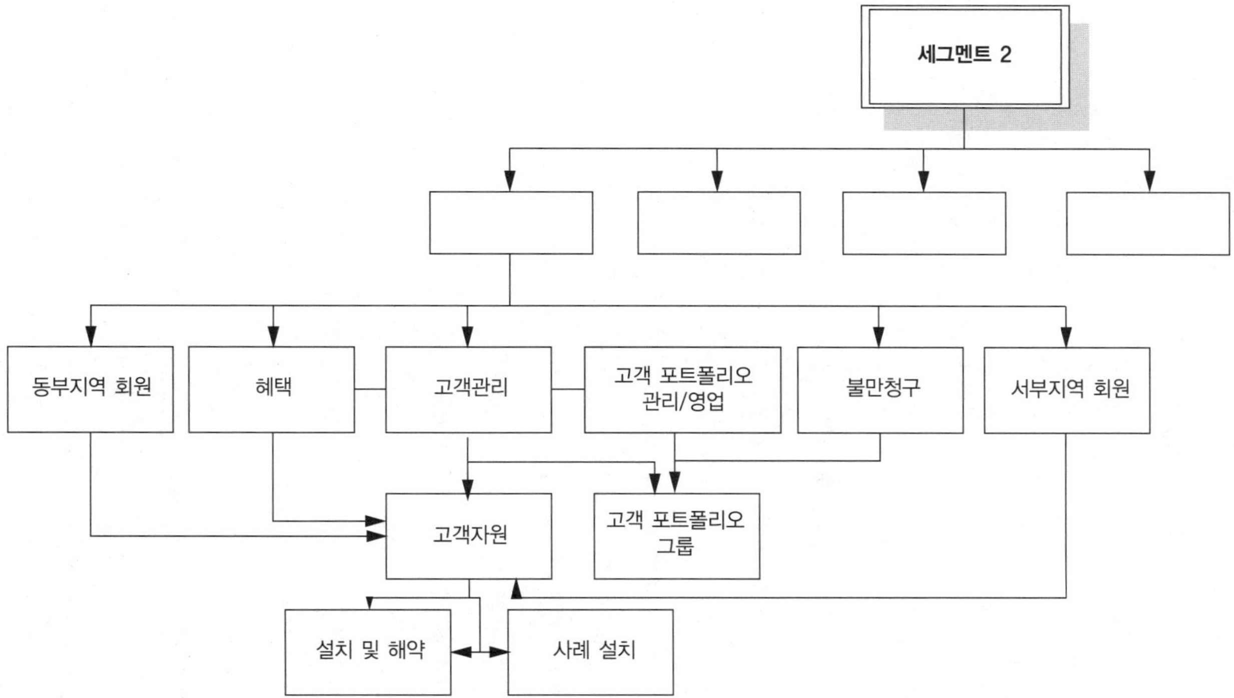
세그멘트 2
동부지역 회원
혜택
고객관리
고객 포트폴리오 관리/영업
불만청구
서부지역 회원
고객자원
고객 포트폴리오 그룹
설치 및 해약
사례 설치

그림 7.4 해약 프로세스

이런 간단한 그림에도 복잡한 요소들이 나타난다는 사실에 주목할 필요가 있다. 고객자료는 결과적으로 세개의 부서에 귀착되며 설치 및 해약(CIC) 그리고 셋업은 네 개의 부서와 연관된다. 고객 포트폴리오 그룹은 보험혜택, 고객관계, 고객 포트폴리오 관리, 그리고 고객 자료부서의 대표자에 의해 구성된다. 그림 7.5는 사업프로세스, 정보프로세스, 그리고 해약절차와 관련한 프로세스, 부서및 데이터베이스들 간의 상호관계, 전사 데이터 웨어하우스(PARIS)를 보여준다.

앞서 발견한 문제의 원인을 알아보기 위해 팀은 인터뷰 데이터, 회의 메모, 이메일, 업무서류, 관찰 데이터, 그리고 절차흐름 등을 분석했다.

절차의 불필요한 복잡성으로 인한 오류의 확대

팀은 해약절차가 얼마나 복잡했는지를 알게 되었다. 해약절차는 Feelwell에 있는 다른 사업 절차에 비해 비교적 단순한 절차인데도 15개의 부서, 18개의 2차 프로세스, 60개의 3차 프로세스, 7개의 시스템, 5개 중 3개의 사업부문, 그리고 300명이 넘는 직원이 관여하고 있었다. 불필요한 전달도 여러 번 거쳐야 했다. 예를 들어 설치 및 해약 분석자는 변경 서류를 부분적으로 작성하여 보험혜택 분석자에게 보내 날짜와 해약사유를 입력하도록 해야 했다. 보험혜택 분석자는 CIC 분석가에게 서류가 다 작성되었다고 통보하고 CIC분석가는 그 데이터를 혜택절차 시스템(BPS)에 잊지 않고 입력해야 했다. 이런 절차가 없거나 이런 절차에 오류가 있었다면, 해약절차는 회원관리까지 도달할 수 없었고 나머지 인원이나 그 이후의 절차에 관여하는 직원은 회원이 해약했는지 모르게 되었다. 팀은 CIC 부서가 그들의 결과와 부수되는 비용에 대해서 모르고 있다는 것을 알게 되었다. 또한 최초의 해약 통보 정보가 여러 평행적인 흐름을 통해 데이터로 전해지면서 심각한 반복과 원활하지 못한 소통을 초래하고 있었다.

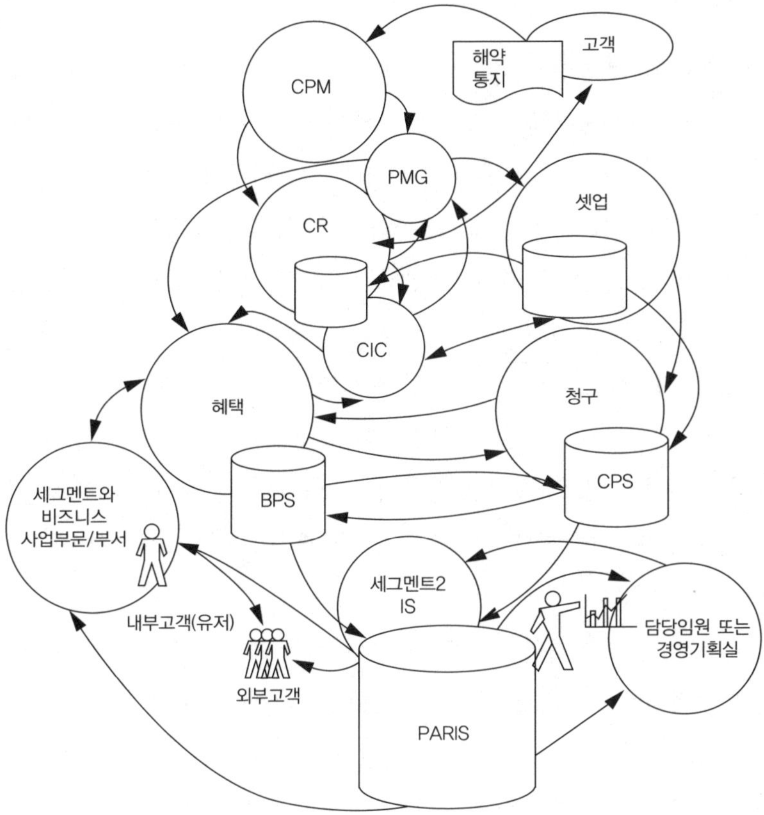

CPM	고객 포트폴리오 관리
PMG	포트폴리오 관리 그룹
CR	고객자원
CIC	설치 및 해약
CPS	불만청구 프로세스 시스템
BPS	혜택처리 시스템
PARIS	기업 데이터 웨어하우스

그림 7.5 혜택: 정보와 비즈니스 프로세스 간의 상호작용
출처: Katz-Haas and Lee, 2002, pp. 24-27.

여러 데이터 소스

청구처리 시스템(CPS)의 문제를 유발시킨 요소는 Feelwell의 기업 역사에서 찾을 수 있었다. Feelwell 건강 시스템은 여러 차례의 기업 인수합병에 의해 설립되었다. 최근 가장 큰 합병은 한 거대한 서부회사와 그보다 조금 덜 큰 동부회사와 이루어졌다. 동부회사는 청구처리 시스템을 가지고 있었다. 이 시스템은 청구 데이터를 회원정보와 통합하여 운영하였다. 서부회사는 혜택처리 시스템을 가지고 있었다. 이 시스템은 불안전하였고 그다지 잘 활용되지 않고 있었다. 동부회사의 청구처리 시스템이 합병 후 회사 전체의 청구시스템이 되었다. 반대 급부로 서부회사의 혜택처리 시스템을 회사 전체의 공식적인 혜택처리 시스템으로 도입하기로 하였다. 동부회사와 서부회사 시스템이 결국 중복된 데이터를 가지고 있었기 때문에 두 시스템 사이의 불일치가 나타났다.

BPS는 CPS의 데이터와 일치하지 않는 회원 데이터를 가지고 있었다. CPS는 보험정책과 회원정보와 일치하지 않는 해약 데이터를 가지고 있었다. 해약은 여러 시스템에서 각기 다르게 진행되어 데이터의 불일치를 심화시켰다. 불일치를 없애기 위해 재작업이 이루어졌으나 항상 성공적이지는 않았다.

조잡한 스크린 및 데이터 포맷

분석팀이 처리과정을 관찰하면서 팀 구성원들 중 몇몇이 데이터 입력 화면에 문제가 있다는 사실을 알아냈다. 데이터 입력 화면에는 입력자가 더욱 정확하고 빠르게 일할 수 있게 해주는 가속장치가 있었다.

예를 들어 BPS 데이터 입력 문제는 모든 문자가 대문자여서 정보를 읽고 찾기 힘들고, 필드는 시각적으로나 논리적으로 정돈되어 있지 않았으며, 필드 이름과 필드 내용 사이의 관련성을 찾기 힘들고, 필수 필드와 선택 필드를 구분하기 힘들고, 화면은 너무 어지러웠으며, 분석가들은 코드를 보이는 몇 개 중에서 선택할 수 있기보다 일일이 찾아서 데이터 입력을 해야 했고, 필드는 자동 점검이 되지 않아 분석가들이 쉽게 틀린 데이터를 입력할 수 있게 되어 있었다.

해약절차는 완전히 자동화된 시스템임에도 불구하고 데이터 입력과 같은 부분은 수동적인 부분이 포함되어 있었다. 예를 들어 고객/보험 기록에 들어가 고객정보에서 새 데이터를 가져올 때까지 해약날짜를 삭제하는 작업이 필요했다. 새 데이터는 테이프에서 고객정보가 모두 다운로드된 후 가져와서 해지 날짜를 새로 재입력해 업무 ID를 만들어 필요한 가족 회원정보를 불러와야 했다. 이 절차가 생략되거나 오류가 있으면 회원 해약절차는 미완성이 되었다.

데이터 흐름의 방해 및 연속성의 결여

BPS는 항상 회원정보에까지 영향을 미칠 수 없었다. 업데이트 작업이 실패해도 BPS는 오류 정보를 생성하지 않았기 때문이다. 보험혜택 분석가는 정보를 직접 불러와서 나머지 회원작업을 직접 입력해야 했다. 이 작업이 완성되지 않으면 모든 회원은 불완전하게 해약되었고 하위 부서에 있는 다른 사람들은 이 상황에 대해 알지 못했다. BPS가 오류 정보를 생성하지 않는다는 사실을 아는 사람은 많지 않았다. 다음은 애로요 씨와 보험혜택 담당자, 고객자료 담당자, 그리고 셋업 담당자 사이에서 있었던 대화이다.

혜택담당자: 예전에는 생각하지 않았던 것인데 시스템에서 한꺼번에 많은 업무를 실행한다는 것인데, 시스템에 너무 많은 양이 몰릴 때 실행 안 되는 업무도 있을 수 있다. 그러면 오류 정보가 생성되어 이를 보고 문제를 파악해야 한다. 이 때가 사람이 중재역할을 해야 할 때이다.

애로요: 이런 일이 얼마나 자주 일어나는지, 또 어디서 오류 정보를 찾을 수 있는지 알고 있는가?

혜택담당자: 캐런에게 오류정보를 보여주겠나?

고객자료담당자: 하나의 업무가 끝이 나면, CIC는 보험 혜택부서에 업무번호를 준다. 그러면 그들이 오류를 확인하고 해결한다. 캐런에게 오류 정보가 어디 있는지 알려주겠나? 고맙다.

셋업담당자: 업무완료 오류 정보를 말하는가? 그런 것은 없다. 혜택부서가 따로 정보생성기를 실행하여 직접 회원정보를 해약해야 한다. 이는 또 하나의 수동적인 작업이다.

혜택담당자: 해약업무에 대해서 오류 정보가 생성되지 않는다는 말인가? 왜 그런가?

고객자료담당자: 시스템을 만들 때 그런 기능은 만들지 않았다. 아마 오류가 없을 거라고 생각했을 것이다.

Feelwell의 정책과 절차에 따르면, 혜택부서는 해약한 모든 회원에 대해 포트폴리오 관리그룹에 알리도록 되어 있다. 하지만 이는 항상 실행되지 않았다. 그렇게 하지 않아도 혜택부서를 독촉할 방법이 마련되어 있지 않았으며, 다음 업무로 넘어가지 못하도록 하는 제어 장치도 없었다. 다른 상황도 비슷한 문제가 있었다. 예를 들어 BPS가 실행할 수 있는 것보다 많은 양의 업무가 있다면 몇몇 업무는 취소되었다. BPS는 오류 정보를 생성하지 않았기 때문에 CIC 분석자는 그 업무를 기억하여 다음날 다시 실행해야 했다. 분석가가 이를 기억하지 못 한다 하더라고, 이것을 상기시킬 아무런 절차가 없었다. 따라서 회원은 완전히 해약되지 않은 것이다. 결과적으로 하위부서에서는 일부 회원이 해약되지 않은 상황에 대해 인식할 수가 없었다.

데이터의 적시전달 문제

고객에게서 해약통지를 받은 후 이를 청구처리 부서에 전달하기까지 많은 시간이 소요되는 일이 잦았다. 해약날짜 이후의 청구정보가 해약정보로 전달되기 전에 청구처리 부서에 들어가는 경우도 있었다.

CIC 직원에 따르면 CIC는 해약통지를 적시에 받지 못한 경우가 많았고, 따라서 시스템상의 업데이트가 지체된 경우가 있다고 했다. 팀은 이런 지체가 일어난 이유가 무엇인지 살펴보기로 했다.

고객 포트폴리오 관리/판매 부서는 고객자료 부서에 통보를 하고 해약통보를 받은 후 3일 이내에 해약정보를 데이터베이스에 입력해야 했다. 포트폴리오/판매 직원은 신규 회원을 유치하면 커미션을 받게 되어 있었다. 따라서 해약을 위한 서류를 작성하는 일은 뒷전이었다.

어떤 고객은 해약을 했다가 다시 갱신하는 경우도 있었다. 고객자료 부서는 이런 고객을 갱신하는데 꽤 많은 시간과 노력을 써야 했다. 다른 부서들은 해약정보가 최소한 해약이 완료되기 2주 전에 전달된다고 알고 있었지만, 갱신하는 문제를 방지하기 위해 해약이 완료되기 1주일 전까지 전달을 늦추기도 했다. 그들은 그러한 지체가 야기하는 문제에 대해 알지 못했다. 이런 지체는 서류화되지 않고 커뮤니케이션되지 않은 변화의 한 예로서 조직의 시스템에서 정보 문제를 야기하는 중요한 요소가 된다.

|결론|

Feelwell 건강관리 시스템이 경험한 문제는 제6장에 소개된 근본상황 중 여러 개와 관련이 있다. 예를 들어 동부회사와 서부회사가 합병하는 과정에서 이종의 시스템을 혼합시켜 데이터의 여러 소스가 생겨났고 데이터 불일치 문제를 야기했다. 보기 힘든 화면 포맷의 문제는 복잡한 데이터 형태와 관련이 있다. 적시성 문제는 고객의 욕구변화 문제와 관련이 있다. 이 경우 고객의 욕구 변화는 일시적일 수 있으나 결국 조직이 이 변화에 대응하고 긍정적으로 예상해야 한다.

Feelwell의 경우는 데이터 품질 문제를 발견하고 그 원인을 알아낼 때 경험하게 되는 매우 복잡한 프로세스에 대해 연구한 사례이다. 위에서 말한 바와 같이 문제 해결은 확실하고 논리적이며 지속적이고 협력적으로 이루어져야 한다. 노력의 결과는 조직에서 문제 해결이 가능하게 되고, 데이터 품질이 향상되며 지속적인 데이터 품질 향상 프로그램 및 환경이 구축될 수 있다는 것이다.

Chapter 08
상품으로서의 정보관리

이 책의 일관된 관점은 정보를 상품으로 보고 '정보상품(Information Product: IP)' 접근법을 사용해야 한다는 것이다. 이 책에서 제시되고 있는 다른 관점들과 정책들도 모두 이 명제에 근거하고 있다. 이 장에서 우리는 상품으로서의 정보 관리에 대해 구체적으로 정의를 내리고, 그 개념을 상세히 설명할 것이다. 이 장은 제9장에서 제시할 정보상품지도(IP-Maps)를 활용하는 구체적인 방법을 이해하기 위한 필수 사전학습이다.

|정보상품|

상품으로 정보를 취급하는 개념은 Wang et al.(1998)의 논문에서 상세히 다루고 있다. 기업이 직면하는 정보 품질 문제에 대한 많은 연구를 살펴보면 기업은 정보를 소비자의 욕구를 만족시키는 마지막 단계의 상품과 같은 개념으로 취급하여야 한다는 것이다. 이러한 접근 방법은 정보를 하나의 부산물로 취급하는 것과는 정반대 되는 개념이다. 부산물적인 접근 방법은 일반적으로 최종 생산물로서의 정보 대신 시스템 자체에 초점을 둔 잘못된 방식이라는 것이다.

여기서 우리는 정보상품에 대한 기본적인 정의를 재정립하고자 한다. 이를 위해서 우리는 먼저 데이터 요소의 개념을 정의해야 한다. 데이터 요소는 데이터가 자료로서 의미를 가지는 가장 작은 단위이다. 데이터 요소로 간주될 수 있는 것은 예를 들면 개체의 속성, 필드 내 레코드 혹은 폼 등이 될 수 있다. 특히 가장 작은 단위인 데이터 요소는 문맥 속에서 해석되어야 함을 잊지 말아야 할 것이다. 생년월일, 국민연금등록번호(주민등록번호와 같은 사회보장제도 등록번호, social security number), 성명 등은 데이터 요소의 예이며 '1 March 1985, 026-345-6723, John Doe'는 세 개의 구체적인 데이터 요소들의 내용을 나열한 것이다.

이 장에서는 정보상품(IP, Information Product)을 데이터 소비자의 요구조건을 만족시키는 데이터 요소의 집합으로 정의한다. 요구조건은 비즈니스 의사결정, 법적 서류 제출, 혹은 정부 요구 사항 제출 등을 들 수 있다. 정보상품(IP)의 한 예는 출생 증명서이다.

정보를 상품으로 관리하려면 정보를 이해하는 기본 관점에 큰 변화가 필요하다. 정보를 상품으로 올바르게 취급하려면 기업은 다음 네 가지 원칙을 따라야 한다.

- 소비자의 정보 욕구를 이해하라.
- 잘 설정된 생산 프로세스의 상품으로 정보를 관리하라.
- 수명주기를 가진 상품으로 정보를 관리하라.
- 정보상품을 관리하는 정보상품 관리자를 지정하라.

이 네 가지 원칙을 적용하는 것이 정보상품(IP) 관리방식이다. 이는 일관된 정보 품질을 유지할 수 있게 하는 핵심 사항이라 할 수 있다. 다음 부문에서 우리는 네 가지 사례를 통해 IP 관리방식을 더욱 자세히 설명할 것이다. 특히 왜 IP 관리방식이 좋은지 논의할 것이며 이 방식을 사용하지 않음으로써 발생될 수 있는 부정적인 결과도 보여 주는 한편, IP 관리방식을 실행할 때 도움을 줄 수 있는 프레임워크도 제시할 것이다.

|네 가지 사례|

이 장에서 다루는 네 가지 사례는 다양한 기업을 예로 활용하였는데, 기업들의 IP 관리방식의 네 가지 원칙(그림 8.1)과 IP 방식을 적용하지 않았을 때 나타날 수 있는 부정적인 결과를 설명할 것이다.

'금융회사'는 광범위한 국내외 지점을 가진 선도적인 투자은행이다. 투자은행의 고객들은 새로운 계좌를 개설하자마자 거래하기를 원한다. 새 계좌는

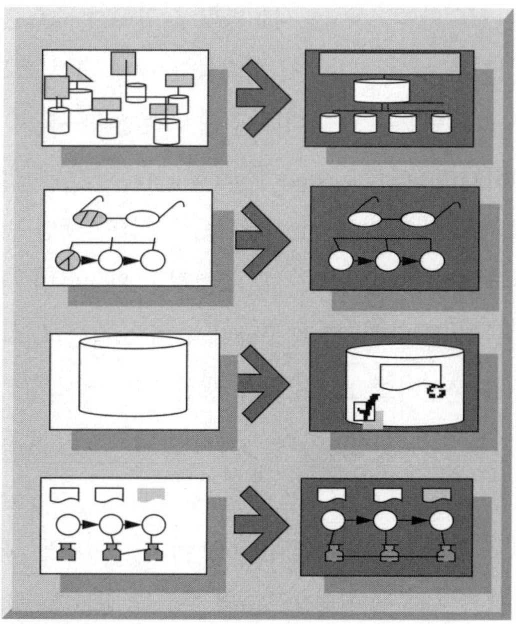

금융회사 사례:
소비자 욕구를 반영하여 정보상품을 생산하고 저장한다.

안경회사 사례:
고품질의 정보상품관리 프로세스로 안경렌즈의 질을 높인다.

화학회사 사례:
정보상품의 수명주기를 관리한다.

데이터회사 사례:
정보상품 관리 프로세스상의 모든 생산 비용을 정보상품에 반영한다.

그림 8.1 정보상품 관리방식의 사례

고객이 이미 개설하였을 수도 있는 계좌들과 연계되어야 하고, 모든 계좌의 정보는 정확성, 적시성, 일관성을 가져야 한다. 은행은 고객의 모든 계좌 잔액을 실시간으로 추적하여 계좌별 최소 유지 잔액 기준을 점검하여야 한다. 이를 제대로 확인하지 못하면 은행 입장에서는 큰 손실이다. 또한 법적으로 회사는 범죄행위를 한 고객의 모든 계좌를 폐쇄해야 한다. 법규를 준수하기 위해서는 고객 계좌에 대한 종합적인 정보가 항시 필요하다.

'안경회사' 는 전국에 소재하는 소매점들을 통해서 다양한 안경관련 상품들을 판매하고 있다. 소매점은 안경 처방전을 적어 네 개의 렌즈 작업실 중 한 곳으로 보낸다. 각 작업실은 매주 25,000개 이상의 안경 주문을 받는다. 고객의 요구사항에 맞는 안경을 생산하는 능력은 작업실의 안경 전문가에게 제공되는 정보의 품질에 달려 있다. 만약 정보 요구사항이 충족되지 않는다면, 렌즈의 생산은 부정적인 결과가 나타나게 될 것이다.

포춘지 500대 기업 중 하나인 '화학회사' 는 석유화학 산업에서 중요한 위치를 차지하고 있다. 이 화학회사는 생산되는 각 화학물에 대해 법적으로 상품의 잠재위험, 위험 노출시의 증상, 증상에 대해 취해져야 할 조치들을 명시한 물질안전 보건자료(MSDS: Material Safety Data Sheet)를 만들어야 하는 규정이 있다. 잠재위험을 신고하지 않을 시 매우 높은 생산자 책임 벌금(product liability costs)이 부과되기 때문에, 회사는 정확하고 완전하며 시기적절하고 이해 가능한 물질안전 보건자료를 제공하기 위해 노력한다. 화학회사는 잘 설계된 프로세스를 운영하여 보건자료를 생산하고 있다. 새로운 화학물질이 만들어지면 MSDS 그룹은 전문가와 계약하여 MSDS의 세부명세서를 작성하게 한다.

'데이터회사' 는 수만 개의 소매점으로부터 몇억 건의 거래 데이터를 매주 전송 받는다. 고객들은 데이터회사가 소매점으로부터 수집한 원본데이터를 정제한 정보를 산다. 데이터회사는 고품질의 정보를 제공하기 위해 다양한 인텔리전스 기능을 시스템에 추가하였다. 지난 몇 년간 뉴트럴 네트워크 기법을 활용하여 없어진 데이터를 추정하여 처리하는 방법을 개발했다. 예를 들면 이 방법으로 자료 전송 시 손상된 데이터를 정정할 수 있었다. 하지만 정보생산 프로세스에는 별로 관심을 기울이지 않았고 이로 인해서 제품의 가격산정에 있어서 문제가 발생하였다.

네 가지 원칙

1. 정보 소비자의 욕구를 이해하라

금융회사와 안경회사는 두 가지 종류의 정보 욕구를 구분하여야 한다. 즉, 외부고객과 내부고객의 정보 욕구를 충족시켜야 할 것이다. 이 두 회사 모두 고객의 욕구를 이해하지 못하면 어떤 일이 발생될 수 있는지를 잘 보여준다.

금융회사는 외부 고객에게 새로운 계좌를 빨리 개설해 주고, 동시에 고객의 위험 정도도 즉시 평가할 수 있어야 하며 고객의 모든 계좌 정보도 파악할 수 있어야 한다. 고위험의 투자를 허용하게 되면 고객의 불만을 사게 될 것이며, 경제적 손실로 고객을 잠재적인 파산의 위험에 노출시키게 될 것이다. 내부고객을 위해서는 고객 계좌잔액의 변동사항을 실시간으로 제공해야 할 것이다. 그렇게 하지 않는다면 내부고객은 각자 나름대로 정보를 구축하게 되어 전사적으로 일관되지 않는 데이터베이스를 갖게 될 것이다.

안경회사 고객의 욕구를 만족시키 것은 잘 맞는 렌즈를 제공하는 것이다. 이것은 각 소매점이 작업실에 올바른 렌즈 처방전을 보내는지에 달려 있다. 처방전 작성자인 안경상이 렌즈 작업실의 정보욕구를 이해하지 못하면(내부정보 고객), 많은 렌즈가 재가공되어야 하는 결과를 초래하게 될 것이다. 종종 안경 처방전에 있는 특별 지시사항이 적절히 전달되지 못하여 렌즈 제조기술자의 정보 요구사항을 만족시키지 못하게 된다. 재가공한 렌즈는 부가적인 비용과 지연을 초래하게 되어 결과적으로 외부고객의 만족도를 낮추게 된다.

2. 잘 설정된 정보 생산 프로세스를 가진 상품으로써 정보를 관리하라

금융회사는 중앙집중적인 고객 계좌 데이터베이스를 유지한다. 매일 밤에 낮 동안 발생한 거래를 입력하고 고객 계좌정보를 갱신한다. 그러나 고객 위험도 프로필과 같은 정보는 편리할 때 그때 그때 갱신된다. 이 임시방편적 접근방식(ad hoc approach)은 정보를 잘 설정된 정보상품 생산 프로세스의 결과물인 상품으로 간주하는 것이 아니라 단순히 어떠한 일을 처리하는 과정에서 발생한 부산물로써 취급하여 생기는 결과이다. 주어진 상황은 고객의 요구에 따라 바뀔 수 있다. 따라서 잘 설정된 생산 프로세스를 갖기 위해서는 고객의 행동과 고객 위험 프로필을 관리하는 작성자에 대해 체계적인 분석이 요구된다.

금융회사의 내부고객은 고객 계좌정보를 신뢰하지 않는다. 한 부사장은 "컨설턴트를 뺀 모든 사람은 고객 계좌정보를 갱신하는 권리를 가진다"라고 농담조로 말했다. 이 문제를 해결하기 위해 개별부서는 개인 정보계좌 데이터베이스를 만들었지만, 서로 일치하지 않는 로컬 고객데이터베이스만 확산되었을 뿐이다. 로컬 데이터베이스는 각 부서의 특정 목적을 위해 만들어졌고, 지점의 고객에 대해서는 중앙집중적인 데이터베이스보다 더 최신 정보를 가지고 있다. 기업 내 통합된 고객 계좌정보를 구축하려는 회사의 취지와는 무관하게 부서별로 각자의 업무 운영의 부산물로 정보를 수집하고 처리하고 있는 것이다.

3. 정보상품의 수명 주기를 관리하라

전통적인 마케팅 개념을 적용하면 정보상품의 수명주기는 정보의 생산 단계부터 폐기 단계까지로 정의된다. 수명주기는 도입(태동), 성장, 성숙, 쇠퇴의 네 단계로 나누어진다. 화학회사는 이 원칙을 따르지 않는 하나의 좋은 예이다. 이 회사는 기존의 잘 정돈된 프로세스로 물질안전 보건자료를 생산하고는 있지만, 정보상품의 수명주기에 따른 정보 품질 유지 부분까지 확대 적용하지 못하고 있다. 결과적으로 이 회사 제품의 안전보건자료에는 제품을 관리하면서 축적된 경험이나 새로운 과학적 발견으로 인해 얻어지는 위험에 관한 새로운 정보가 불규칙적으로 반영되고 있다. 시간이 지남에 따라 정보의 품질은 저하된다.

금융회사의 경영환경 변화는 회사정보 상품을 향상시킬 수 있는 생산 프로세스의 변화를 요구한다. 그러나 이 금융회사는 세계화나 법적, 또는 경쟁환경의 변화에 맞는 고객 계좌정보의 수명주기를 관리하지 않고 있어 잠재적으로 거대한 문제를 야기시킬 수 있다. 이 은행은 세계적인 시장에서 자사의 고객 계좌정보를 활용할 수 있는 자세를 취하지 않고 있는 것이다. 예를 들면 여유의 잔액이 여러 계좌에 나누어져 있는 고객은 보유한 전체 계좌의 총 잔액을 투자하거나 총액을 근거로 차입할 수 없을 것이며, 고객의 개별 계좌와 전체 계좌의 잔액 상황을 파악한다거나 범죄자의 모든 계좌를 전부 폐쇄한다거나 고객 위험 프로필을 확인한다거나 하는 등의 일에 실수하기 쉬운 사람의 손이 개입하지 않고는 할 수 없을 것이다.

4. 정보 프로세스와 상품을 관리하기 위해 정보상품 관리자를 지명하라

여기서는 어느 조직에서나 일반적으로 사용하는 표현을 쓰기 위해 정보 상품 관리자라는 용어를 사용할 것이다. 각 회사들은 조직상의 책임과 지위에 따라 다른 용어와 직함을 사용할 수 있다. 이 금융회사에서 정보상품 관리자는 지속적으로 고객의 욕구를 모니터링하여 이해하고, 이들의 다양한 요구사항을 서로 조정하고 확보한 지식을 지속적인 개선 프로세스를 확립하는 데 적용시킨다. 이런 관리자 없이 금융회사는 정보 프로세스의 측정이나 통제를 제대로 할 수 없다. 예를 들어 이 회사는 고객 위험 프로필이 주기적으로 갱신되는지 확인할 수 없다. 또한 계좌 개설 프로세스를 표준화하거나 점검하지 못한다. 따라서 얼마나 많은 계좌가 적시에 개설되었는지, 그리고 이 계좌의 고객정보가 제때 갱신되었는지 아닌지를 평가할 수 있는 기준이 없다. 경영층은 주식의 판매와 같이 수익을 창출하는 업무에 주로 관심을 가지므로 정보기술 부서는 주로 고객 계좌정보를 갱신하려는 주식판매 부서로부터 받는 임시 요청(ad hoc request)에 주로 대응하는 차원에서 일을 처리하게 된다. 만약 금융회사가 정보상품 관리자를 지정한다면, 금융회사의 두 가지 중요한 성공요인으로 꼽히는 위험 관리와 고객 서비스를 더 잘 할 수 있을 것이다.

이 금융회사는 정보 품질 개념, 프로세스 리엔지니어링, 비즈니스 어플리케이션에 관해 해박한 지식을 가진 새로운 정보기술 임원을 고용함으로써 1990년대 초에 IP 방식으로 변화를 추구하기 시작했다. 새 정보기술 임원은 다기능적 접근방식(cross-functional approach)을 도입하였다. CEO의 지지하에서 고객 서비스, 회사 운영, 정보 관리 부서가 종합적으로 고려된 고객 계좌정보의 생산 프로세스 업무흐름 모델을 작성하였다. 고품질의 고객 계좌정보를 생산하는 프로세스는 이후에 시작되었다.

| 부산물로써 정보를 관리하는 것은 효과가 없다 |

관리자는 항상 시스템이나 이벤트의 부산물로써 정보를 간주하고 관리하려고 하지만, 정보를 사용하는 사람들의 관점에서 보면 이것은 부산물이 아니라 하나의 상품이다. 부산물 접근방식과 정보상품 접근방식을 비교 · 분석하기 위한 5개의 요소가 있다. 무엇이 관리되는가? 어떻게 관리되는가? 왜 관리하는가? 성공요인은 무엇인가? 누가 관리하는가? (표 8.1)

무엇이 관리되는가

기업은 종종 부적절하게 정보 자체의 수명주기보다 정보를 생산하는 하드웨어와 소프트웨어의 수명주기를 관리하는 데 초점을 맞춘다. 결과적으로 기

표 8.1 상품으로서의 관리와 부산물로서의 관리

	상품으로 관리	부산물로 관리
관리 대상	정보, 정보상품의 수명주기	컴퓨터 하드웨어와 소프트웨어, 시스템의 수명주기
관리 방식	정보수집가, 정보관리자, 정보사용자들을 포괄하는 종합적인 다기능적 관리	연통형 시스템들의 통합, 개별요소별로 통제, 비용의 통제
관리 목적	소비자에게 고품질의 정보 제공	고품질의 하드웨어와 소프트웨어 시스템 운영
성공 요인	소비자에게 양질의 정보를 수명주기 전체에 걸쳐 지속적으로 제공 GIGO(입력된 자료가 나쁘면 결과도 나쁘게 나온다는 이론)의 예방	시스템 작동, 버그 없음
관리자	CIO(Chief Information Officer) 정보상품 관리자	CIO(Chief Information Officer) IT 임원, 데이터베이스 관리자

출처: Wang et al, 1998, p. 98.

업은 실질적인 정보 품질의 질적 향상을 가져다 주는 가치 있는 지식을 확보하는 데 실패한다. 예를 들어 안경회사에서 렌즈를 연마하는 설명서는 렌즈와 아주 다르지만 렌즈만큼이나 중요하다. 만약 설명서가 부정확하다면 렌즈도 부정확할 것이다. 고객에게 안경을 판매하는데 가장 신경을 써야 할 부분은 정보를 획득하거나 전달하는 시스템이 아니라 정보를 렌즈제조 기술자에게 전달하는 것이다.

어떻게 정보를 상품같이 관리하나

부산물 접근방식에서는 기업의 초점이 하드웨어나 소프트웨어 시스템의 수명주기에 주로 맞추어지게 되어 정보를 생산하는 수단 자체가 목표가 되어

버린다. 관리자는 시스템 자체의 개별 요소에 초점을 맞추고 여기에 대한 비용 절감을 추구한다. 이들은 정보를 전체적인 관점에서 보기보다 각각의 개별 시스템을 전체 시스템과는 무관하게 개별적으로 취급하고 있다.

안경회사의 상황은 개별 시스템에 초점이 맞추어지면 어떤 일이 발생될 수 있는지를 보여준다. 렌즈 재작업 수치를 물어볼 때 정보기술 임원은 이렇게 답했다. "15%의 불량률이 발생합니다." 부연설명을 하지 않은 상태에서는 이러한 오류는 렌즈 연마기의 작동문제가 원인이라고 추측할 것이다. 모든 관심은 렌즈 제조에 관한 주문서 정보가 아니라 렌즈를 생산하는 하드웨어와 소프트웨어에 집중되어 있다. 그러나 안경상과 렌즈제조 기술자 사이에서 일어나는 의사소통 문제가 불량률을 증가시키고 있다는 사실이 외부 연구자에 의해 발견되었다. 많은 문제는 안경상이 어떻게 주문서를 작성했고, 렌즈제조 기술자가 이 주문서를 어떻게 이해하였는지 이 둘 사이의 차이에서 발생하였던 것이다. 예를 들어 안경상은 양식의 아래 부분에 있는 의견서 칸에 추가 정보로 특별 지시사항을 적어 넣기도 한다. 그러나 렌즈제조 기술자는 이 사항을 무시하기 일쑤였는데 주문서의 내용이 아래 부분에 있는 칸에 있을 것이라고 예상하지 않았기 때문이다. 정보기술 부서도 문제의 원인을 제공했다고 볼 수 있다. 이 부서 임원은 하드웨어와 소프트웨어 개선에만 역점을 두고, 전달된 정보가 각자에게 제대로 이해되었는지에 대해서는 전혀 관심을 두지 않았다. 아무도 다기능 팀 관점에서 문제를 보지 않았다.

렌즈 주문서를 하나의 정보상품으로 간주하지 않아서 이 회사는 연간 약 40,000개 렌즈를 재생산해야하는 추가 업무를 발생시켰다. 문제는 고객 불만족과 관련된 기타 비용뿐만 아니라 재공정 비용으로 해마다 100만 불 이상의 비용이 발생되었다는 것이다. 이 안경회사는 안경상과 렌즈 제조 기술자를 정보 수집가와 정보 고객으로서의 역할을 가지는 자사의 통합정보 시스템의 일부로 취급하지 않았다.

금융회사도 역시 개별 요소에 초점을 둔 또 다른 잘못된 예를 보여준다. 데이터베이스는 개별 요소 수준에서 최적화되었고 전체 차원에서 통합되지 않았다. 내부고객인 계좌 관리자는 지점에서 필요로 하는 정보를 지점 차원에서 가지고 있었다. 하지만 그들은 새로운 사업기회에 활용할 수 있는 종합적이고 글로벌한 정보는 가지고 있지 않았다. 계좌 관리자가 제공 받는 부분적인 정보는 위험을 관리하고 서비스를 개선하고 수익을 증가시키는 것을 방해했다.

왜 정보를 상품으로 관리하는가?

흔히 정보기술 부서는 정보전달 시스템과 그 구성요소들을 향상시키는 것을 소비자에게 전달하는 정보상품의 질을 개선시키는 것보다 더 강조한다. 후자의 접근방식은 고객정보 욕구와 품질 기준에 대한 많은 지식을 필요로 한다.

안경회사 사례는 쓸데없이 개별 구성요소 개선을 중시하였음을 보여주었다. 주문서의 특이 사항 기재 난은 주문서 작성에 도움을 주려고 고안된 부분이지만 렌즈 제조 기술자에게 제공되는 정보의 질은 하나도 개선시키지 못했다. 안경상의 업무는 쉬워졌지만 정보 고객인 렌즈 제조 기술자가 대신 그 대가를 지불하게 된 것이다.

이와는 정반대로 데이터회사는 정보를 상품으로 관리하는 방향으로 급속하게 발전되고 있었다. 전체 정보 흐름 프로세스를 하나의 통합된 시스템으로 관리하기 시작했다. 데이터회사는 전사적인 TDQM(Total Data Quality Management) 프로세스를 도입하고 정보기술 인프라를 현대화하는 데 투자했다. 회사는 더 좋은 정보를 생산하기 위해 정보 수집가와 밀접하게 협력하였다. 정보 소비자가 직접 정보 품질문제를 보고할 수 있는 체제를 구축하였다. 회사가 정보상품을 고객 개인의 욕구에 맞추도록 하고 있었으므로 이 회사는 더욱 능동적으로 고객과 파트너가 될 필요가 있다고 생각하였다.

통합된 정보 생산 프로세스를 구축하는 노력에도 불구하고 의사소통 문제는 여전히 존재하였다. 예를 들어 고정비용이 회사 내에 제대로 기록되지 않아서 상품의 가격산정 시 문제가 발생하였다. 비용데이터는 정확했지만 마케팅 부서가 사용하기 적합한 형태로 표현되어 있지 않았던 것이다. 예를 들어 간접관리비와 같은 데이터가 영업사원들에게 정확하게 전달되지 않아 데이터회사의 영업부 직원은 정보기술 부서의 비용데이터를 신뢰하지 않았고 계약 입찰가격에서 간접관리비를 계속 무시하였다. 이에 마케팅 부본부장이 이러한 말을 하였다. "나는 정확히 원가에 바탕을 두어 가격을 산정하지 않을지도 모른다. 그러나 난 원가를 알 필요가 있다." 경쟁시장에서 우위를 차지하고 있음에도 불구하고 회사의 이익률은 낮았다. 회사가 정보를 상품으로 관리하는 하나의 이유는 모든 사람이 필요한 정보의 목적을 확실히 이해함으로써 이와 같은 문제를 피할 수 있기 때문이다.

무엇이 성공 요인인가?

정보를 부산물이 아니라 상품으로 취급하는 방식은 성공을 측정하는 방법도 변화시켰다. 버그가 없다는 것으로 컴퓨터 시스템이 성공했다고 판단하기보다 고객의 필요에 맞는 정보를 제공해 주었는지를 가지고 성공을 측정하게된 것이다. 컴퓨터 시스템에 초점을 맞추는 것은 단기적인 관점에서 생각하는 것이다. 초기에는 에러 없이 정보를 생산할 수 있겠지만 상품수명 주기에 따른 변화에 대해서는 별로 신경을 쓰지 않게 될 것이다.

화학회사의 경험에서와 같이 시간이 지남에 따른 물질안전 보건자료의 품질이 저하하는 현상은 상품 수명주기에 맞추어 양질의 정보를 고객에게 전달해 주어야 함을 인지하지 못해 발생한 하나의 좋은 사례이다. 화학상품이 사용됨에 따라 축적된 경험과 신 과학기술의 발전으로 새로운 위험물질이 발견되었다. 회사는 새로운 정보가 확인되는 대로 이 사실이 물질안전 보건자료에 반영되길 원했다. 그러나 회사는 종종 이렇게 하는데 실패하였다. 이 화학회사는 초기에 작성한 안전보건정보의 질로 성공을 측정하였다. 그러나, 정보의 수명주기는 반드시 화학상품의 수명주기와 일치하지 않는다. 진정한 성공은 이 차이를 감안하고 수명주기에 따라 안전보건정보의 질을 평가하여야 할 것이다.

누가 정보상품을 관리하는가?

회사가 정보를 상품으로 취급하는 접근방식을 택하고 이를 회사의 여러 기능에 걸쳐 관리하려 한다면, 정보상품 관리자를 지명해야 한다. 정보상품 관리자의 역할은 CIO(Chief Information Officer)와 같은 것은 아니다. CIO는 여러 다른 책임들과 함께 회사의 데이터 저장 시스템 관리를 감독한다. CIO에게 보고하는 데이터베이스 관리자는 직접 저장 시스템을 관리한다. 앞에서 논의하였던 네 가지 사례에서 정보 품질문제에 대한 해결을 위해서는 경영자 차원의 중재가 필요하다. 우리의 연구에서 보여준 것은 전통적으로 데이터베이스 입력을 통제하는 데이터베이스 관리자가 이러한 중재 역할을 담당해서는 안 된다는 것이다. 중재 역할은 단순히 정보의 생산과 전달에 초점을 맞추는 것이 아니라 정보수집가, 정보관리자, 정보소비자가 포함된 다기능(cross-functional)의 통합된 시스템을 포괄하는 것이다.

네 개의 회사 사례에서 그들이 직관적으로 느낀 것은 정보상품 관리자가 필요하다는 것이었다. 각 회사는 비록 이러한 직함을 구체적으로 부여하지는 않았지만, 정보상품 관리자와 유사한 업무를 수행하는 사람을 두었다. 이 회사들은 정보를 상품으로 보는 관점을 가지게 되었으며 그러한 관점에서 정보를 관리하기 시작했다.

|결론|

이 장에서는 상품으로써 정보를 취급하는 것에 관한 개념과 관리방식에 대해 살펴보았다. 우리는 정보상품의 정의를 살펴보고 상품으로써 정보를 관리하기 위한 일련의 원칙과 관리방법도 제시하였다. 또한 정보상품 관리자의 기능도 소개하였다. 제9장에서 우리는 구체적인 모델링, 즉 IP-Map라고 불리는 정보상품 지도를 소개할 것이다. 이 접근방식은 아직 개발 중에 있지만, 현재 상태에서도 정보를 상품으로 관리하는 데 효과적인 도움을 주고 있음이 증명되었다. 우리는 이 방식에 대해 제2장에서 데이터 품질 가치이론을 소개할 때에 잠깐 논의한 바 있다.

Chapter 09 정보상품지도의 개발

정보상품(IP)의 접근 방법을 실현시키기 위해 기업은 기본적인 철학뿐만 아니라 모델, 도구, 기법들이 필요하다. 앞 장에서 기업들이 가진 데이터 품질에 대한 인식과 문제의 근본원인을 찾아내는 여러 가지 방법에 대해 살펴보았다. 이러한 방법들은 정보상품 관리자와 데이터품질 분석가들이 사용하는 기본적인 툴의 일부이며 이들과 함께 이 장에서 다루게 될 '정보상품지도(IP-Map)'의 활용을 통해 정보상품의 접근 방법을 잘 실행하고 정보품질 프로그램을 더 효과적으로 운영할 수 있을 것이다. 정보상품지도를 만드는 데 있어 처음부터 강조할 것은 기준이 되는 방법론을 정립하는 것이다. 여기에서 제시하는 생각과 구성개념들도 사용할 수 있으며 도움이 될 것이다. 지도를 그리는 작업은 정보상품지도의 생성과 유지보수를 위한 기준을 정립하는 것부터 진행하였다. 학계와 데이터 품질과 관련한 일을 하는 사람들로 구성된 위원회에서 이러한 기준을 정립하였다. 이 장에서는 이 위원회를 스탠더드 그룹(Standard Group)이라고 하겠다.

| 정의, 개념 및 기호 |

우선, 우리는 제8장에서 소개한 데이터 요소와 정보상품의 기본적인 정의를 되짚어보고자 한다. '데이터 요소'는 상황에 맞는 의미를 가지는 데이터의 최소 구성 단위이다. '정보상품'은 데이터 소비자의 욕구를 충족시키는, 데이터 요소들의 집합체이다.

이와 같은 정보상품의 정의는 과거의 연구들에서 사용되던 직관적이거나 암묵적인 정보상품의 의미와도 일관성을 가지며 정보상품지도와 관련된 일을 하는 사람들이 일반적으로 사용할 수 있는 정의이다.

정보상품지도의 위원회인 스탠더드 그룹은 정보상품지도를 작성하는 데 사용할 임시의 기호와 도형을 제안했다. 위원회의 제안은 Ballou 외(1998), Shankaranarayan, Ziad와 Wang(2003), 그리고 Wang et al.(2002)의 연구를 바탕으로 진행하였으며 여기에서도 활용할 것이다.

정보상품지도는 정보제품을 제조나 생산하는 프로세스를 정해진 규칙을 사용하여 표현하는 것이라 할 수 있으며 표준화된 기호와 규칙을 사용한다. 스탠더드 그룹은 정보상품의 형태를 네 가지로 분류하였다.

- **표준형:** 사전에 구체화된 포맷을 가지며, 주기적인 스케줄 또는 필요한 경우에 따라 생산이 가능하다. 대표적으로 업무보고서, 대금청구서, 급여명세서를 예로 들 수 있다.
- **맞춤형:** 사전에 정의되지 않은 유연한 포맷을 가지며 필요에 의해 고객 맞춤화되거나 요구사항에 따라 생성된다.
- **저장 매체형:** 기록, 파일, 데이터베이스와 같은 물리적인 형태의 저장방법이다.
- **프리포맷형:** 미리 정의된 포맷이 아닌 형태의 의미 있는 데이터의 수집을 포함하며 여기서 말하는 데이터는 비디오, 오디오와 같은 비문자매체나 책, 잡지와 같은 인쇄매체도 포함한다.

표 9.1 정보상품지도 가이드

<table>
<tr>
<td>정보상품
정의: 인간, 기계, 또는 전자적 노력으로 생성된 데이터를 수집하여 데이터 소비자가 사용하는 것.
예시: 출생/사망 증명서, 병원계산서, 학생 성적증명서, 안경 처방전, 매월 은행 계좌 잔액 통지서, 신용 보고서, 수신인 주소 성명용 라벨
심볼/약어
IP_i →</td>
<td>원본 데이터
정의: 궁극적으로 정보상품을 생성하기 위해 미리 정의된 프로세스에 의해 원료로 사용된 데이터 단위 세트. 데이터나 정보는 정보상품지도에 대한 외부 영역들을 나타냄.
예시: 싱글 넘버, 기록, 파일, 스프레드시트, 보고서, 이미지, 준 동사구
심볼/약어
RD_i →</td>
</tr>
<tr>
<td>데이터 구성요소
정의: 임시적인 세미 프로세스 정보세트는 정보상품을 제조하기 위해 필요함. 데이터는 정보상품지도 안에서 최종 정보상품을 생성하기 위해 사용됨.
예시: 파일 추출, 중간 보고서, 세미 프로세스 데이터세트
심볼/약어
CD_i →</td>
<td>자료(원본 입력 데이터) 블록
목적: 고객 정보상품이 제대로 생성됐는지 원 입력 데이터 아이템에 대한 출처를 알기 위해 사용됨. 이 블록에 대한 다른 이름들: 데이터 자료, 데이터 벤더, 근원지.
예시: 환자에 대한 정보, 고객, 졸업생
심볼/약어
DS_i</td>
</tr>
</table>

다양한 형태의 정보상품의 품질을 높이기 위해서는 여러 가지의 전술이 요구된다. 그러나 위와 같은 각각의 정보상품 형태는 여기서 제시하는 방법론과 규정으로 모두 설명될 수 있다.

현재에도 표준화된 기호와 규정들은 발전하고 있으나 정보상품을 묘사하는 현재의 기호들도 아직 유용하게 사용되고 있다. 표 9.1에는 정보상품지도를 작성하는데 사용되는 기본적인 기호들을 나열하고 있다. 각각의 블록들에는 구성 개념의 정의, 사용기호, 그리고, 예시 등을 보여주고 있다. 정보상품

표 9.1 (계속)

고객(출력) 블록	데이터 품질 블록
목적: 정보상품의 고객을 나타내기 위해 사용됨. 고객은 이 블록에서 완성된 정보상품을 구성하는 데이터 요소들을 기입함. 정보상품지도 모델에서 고객은 정보상품을 사전에 정의함. 이 블록에 대한 다른 이름들: 데이터 싱크, 소비자 블록, 수신자 중심. 예시: 관리자, 고객, 환자, 보험회사, 우체국 심볼/약어 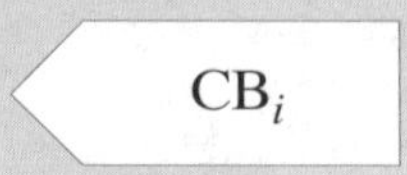 	목적: 무결점 정보상품을 생성하기 위해 데이터 아이템에 있는 데이터 품질을 확인하는데 사용됨. 아이템 구성요소에 대한 데이터 품질 확인은 이 블록과 연관됨. 이 블록에서 가능한 2개의 산출물: '정확한' 경향(확률 p에서)과 '부정확한' 경향(확률 p − 1). 입력 자료는 원본 데이터와 입력 아이템 구성요소임. 이 블록에 대한 다른 이름들: 품질 블록, 평가 블록, 확인 블록. 예시: 매뉴얼 확인, 전자기기 조정, 에러 확인, 매칭, 검사 심볼/약어 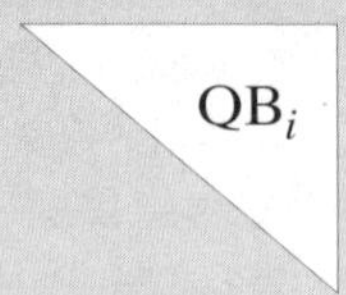

지도의 사용증가와 더불어 새로운 지식이 늘어가면 기호들은 수정될 것이다.

정보상품지도와 데이터 흐름도에는 유사점들이 많다. 데이터의 흐름과 변환과정을 다룰 때 도식화하는 기법은 서로 비슷하다. 그러나 정보상품지도는 데이터 흐름도보다는 차원이 높다.

정보상품지도는 데이터 흐름도나 전체 개체들의 관련을 보여주는 E-R 다이어그램보다 훨씬 많은 정보를 포함하고 있으며, 정보수집가, 관리자, 소비자에 대한 정보도 모두 포함해야 한다. 참여자, 책임자의 제작과정에서의 역할이 구체적으로 기록되어야 한다. 시스템 인프라, 조직 인프라 정보와 구체화된 기능, 책임 소재들도 자세히 기록되어야 한다. 정보상품지도의 중요한

표 9.1 (계속)

프로세스 블록	의사결정 블록
첫 번째 목적: 정보상품을 생성하기 위해 요구되는 모든 원본 입력 데이터 아이템이나 데이터 아이템 구성요소 등의 조작, 계산, 조합을 나타내기 위해 사용됨. 두 번째 목적: 데이터 오류수정 블록으로 사용. 오류가 데이터 품질 블록에 들어가는 일련의 데이터 요소들 내에 있는 것으로 판명될 경우 수정작업이 필요함. 이 블록은 표준 프로세스 과정의 부분이 아니라, 특정 환경에서 주로 사용됨. 원 입력 데이터 아이템이나 수집 블록 코멘트는 데이터 품질 블록으로 되돌아가지 않고도 그 다음 블록에 의해 사용될 수 있음. 이 블록에 대한 다른 이름: 프로세스 블록, 데이터 수집 블록. 예시: 업데이트, 수정, 데이터 저장, 업로드, 다운로드, 보고서 생성, 파일 생성. 심볼/약어 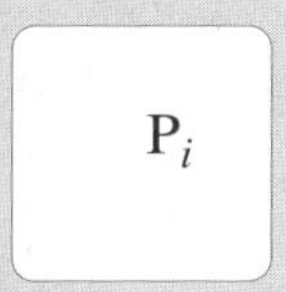 	목적: 몇몇 복잡한 정보 제조 시스템은 특별한 데이터가 가지는 데이터 아이템의 추가적인 처리를 위해서 하위 블록의 다른 세트를 지정함. 그러한 경우에 의사결정 블록은 평가할 여러 조건과 여기에 대한 대응 절차를 데이터 아이템 평가에 따라 저장하고 사용함. 예시: 출생증명서를 생성하기 위해서 출생과 관련된 데이터 아이템을 이용하는 것으로, 신체 상태에 대한 보고서 요약, 또는 신생아의 선천적 질병에 대한 테스트와 혈액 샘플 보고서를 수반함. 심볼/약어 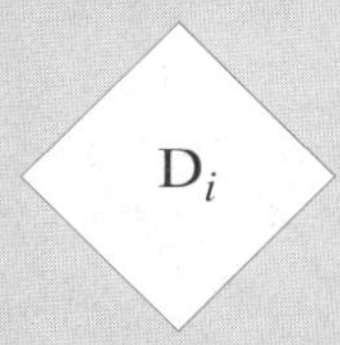

부분은 데이터 품질차원에서 정보를 통합시킨다는 것이다. Ballou 외(1998)는 데이터 품질차원, 특히 적시성이 어떻게 정보상품지도의 블록에 통합될 수 있는지 보여준다.

표 9.1 (계속)

데이터 저장 블록	**정보 시스템 영역 블록**
목적: 원활한 프로세싱을 하기 위해서 파일들이나 데이터베이스에 데이터 아이템을 저장하기 위해 사용됨. 저장 블록은 기다림을 줄이고 원활한 프로세싱을 위해서 데이터 아이템(원본 자료나 구성요소)에 대해 정보 목록 파트를 나누어 저장함. 이 블록에 대한 다른 이름들: 데이터 블록, 정보 저장 블록. 예시: 데이터 베이스, 파일 시스템 심볼/약어 STO_i	목적: 정보시스템의 한 타입에서 다른 타입으로 이동할 때 원본 입력 데이터 아이템 또는 데이터 구성요소 아이템의 변화를 반영하기 위해 사용됨. 시스템간 이동은 내부 또는 외부로 비즈니스 단위일 수 있음. 예시: 종이에서 전자적으로 데이터 기입 심볼/약어 SB_i
비즈니스 영역 블록	**정보 시스템 비즈니스 영역 블록**
목적: 원 입력 데이터 아이템 또는 데이터 아이템 구성요소가 하나의 조직 단위에서 다른 부서로 건네주는 경우를 나타내기 위해 사용됨. 또는 조직 영역들 간의 정보상품(초기 입력자료나 데이터 아이템 구성요소) 움직임을 나타내기 위해 사용됨. 조직 영역 블록. 예시: 수술실에서 치료실로 데이터 전송 심볼/약어 BB_i	목적: 원 입력 데이터 아이템 또는 데이터 아이템 구성요소가 비즈니스 영역과 시스템 영역간 이동하는 상황을 정의하기 위함. 이 블록에 대한 다른 이름들: 정보 시스템-조직간 영역 블록, 정보 시스템-조직간 결합 블록. 예시: 환자 치료 부서에 있는 윈도우 NT IBM RS/6000 행정 클러스터로 데이터를 전송. RDC Ultrix에서 IBM RS/6000 행정클러스터로 변경 심볼/약어 BSB_i

|정보상품지도를 만들기 위한 절차|

정보상품지도 생성절차는 스탠더드 그룹이 제안한 개념을 기반으로 한다. 그룹의 제안은 문제의 파악, 맵핑지도작성, 우선순위 설정, 정보상품의 품질향상 방안들을 포함한다. 아래는 정보상품지도 개발에 수반되는 단계들을 보여준다.

- 1단계: 지도화할 정보상품을 선택하는 단계이다. 정보상품의 기본적인 구성요소를 형성하는 데이터 요소를 선택한다. 이것은 상황에 따라 다양한 방식으로 수행하게 된다. 한 예로 데이터 요소들은 정보상품을 검사하고 분해하여 얻을 수 있다. 다른 경우에는 이런 방법이 명확하게 정의되거나 인식되지 못할 수도 있다. 이럴 때엔 상향적 접근방식을 활용하여 정보상품의 중요한 부분을 담당하는 중요 요소를 선택할 수도 있다.
- 2단계: 데이터의 수집자, 보관자, 이용자를 식별하는 단계이다. 데이터의 개발자, 수집가, 입력자, 데이터 유지에 책임이 있는 자와 데이터를 사용할 이용자를 파악하는 것은 매우 중요한 일이다.
- 3단계: 정보상품의 데이터 요소의 흐름, 변형과 연결 관계를 설명하는 단계이다.
- 4단계: 기능의 역할을 설정하는 단계이다. 적절한 시스템도 확인하고 업무 책임자와 이들의 역할도 부여하는 단계이다.

이제 정보는 지도에 그려지게 된다. 일반적으로 이 절차는 다음과 같이 진행된다.

- 물리적 흐름/업무 흐름도 그리기
- 데이터 흐름도 그리기
- 시스템 하부구조 그리기
- 조직의 하부구조와 역할 그리기

더 나아가 정보상품의 재고측정(Pierce, 2005)을 통해 정보관리를 향상시킬 수 있다. 다음에 정보상품지도의 표시 형태와 사례를 인용한 예시를 살펴본다.

| 정보상품지도 구축: 사례 |

병원에서 사용되는 중요한 정보상품을 위한 정보상품지도의 개발 사례를 설명한다. 이 사례는 선행연구(Shankaranarayan, Ziad, and Wang 2003)로부터 발췌하였다. 여기서는 입원, 진료, 퇴원을 포함한 주요 병원의 운영과 진행과정 부분만으로 제한하였다.

이러한 운영과 관련된 다섯 가지의 상품이 있다. 다섯 가지는 모두 환자와 직원(의사, 간호사, 연구원, 행정원 등)이라는 두 가지 중요한 원천으로부터 얻은 정보이다. 이것은 환자의 입원, 진료 또는 퇴원 과정에서 직 · 간접적으로 얻은 것이다. 각각의 상품들은 대단위 정보의 작은 부분에서 추출된다.

첫 번째 상품(IP_1)은 일간, 주간, 월간마다 병원 관리를 위해서 경영진에게 제출되는 〈입원 보고서〉이다. 이것은 입원환자의 수, 예상되는 입원기간 그리고 환자정보 등을 담고 있는데, 이것은 병실이 얼마나 활용되는지를 측정할 수 있는 도구로 사용된다.

두 번째 상품(IP_2)은 매일 환자들의 진료차트에 추가되는 〈환자 진료 보고서〉이다. 이 보고서를 만드는 의사와 간호사 같은 주체는 환자들이 진료와 처리절차에 대해 어떻게 반응하는지 주의 깊게 관찰하는 데 사용한다. 이 두 가지 상품들은 병원의 내부적인 측면에서 사용된다.

마지막 세 번째 상품부터는 외부기관에게 보내어 진다. 〈출생/사망 보고서(IP_3)〉는 인구 통계의 기록을 위해 제출된다. 그리고 〈건강 보고서(IP_4)〉는 치료한 환자들의 치료유형, 질병, 치료방식 그리고 퇴원 이유에 대해 공공 건강관리부서에서 요구하는 연 2회 보고서이다. 마지막 상품(IP_5)은 〈의료비 계산서〉이다. 이는 청구를 위해 건강관리기관(HMO)에 제출된다. 이것은 환자에게 제공된 서비스, 사용장비, 의약품, 검사 그리고 진료행위의 항목별 리스트이다.

그림 9.1은 〈환자입원 보고서(IP_1)〉 제작을 나타내는 정보상품지도이다. 입원환자는 입원 접수실, 응급실 또는 산모 및 태아치료실 중 한 개의 부서에

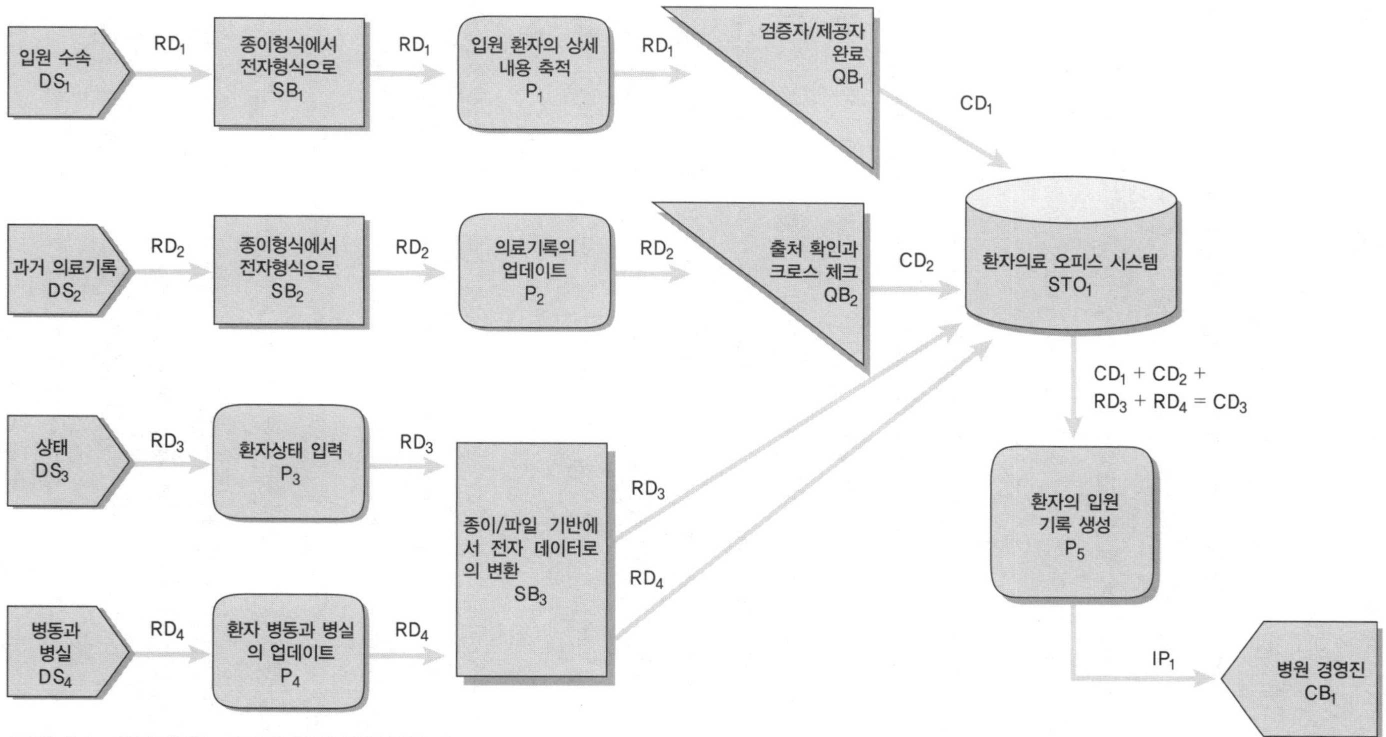

그림 9.1 환자 입원 기록을 위한 정보상품지도

출처: Wang 외, 2003.

서 입원할 것이다. 환자(또는 보호자)는 서류를 작성함으로써 환자 정보(데이터 소스 DS_1으로부터의 원본 데이터(RD_1)를 제공한다. 입원담당 직원은 이 데이터를 사내 인터페이스를 이용하여 환자 진단부서 시스템에 입력한다(프로세스 IP_1). 이러한 과정은 구조적 경계블록(SB_1)에서 나타난 전자문서시스템으로 인하여 데이터는 바뀐다. 인터페이스에서의 소프트웨어 기능은 자료의 완전성과 HMO의 검증을 수반한다. 그 담당이 QB_1이다.가공되지 않은 데이터 요소는 점검을 마친 후 구성 데이터(CD_1)에서 정의된 것 같이 기억장치에 전송된다.

입원 과정에서 환자의 입원에 관한 책임을 지는 감독 간호사는 병실 타입(심장질환 중환자실, 일반실)에 따른 침대 번호를 배정한다. 또한 환자의 일반적인 상태와 현황도 검사한다. 간호사(두 데이터 소스, DS_3와 DS_4에서 다뤄짐. 이두 가지 업무는 한 명 이상의 간호사에 의해 수행될 수 있기 때문이다)는 차트에 이 정보(RD_3와 RD_4)를 기록하고 컴퓨터 시스템(프로세스 블록 P_3와 P_4)에 등록한다. 기준이 되는 시스템이 변화하였으므로 시스템 경계 블록(SB_3)은 이런 변화를 보여준다. 환자의 과거 의료 기록들(소스 블록 DS_2)이 얻어지고, 그 정보(RD_2)는 시스템(프로세스 P_2)에서의 환자의 의료 기록을 업데이트 하는데 쓰여진다. 이 기록들은 환자에 의해 승인된 올바른 소스로부터 온 것인지를 확실히 하기 위해 확인되고, 필요에 따라 그 기록을 생성한 의사나 진료소에서 정보를 확인하게 된다. 품질 블록 QB_2는 이러한 확인을 나타낸다. 최종적으로 도출되는 구성요소 데이터(CD_2)는 저장소로 보내진다. 이 모든 정보는 환자의료 DB의 데이터 보관소에 축적되고 보관 블록 STO_1에 의해 보여진다. 프로세스 P_5에 의해 생성된 정보상품 IP_1은, 구성요소 데이터 아이템의 모음을 이용하여 누적된 CD_3로 표현된다. 이것은 병원 관리부문으로 보내지고 고객 블록 CB_1에 의해 보여진다.

입원이 완료되고 나면, 수행된 치료/절차 기록이 만들어진다. 이 내용은 그림 9.2의 정보상품지도에 보여준다. 전문가들과 내과 주치의들(데이터 소

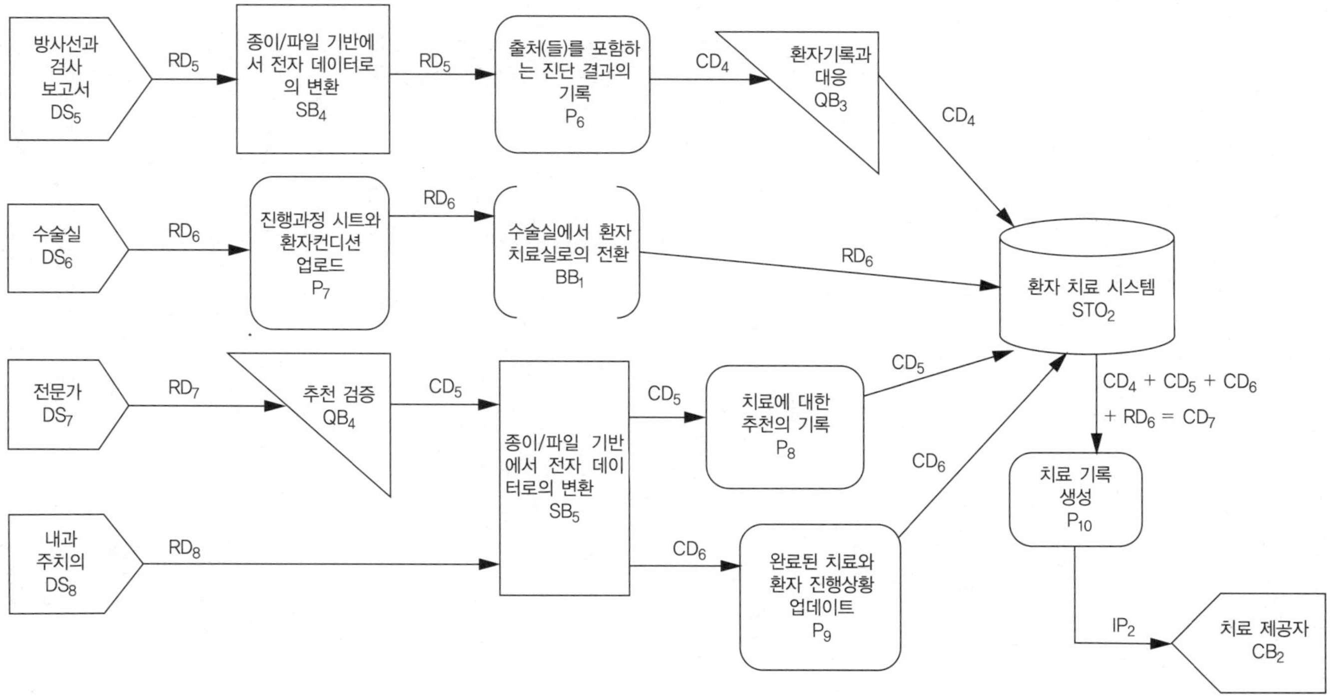

그림 9.2 환자 치료 기록을 위한 정보상품지도

출처: Wang 외, 2003

스 DS_7과 DS_8)은 수행될 치료와 절차/테스트를 선택한다. 다음으로 이 정보들은 차트에 기록된다(RD_7). 등록되기 전에 내과 주치의에 의해 확인되고, 필요에 따라 또는 전문가의 상담에 따라 수정된다. 품질 블록 QB_4는 이 확인 과정을 나타낸다. 결과적으로 승인된 치료절차 정보(CD_5)는 프로세스 P_8에 의해 컴퓨터 시스템에 등록된다. 내과 주치의들은 RD_8에서 보여지는 바와 같이 환자들의 진행 과정을 보고하고 완성된 추천 치료/절차를 승인하며, 이것은 프로세스 P_9에 의해 시스템에 기록된다. 문서 기반에서 전자 형태로의 시스템의 변화는 SB_5에서 나타내어진다. 연구실과 방사선과로부터의 보고서(RD_5)는 컴퓨터로 입력된다. 시스템의 변화는 SB_4에 나타난다. 프로세스 P_6는 이것과 보고서의 소스를 확인하는 프로세스의 모듈을 저장한다. P_6에 의해 생성되는 구성 요소 데이터 CD_4는 QB_3에 의해 보여지는 환자의 기록과 대응한 후 보관소로 보내진다.

수술실로부터의(환자 치료 시설과는 다른) 소견서와 보고서들은 프로세스 P_7에 전자적으로 업로드된다. 사업 한계 블록 BB_1은 사업 단위끼리의 정보 교환을 나타낸다. 이 모든 정보들의 보관 장소는 환자 치료 시스템의 데이터베이스이며 보관소 블록 STO_2에서 보여진다. 〈치료 보고서(IP_2)〉는 프로세스 P_{10}에 의해 만들어지며 의사에게 보내진다(고객 블록 CB_2).

IP_3과 IP_4, IP_5 정보상품의 제작은 그림 9.3의 정보상품지도로 나타내어진다. 입원접수 시스템과 환자치료 시스템의 정보는 P_{11}과 P_{12}의 관리시스템으로 업로드된다. 각각의 기록들은 적절한 입원과 치료가 결합된 것을 확실하게 하기 위해 서로 비교한다(품질 블록 QB_6에 의해 보인다). 그리고 그 결과로 나타난 구성 요소 데이터 CD_{10}은 STO_3로 나타나는 관리시스템 데이터베이스에 저장된다. 이 세 가지 시스템이 다르기 때문에 이 자료들이 전송될 때는 기본 시스템의 변화를 보여줘야 한다. 또한 정보가 사업부문을 뛰어 넘는다는 점을 상기시켜주어야 할 것이다. 전송을 나타내기 위해서 복합 시스템과 사업 경계 블록 BSB_1, BSB_2를 사용한다. 프로세스 P_{13}는 인구동태통계

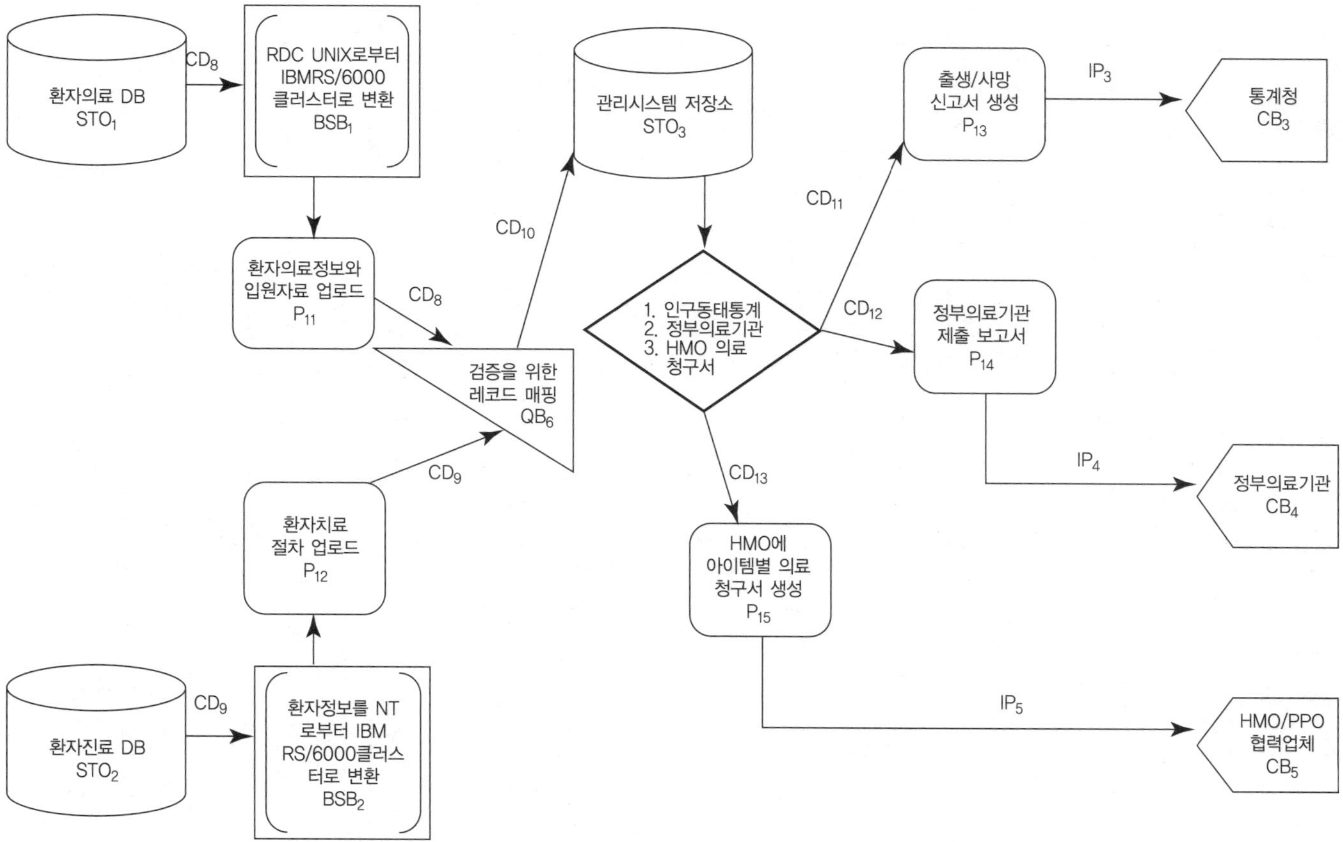

그림 9.3 인구동태 통계보고서, 정부의료기관 보고서, 계산서를 위한 정보상품지도

(IP_3)에 관한 보고서를 생성하고, 이것은 소비자(CB_3)와 인구동태통계(Vital Statistics) 등록에 보내진다. 프로세스 P_{14}와 P_{15}는 각각 정부의료기관 제출 보고서(IP_4)와 의료청구서(IP_5)를 생성한다. 정부의료기관(CB_4)과 HMO (CB_5)는 두 가지 정보제품의 소비자들이다. 각 상품을 생성하는 데 쓰인 데이터 항목 구성요소들은 다르며 구성요소 데이터 항목 CD_{11}, CD_{12}, CD_{13}에 의해 보여진다.

최종 완성을 위해 모델(들)의 흐름도에 포함된 각 블록의 정보와 데이터 요소들을 저장할 필요가 있다. 이것은 데이터 흐름도와 연관된 데이터 사전과 유사한 의미를 가진다. 그리고 우리들은 이것을 그 모델과 연관된 '메타데이터' 라고 칭한다. 메타데이터는 보관소에 쌓이게 된다. 모델의 최종 완성된 메타데이터는 여기에 표현하기에는 너무 광범위하기 때문에 표 9.2에 일부만 나타내었다.

|결론|

이 장에서는 정보상품지도(IP-Map)의 개념을 소개하였다. 그리고 지도를 만들기 위한 도표 규칙도 설명하였다. 정보상품지도의 개발은 새로운 시도이

표 9.2 그림 9.1의 정보상품지도에 대한 샘플 메타데이터

이름/형태	부서/역할	위치	업무프로세스	기본시스템
입원-DS_1	입원수속 사무실/환자	입원수속, 산부인과, 응급실	기본 형식 (#1101P)	종이를 기반으로 한 파일
과거 의료 기록-DS_2	입원수속 사무실/입원수속 직원	입원 건물, 기록실	원본 자료에 접근할 수 있는 권한 요청	종이를 기반으로 한 파일

출처: Wang 외, 2003

다. 그리고 표현방법과 규칙들은 여전히 개발 단계에 있다. 그럼에도 불구하고 이러한 정보상품지도는 기업 내 개인들에게 데이터 품질을 평가하고, 조사 분석하고 전달하는 데 필수적이다. 지도들은 데이터의 품질문제를 규명하는 데 없어서는 안 될 도구이다. 대부분의 기업에서 정보상품의 중요한 부분과 관련된 모든 프로세스, 시스템, 사람, 조직에 대해 완전한 지식을 가지고 있는 그룹이나 사람들은 없다. 정보상품지도의 개발과 시행은 기업의 데이터를 수집, 보관, 유지, 사용하는데 대해 조직 전체 차원의 지식을 용이하게 관리할 수 있도록 하는 메커니즘으로서 유용하다.

Chapter 10

데이터 품질 관리 프로젝트: 종합대학병원 사례

제8장에서는 하나의 상품으로서 정보를 보는 관점에 대해 다루었고 제9장에서는 정보상품지도를 만드는 방법과 이론에 대해서 알아보았다. 이 장에서는 종합대학병원에서 데이터 품질 관리 프로젝트를 추진하고 정보상품지도를 응용하는 사례를 보여준다. 이 사례에서 종합대학병원이 주정부의 건강보험관리공단인 OSHPD(Office of Statewide Health Planning and Development)에 제출하여야 하는 환자들의 자료를 모델화하고 분석하여 정보품질을 향상시키는 데 활용하는 것을 보여줄 것이다.

사례연구 - 종합대학병원 진료 시스템

이 종합대학병원 진료 시스템은 875개 병실을 운영하는 병원 내 진료 센터뿐 아니라 외부협력 개인병원과 외래 환자 진료실, 그리고 여러 종류의 사후치료 시설들인 간병시설, 재활의료센터, 자택요양관리 기관 등을 모두 포함한다. 이 비영리 종합대학병원은 미국 서부지역에서 가장 큰 병원 중의 하나로 출산환자를 포함하여 연간 50,000명의 입원환자를 받고 있으며 150,000명의 외래환자 및 응급환자를 치료하고 있다.

다른 종합대학병원들과 마찬가지로 운영과 관련된 거래자료(입원, 퇴원, 이송 기록, 진료기록, 의료비청구서, 실험실 검사결과, 약국처방 등) 들과 같은 이 병원의 각종 자료는 병원의 전략수립을 위한 분석 자료로 사용되며 외부 감사기관에도 제공된다. 과거에는 이러한 자료들이 환자를 치료하면서 발생되는 부수적인 자료로 간주되어 왔으며 중요하게 생각하지 않았다. 특히, 과거에는 병원자료를 가장 잘 관리하는 것은 형광 매직펜으로 색칠한 환자 기록부의 전달이 자료교환의 전부라고 생각하기도 했었다. 그러나 지금은 경영활동들을 측정하고 지원하는 자료가 틀리거나 미비 또는 부실한 경우, 병원의 질적 향상이나 생산성 향상, 비즈니스 개발을 위한 분석, 의무적인 정책 및 정부 보고서의 작성과 같은 아주 전략적인 의사결정들을 매우 위태롭게 하는 중대사안으로 간주되고 있다.

기준 이하 데이터의 질적 문제는 기업이 경쟁환경에서 성공할 수 있는 능력을 저하시킬 뿐만 아니라 정부 감사기관이나 의료기관의 인증을 맡은 공동위원회 등과 같은 외부기관의 감사에서 지적을 받게 되는 위험에도 처하게 될 것이다. 데이터가 중요한 회사의 자산이라는 사실을 직시한 이 병원의 경영층은 각종 내부 거래 자료를 전략적 요소로 활용하기 위해서는 지능적이고 체계적인 데이터 관리 프로그램이 필요하다고 판단하였다. 이 병원의 경영진들은 지난 6~8년 동안 고객지향적이며 관리 가능한 시스템을 성공적으로 도입하고 품질 향상을 항시 측정할 수 있도록 운영하여 왔다. 그 결과 정보의 품질 관리 문제들도 이러한 관점에서 볼 수 있게 되었으며, 정보품질 목표도 1997~1998년 회계연도부터는 해당년도 사업계획서의 일부분으로 포함하여 운영하기 시작하였다.

정보품질 관리의 배경

이 병원의 경영진은 정보관리 프로젝트의 책임을 DPG(Data Provider Group)라고 하는 데이터 제공 그룹에게 부여하였다. 이 그룹은 여러 관련 부서로부터 소집된 멤버로 구성된 특수그룹이다. 경영층에 보고되는 여러 부서들의 분석 보고서들이 계속적으로 차이를 보임에 따라 부서별로 운영하는 서로 다른 데이터베이스에서 동일한 변수의 자료가 다르게 나타나는 문제를 해결하기 위한 방안으로 1996~1997년 회계연도 후반에 CEO의 지시에 의해 만들어진 조직이다. 이 DPG는 병원의 경영기획 및 재무관리를 담당하는 전무급 임원이 맡아 운영하게 되었다. 참여 멤버는 경영기획, 정보시스템 및 재무담당 이사급 임원과 정보시스템, 자재부서, 의료정보/진료기록, 병원회계, 비용관리, 예산관리, 환불 부서의 책임자들로 구성되었다.

1997년 3월부터 고객지향적인 정보관리 시스템을 보다 효율적으로 운영하기 위해 병원업무의 기획을 맡고 있는 전무급 임원(정보시스템 상무의 상위 책임자임)이 정보 시스템 기능을 획기적으로 개선하고 이를 경영층에 정기적으로 적극 홍보하였다. 개선의 내용은 정보사용 부서의 대표들로 구성된 관리 조직의 구성, 새로운 시스템의 발주를 체계적으로 관리하는 평가 시스템의 도입, 이메일과 캘린더 스케줄링 시스템이 사용자들 간에 서로 호환되도록 하고, 개인용 컴퓨터의 보급을 확대시켜 주는 등 구형 시스템을 최신 시스템으로 유지시켜 줄 수 있는 체계적인 시스템의 운영, 여러 종류의 다양한 정보를 온라인상에서 서로 교류 및 배포할 수 있는 사내 인트라넷의 구축, ORACLE사의 데이터 웨어하우스 도입, 데이터 쿼리 양식 및 보고서 작성 기능이 제공되는 데이터 분석 시스템의 적용 등이다.

특히 1997~1998년 회계연도에는 기초적인 보고서들을 온라인화하기 위한 계획 및 실행이 DPG의 목표 중 하나로 설정되었다. DPG가 추진한 실행계획에는 6개의 소그룹의 임무가 지정되어 있었는데 이 중 한 그룹의 업무가 데이터 품질 이슈였다. 보고서의 온라인화 프로젝트의 성공 평가 요인으로는 보고서에 대한 병원 전체 시스템의 사용자 만족도의 향상으로 설정하였다. 이를 측정하기 위하여 DPG는 제3장에서와 같이 IQA 설문조사 방식을 적용하기로 결정하였고 즉시 이를 수행하였다. 1998년 12월에 병원 시스템 내의 모든 데이터 사용자들을 대상으로 수정된 IQA를 활용하여 1차 조사를 시작하였으며, 이 평가 결과를 기준점으로 설정하였다. 1999년 5월에는 2차로 후속 조사가 단행되었다.

보고서 온라인화 프로젝트가 종료되자 소그룹이었던 데이터 품질관리 소그룹은 DPG에 의해 업무영역을 확대하고 팀의 이름도 데이터 품질관리 워킹그룹(DQMWG)으로 바꾸도록 지시 받았다. 보다 체계적으로 데이터 품질 문제를 발견 및 감독하고 해결하는 방안을 마련하여 데이터 품질을 관리함으로써 병원 전체의 경영의사 결정에 합당한 데이터를 제공하도록 하는 임무를 부여받았다. DQMWG는 병원에서 데이터를 수집, 관리, 또는 사용하는 각 부서의 대표들로 구성되었다(표 10.1 참조). 이 그룹의 기본 임무는 데이터 품질 지

표 10.1 데이터 품질 관리 워킹그룹 멤버

부서/분야	정보품질 관리에 대한 역할
부서자원 및 성과관리	위원장, 정보소비자
건강 정보	정보수집가, 정보소비자
전사 정보 시스템	정보관리자
환자수납 서비스	정보수집가
원가회계	정보수집가, 정보소비자
자재관리	정보수집가, 정보소비자
수술실 서비스	정보수집가, 정보소비자
메디컬 네트워크 서비스	정보수집가, 정보관리자, 정보소비자
외부요양 계약회사	정보소비자
병리학	정보수집가, 정보소비자

표를 최신 자료로 유지하며 변화추세를 항시 도표화할 수 있도록 자료를 생산 · 관리하는 것과 데이터 품질과 관련된 문제들을 주기적으로 발견 및 감시하고 해결방안을 마련할 수 있는 관리 프로세스를 구현하는 것이다.

따라서 이 장에서 다루게 될 내용은 실제 조직 내에서 일어난 사례로 적극적으로 정보상품을 관리해야 한다는 필요성을 느끼고, 이를 충족시키기 위해 운영조직을 만들어 추진한 사례이다. 이 사례는 겨우 2년 동안의 경험을 바탕으로 분석되었으나, 이것은 곧 긴 여행의 시발점일 뿐이다.

환자 데이터의 제출

주정부의 건강관리공단은 의료기관에 입원하였다가 퇴원한 환자들에 대해 매 6개월마다 31가지의 자료를 요구한다(표 10.2 참조). 주정부는 이들 개별 자료에 대해 구체적인 질적 기준을 세워 운영하는데 이 기준은 일반에게도

표 10.2 OSHPD 제출용 데이터 목록

1. 환자 치료서비스 유형	17. 입원 시 보조 병명
2. 환자 고유번호	18. 주 치료 코드
3. 생년월일	19. 주 치료 일자
4. 성별	20. 보조 치료 코드
5. 인종/소분류	21. 보조 치료 일자
6. 인종/대분류	22. 주 E 코드
7. 우편번호	23. 보조 E 코드
8. 입원날짜	24. 환자 주민등록번호(국민연금고유번호)
9. 입원수속/장소	25. 환자상태
10. 입원수속/협력병원	26. 총 청구 금액
11. 입원수속/경로	27. 기록 번호(선택사항)
12. 입원유형	28. DNR 순서
13. 퇴원일	29. 예상지불수단/지불인유형
14. 주 병명	30. 예상지불수단/의료보험 종류
15. 입원 시 주 병명	31. 예상지불수단/의료보험 코드
16. 보조 병명	

공개되는 자료이다. 이 기준에 미달하는 자료는 거부하는데, 이럴 경우 병원은 다시 정해진 기간 안에 수정하여 다시 제출하여야 한다.

최근 개정된 법에 따르면서 병원이 자료에 대한 기준을 준수하지 않을 경우, 수정 기한이 경과된 날부터 매일 금전적인 벌금이 부과된다. 따라서 공단에 잘못된 데이터를 제출하게 되는 것과 관련하여 두 가지의 추가비용이 즉시 발생하게 되는데, 하나는 잘못된 데이터를 수정하는데 들어가는 내부적인 비용이고 다른 하나는 벌금이다. 이뿐 아니라 다른 비용도 발생하게 되는데 그 이유는 이들 31개 정부 제출 데이터들은 환자를 위한 서비스 경영과 전략적 의사결정에도 사용하는 핵심적인 자료이기 때문이다. 따라서 이들 데이터에 대한 문제는 이에 대한 분석을 토대로 세우게 될 회사의 의사결정을 위태롭게 만든다.

그 동안 이 병원에서 OSHPD에 제출한 데이터들은 한두 개의 요소마다 항상 수정을 필요로 하여 왔으며, 수정 작업의 양이 점차 줄어들지 않아 개별 자료는 그 때 그 때 즉시 고쳐지고 있었지만 제출하는 데이터의 생산은 체계적인 개선이 이루어지고 있다고 볼 수 없었다. 수정작업에는 연간 1,500~2,000시간이 소요되는 것으로 계산되었다. 수정으로 인한 계속되는 낭비는 OSHPD의 벌금으로 인해 더욱 커지게 되었다. 마침 때맞추어 새로이 생겨나게 된 데이터 품질 향상 워킹그룹(DQMWG)이 주정부에 제출하는 자료를 체계적으로 평가하고 데이터의 품질을 향상시키는 임무를 맡아 주관하게 되었다. 이에 따라 OSHPD 제출용 환자 자료의 품질을 향상시키는 프로젝트가 시작되었다.

| 제출용 데이터 개선 프로젝트 |

이 프로젝트는 3개월 동안 어떻게 OSHPD에 제출하는 데이터의 품질을 개선시킬 것인지를 연구하는 것이었다. 이 병원은 이 프로젝트에도 다른 관리 프로젝트에 쓰이고 있는 전통적인 성과평가 체제를 도입하였다. 이 모델은 모든 개선 사항은 변화이지만 모든 변화가 개선이 아니다라는 점을 토대로 하고 있다. 변화가 개선인지를 확인하기 위해서는 세 가지 원칙을 적용한다.

첫째, 달성하고자 하는 목표가 명확하게 설정되야 하고, 둘째, 측정 가능한 평가기준을 설정하여 변화가 원하는 방향으로 일어났는지를 객관적으로 보여줄 수 있어야 하며, 셋째, 개선으로 평가된 사항들에 대해서는 계획-실험-분석-실행(PLAN-DO-STUDY-ACT)의 PDSA 사이클 모델을 활용하여 가설 검증 및 평가를 한다는 것이다. 여기에서 개선사항으로 평가된 변화에 대해서는 지속적으로 실행을 확대하는 단계에 들어가게 된다. 성과 평가 프로젝트의 초기단계에는 PDSA 사이클 모델의 도입부분인 작업과정 개선에 대한 분석을 하게 된다.

이 3개월 프로젝트는 2000년 4월부터 6월까지 진행되었다. 이 프로젝트의 결과물은 ① 전체 데이터의 생산과정 도표, ② 개별 데이터의 전체 생산과정 중 문제가 생기는 부분의 파악, ③ 문제가 생기는 생산과정의 개선안으로 선정되었다. 이 프로젝트의 효과는 벌금과 같은 금전적 손실을 피할 수 있으며 잘못된 데이터의 수정작업에 드는 값비싼 경비도 제거할 수 있을 뿐더러 전략적 의사결정의 향상도 기대할 수 있다. 또한 중앙정부나 의료기관의 인증을 담당하는 공동위원회와 같은 외부 감독기관의 요구 사항을 준수하기도 쉬워진다는 이점도 있다.

이 병원의 성과 평가 프로젝트 원칙에 따라 이 프로젝트도 초기에는 다른 프로젝트와 마찬가지로 작업 프로세스가 규명되어 상세히 기술되었으며, 개선 정도를 측정할 수 있는 평가요소도 선정되었다. 또한 개선 항목으로 결론지을 수 있도록 가설 검증을 하기 위한 변화들의 목록도 작성하여 다음 평가 기간에 검증하고 만일 성공적으로 평가되면 실행단계에 들어간다는 것이다.

단순하게 데이터 품질 문제를 고치려 하던 병원 측은 주정부에 제출하는 자료들이 계속 거절 당한다는 것을 알게 되었다. 이 문제를 해결하기 위해서는 먼저 OSHPD 제출용 자료에 대해 데이터 흐름도 도표를 작성하여 정보를 상품으로 간주하는 것이 지속적인 정보품질 향상을 추구하기 위해서 매우 중요하다고 판단하였다. 개별적인 데이터 시스템마다 데이터의 질을 낮추는 요인들이 많이 발견되었는데, 예를 들면 부정확한 데이터 입력, 다른 시스템으로 정보가 인터페이스될 때 예측하지 못한 정보의 변환 등을 들 수 있다. 이러한 요소들이 여러 개의 시스템을 거치면서 문제가 증폭되어 어느 한 부분의 참여자 한 사람의 힘으로 데이터 품질 문제를 감당하기 어려운 복잡한 환경을 만들어 내게 되었던 것이다.

기초정보의 수집

이 프로젝트에서 제일 우선적으로 도전하게 되는 주요 업무는 정보상품의 소스에서부터 산출단계까지 정보공급 체인의 흐름도를 명확하게 설명할 수 있는 기초정보를 충분히 확보하는 일이었다. 이 업무는 PDSA 사이클 모델의 첫 단계에 해당하는 부분으로 이 단계에서 정보상품지도의 초안을 작성하고 평가하여 모두가 만족할 만한 수준의 완성본이 작성될 때까지 계속 수정하고 조정하였다. 이 단계에서 확보하게 된 기초정보는 관련 부서의 임직원과의 자유 토론식의 인터뷰들을 통해 얻어지게 된 것이다. 이러한 프로젝트가 없었을 당시에는 전체 정보상품 제작과정에 있어서 명확하고도 공감되는 비전을 가지고 있지 않아 이러한 기초정보를 확보하기가 어려웠다. 그보다는 각각의 부서들이 자신들의 역할만을 규명하여(주로 불완전한 상태이었지만) 업무를 추진하였으며, 잘못된 데이터들은 산출하는 과정에서 타 부서의 실수로 발생하고 있다고 믿었다.

31개의 OSHPD 제출자료를 검토하여 이들 데이터 요소들이 어느 정보시스템에서 최초 생산되는지 파악하였다. 어떤 제출 자료는 요구하는 형태로 소스에서 얻어지지 않아 다른 곳에서 데이터를 가져와서 보충하였는데,

이러한 경우 가져온 자료의 원래 소스도 파악하여야 했다. 모든 자료들은 주로 세 가지 소스에서 가져 왔는데, 환자관리 시스템, 진료기록 시스템, 환자 비용청구 시스템으로 파악되었다. 따라서 이들 자료를 생산하는 부서의 관리자들을 파악하여 어떻게 자료가 생산되고 관리되는지 인터뷰를 통해 각자의 견해와 관심사항을 파악하였다.

인터뷰를 통하여 추가 정보도 확보하게 되었는데 최초 입력 시점에서 최종 정보상품으로 포장되기 전까지의 단계인 자료의 이동, 처리, 보관 등과 관련된 사항들이었다. 정보상품 공급 체인의 중간단계에 관련된 부서와 직원들도 파악하여 인터뷰를 실시하였다. 정보상품 관리의 마지막 단계에서도 이와 같이 관련 부서와 직원을 파악하고 인터뷰를 실시하여 제출용 정보의 통합과 최종 산출물의 출시 과정에 대한 정보를 수집하였다. 어떤 부서는 이러한 정보 처리과정을 여러 번 거치게 되는데 순차적이지 않은 경우도 있었다. 대부분 부서의 대표자에 대해서는 인터뷰를 여러 번 실시하였는데 이는 확보된 정보가 정확하게 기록되었는지 확인하고 인터뷰를 통해 얻은 정보와 관련한 의문사항에 대해 해답을 얻기 위해서 반복적으로 실시하였다.

마지막으로 현재의 OSHPD 자료 제출과 관련된 시스템 현황을 파악하는 것에 추가하여 새로이 도입을 고려하고 있는 정보 시스템이 현재 시스템에 끼칠 영향에 대해서도 어느 정도의 정보를 확보해야 했다. 그 당시 상호 연결된 두 가지의 사안이 정보생산 프로세스에 크게 영향을 끼칠 것으로 예상되었다. 하나는 18개월 내에 세 가지의 기존 정보시스템 중 두 가지는(환자관리 시스템과 환자 비용청구 시스템) 새로 도입되는 하나의 통합 시스템으로 대체될 계획이었고, 다른 하나는 비용청구 시스템이 새로운 시스템으로 통합되어 대체됨에 따라 이를 관리하던 협력업체와의 관계가 없어져 과거에 주정부에 자료를 제출하는 역할을 담당하였던 이 업체를 활용하지 못한다는 것이다. 따라서 이 병원이 예전과 같이 자료를 전달하는 업체를 관리하던 방식에서 벗어나 처음으로 스스로 이 업무를 수행하여야 한다는 것이다.

인터뷰를 실시하는 동안 입수 가능한 모든 기초자료들을 파악하고 수집하였다. 또한 이 자료들을 분석하여 인터뷰로 획득한 정보를 검증하는 데 활용하였다. 기초자료는 세 가지의 기본 시스템의 입력자료 형태, OSHPD의 자료에 대한 정의, OSHPD의 자료 수정기준, OSHPD에 제출된 정보 테이프의 변수들의 레이아웃 형태, OSHPD에서 반려된 자료에 대한 보고서 등으로 구성되었다. 반려된 자료의 보고서는 과거의 오류들을 요약하고 수치화하는 데 사용되었다.

정보상품 지도의 개발

이 병원은 처음에 31개의 제출자료를 검토하기 위해 이 일을 시작하였지만 정보상품이 만들어지는 과정을 4개의 기본 요소로 구성된 정보상품지도를 만들어 설명할 수 있게 되었다. 이들 4개 요소 중 3개는 각각의 소스 시스템에 대한 지도이고, 다른 하나는 새로운 시스템의 도입 계획의 중간과정을 설명하는 지도로 구분할 수 있었다. 이 지도들은 보통 여러 관련 팀들의 다기능적인 업무 체제를 반영하여 작성되는데, 데이터 흐름은 주관부서나 입력장소, 정보시스템, 비즈니스 프로세스 등의 요인을 고려한 다차원적 분석을 포함한다. 이 지도는 데이터 요소의 흐름을 소스 시스템에서부터 중간의 인터페이스들을 통과하여 최종적으로 요구되는 형태로 제출될 때까지의 전체 과정을 보여준다. 지도의 네 번째 칸은 이미 구상 중인 정보시스템의 교체에 대한 전환 계획도 반영하고 있다.

정보상품지도에서는 기존의 체제와 같이 제3자 협력업체가 OSHPD에서 요구하는 데이터를 원하는 매체 형태로 모아서 제출하는 과정을 'SMS 블랙박스'로 일괄 표기하였다. 협력업체의 내부 정보시스템은 매우 복잡하였고 향후 새로운 시스템이 도입될 때 협력업체를 전혀 활용하지 않기로 결정하였으므로, 병원은 이 부분을 자세히 다루는 것은 시간낭비라고 판단하고 그냥 하나의 블랙박스로 표현하였다. 정보상품지도를 만들기 위해서는 이 블랙박스에서 어떤 데이터가 들어가고 무엇이 나오는지, 그리고 이들의 데이터 품질 문제가 병원 책임인지 협력업체 책임인지만 알면 블랙박스로 표기하는 것으로도 충분하였다.

|정보상품지도|

그림 10.1에서 보는 바와 같이 정보상품지도의 공급체인을 보면 12개의 제출정보의 데이터는 캐스케이드 진료기록 시스템에서 가져온다. 이 데이터들은 전부 환자 진료기록 시스템에 있는 자료를 기초로 만들어지는데 환자가 퇴원할 때 환자 진료기록 자료는 건강정보 및 진료기록 시스템을 담당하는 HID라는 부서로 보내지게 된다. 이때 코딩 담당자들이 관련 자료를 진료기록 시스템에서 캐스케이드 시스템에 코드화하여 입력한다. 입력된 자료들은 자동적으로 매일 업로드되어 협력업체의 블랙박스 내로 보내져 활용되고 저장된다. 매 6개월마다 이 자료는 다른 제출용 자료들과 합쳐져 OSHPD 제출용 테이프나 카트리지에 저장된다.

정보상품지도의 일부분인 그림 10.2는 PMOC라는 환자관리 정보 시스템에서 출력되는 15개의 데이터 요소에 대한 공급체인의 데이터 흐름도를 보여준다. 이 중 4개는 제출 요건을 맞추기 위해 단순 또는 복잡한 변환과정을 거쳐 생성된 자료이다. 13개의 자료는 여러 곳에서 입원 수속을 하는 환자를 대상으로 담당자가 인터뷰를 통해 얻은 자료를 입력한 것이다. 즉, 입원 수속 담당자가 환자 또는 환자의 가족으로부터 얻은 자료를 PMOC 환자관리 정보 시스템에 입력한 것이다. 제출 데이터 중 환자의 침대 번호는 간호원에 의해 입원 기간 중에 바뀔 수 있는 부분이다. 퇴원 날짜의 기록은 간호원에 의해서만 입력되는 부분이다. 이러한 정보들은 매일 업로드되어 SMS 블랙박스로 옮겨져 활용되고 저장된다. 매 6개월마다 이 자료는 다른 제출용 자료들과 합쳐져 OSHPD 제출용 테이프나 카트리지에 저장된다.

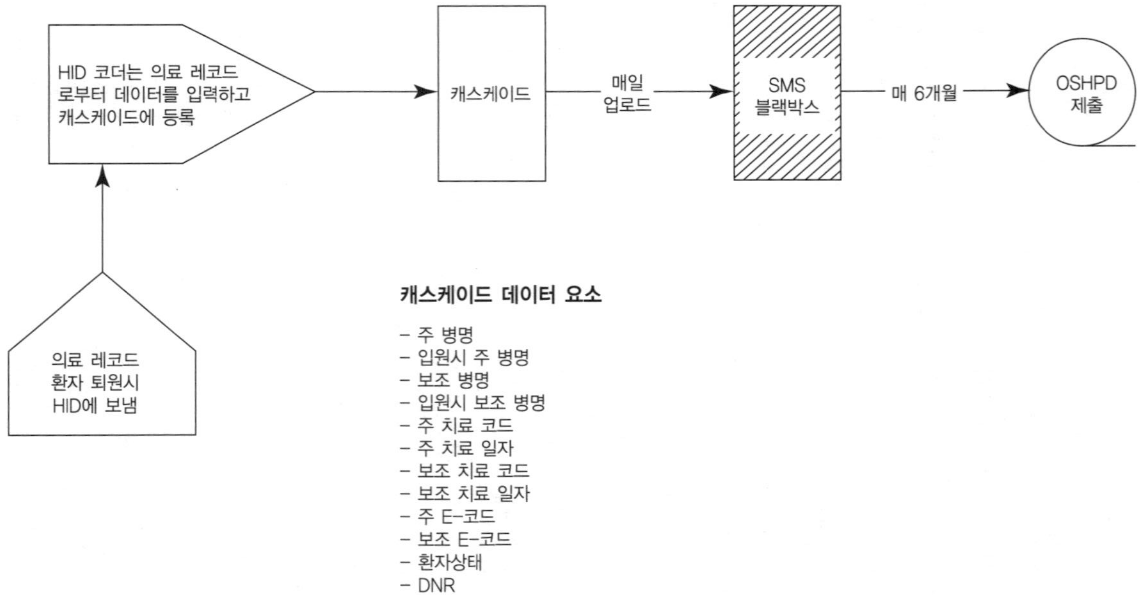

그림 10.1 OSHPD 정보상품 흐름 상세도: 캐스케이드 데이터 요소

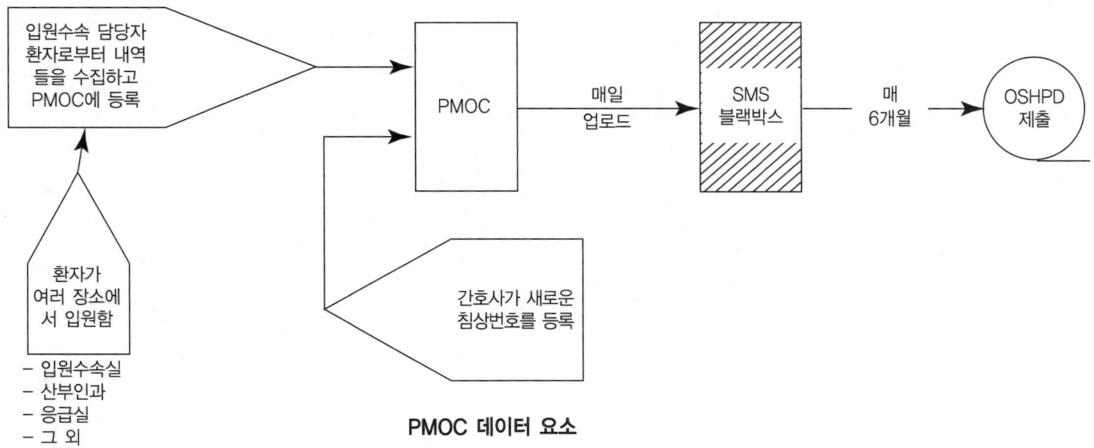

PMOC 데이터 요소

입원수속 담당자에 의한 등록

- 입원시 침대번호
- 환자 국민연금고유번호
- 기록 번호
- 생년월일
- 성별
- 인종
- 우편번호
- 입원날짜
- 입원수속/장소
- 입원수속/협력병원
- 입원수속/경로
- 의료보험업체 및 보험코드

간호사에 의한 등록

- 변경시 신규 침상번호
- 퇴원일자

그림 10.2 OSHPD 정보상품 흐름 상세도: PMOC 데이터 요소

정보상품지도의 일부분인 그림 10.3은 SMS 환자 비용청구 시스템에서 출력되는 두 개의 데이터 요소에 관한 공급체인 흐름도를 보여준다. 이들 두 개의 요소 중 하나인 환자 고유 ID번호는 고정되어 변화하지 않지만, 총 청구액수는 환자 비용청구 시스템에서 개별 청구비용들이 합산되어 보여진다. 이들 자료는 환자에게 제공된 청구 가능한 의료 서비스나 의약품에 대한 내역인데, 이 자료는 입력하는 직원들에 의해 청구내역에 대한 마스터 리스트인 CDML (Charge Description Master List)에 있는 코드로 입력된다. 이 코드는 세 가지 형태로 입력이 가능한데 하나는 SMS의 환자 비용청구 시스템(SMS 블랙박스로 표기된 부분)에 직접 입력하는 방식이고, 또 하나는 PMOC 환자 관리 시스템에 입력하여 매일 자동적으로 SMS 블랙박스에 업로드되는 방식이다. 또 다른 하나는 독립적으로 운영되는 여러 부서(수술실, 병원 내 약국, 또는 검사실 등)의 개별 시스템에 입력되었다가 주기적으로 SMS 블랙박스로 업로드되어 코드로 전환하는 방식이다. 이 내역서 정보는 업무처리용으로 쓰이기도 하고 저장도 된다. 매 6개월마다 이 자료는 다른 제출용 자료들과 합쳐져 OSHPD 제출용 테이프나 카트리지에 저장된다.

정보상품지도의 일부분인 그림 10.4는 현재의 데이터 흐름도를 보여줄 뿐 아니라 향후에 도입을 추진하고 있는 새로운 시스템의 데이터 흐름 변화도 보여주고 있다. 특히 환자관리 시스템과 환자 비용청구 시스템을 결합하여 운영할 새로운 시스템인 신 PMOC의 도입에 따른 데이터 흐름의 변화와 제3자인 SMS를 통하지 않고 직접 자료를 공단에 제출하기 위해 도입하려는 사내 데이터 웨어하우스의 설치에 따른 데이터 흐름도의 변화도 같이 보여주고 있다.

그림 10.4에서는 세 가지 단계별로 데이터 흐름을 색깔과 선 모양으로 구분하여 보여주고 있다. 그림 10.4에서 실선 모양의 화살표는 현재의 데이터 흐름을 보여주고, 긴 점선 모양의 화살표는 새로운 신 PMOC가 도입되기

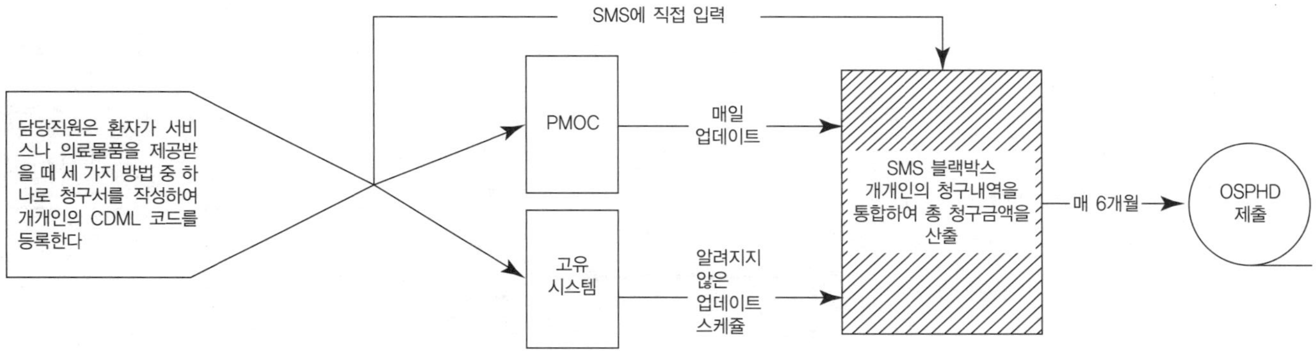

<u>**SMS 데이터 요소**</u>

- **환자 ID**
- **총 청구 금액**

그림 10.3 OSHPD 정보상품 흐름 상세도: SMS 데이터 요소

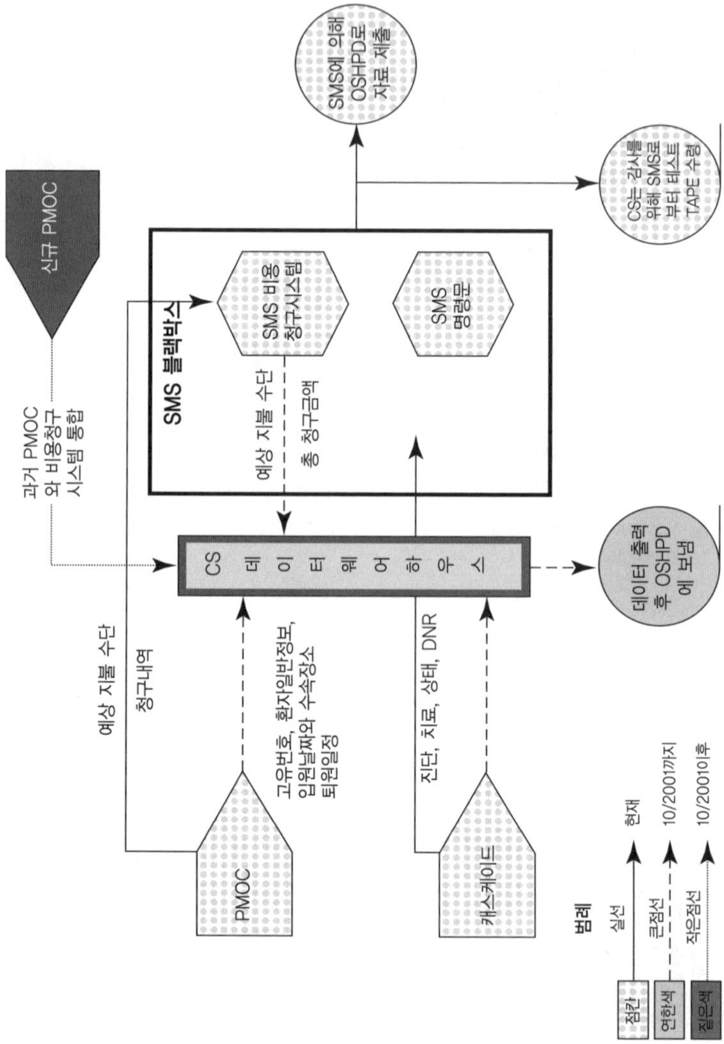

그림 10.4 OSHPD 정보상품 상세도 개요: OSHPD 환자 데이터 요소

전까지의 중간단계에서의 데이터 흐름을 보여주며, 작은 점선 화살표는 신 PMOC가 운영되는 시점인 마지막 단계에서의 데이터 흐름의 변화를 보여준다. SMS의 블랙박스 안에 일어나는 세부 사항도 중간단계에서 자료를 어디서 어떻게 확보하는지를 보여주기 위해 포함되었다.

중간단계에서 데이터의 흐름이 바뀌게 되는 이유는 현재 3개로 나누어져 운영되는 시스템의 데이터가 데이터 웨어하우스에 모두 통합될 수 있도록 하여 병원이 자료를 사내에서 직접 출력할 수 있게 하고 OSHPD가 요구하는 형식의 데이터도 직접 생산하여 제출할 수 있도록 하기 위해서이다. 마지막 실행단계에서는 과거의 두 가지 시스템인 환자관리 시스템과 비용청구 시스템이 합쳐져 새로운 PMOC가 되고 이 신 PMOC에서 자료들이 통합되어 웨어하우스로 보내지게 된다. 캐스케이드 진료기록 시스템은 마지막 단계에서도 계속 데이터 웨어하우스로 자료를 보내게 된다.

개선의 시작: 기존 프로세스와 향후 계획

정보상품지도를 작성한 노력으로 이 병원은 OSHPD에 제출하는 자료의 생산과정을 더욱 구체적이고도 체계적으로 향상시킬 수 있었고 앞으로의 개선 사항에 대한 계획도 세울 수 있었다. 제일 먼저 이 병원은 감사기준 안내서와 COBOL 언어로 만들어진 감사 프로그램의 소스코드를 주정부로부터 확보하여 이들을 바탕으로 자사의 감사 프로그램을 SAS 패키지로 개발하여 문제가 있는 주요 부분에 적용하였다. 그 다음에는 주정부에 자료를 제출하기에 앞서 협력업체로부터 시험용 자료 테이프를 주문하여 제출 자료를 미리 검토하였다. 검토 결과는 데이터 생산과 관련이 있는 주무 부서와 공유하였다. 따라서 적기에 데이터의 오류를 수정할 수 있어 주정부로부터 지적당하는 데이터 품질 문제 건수를 줄일 수 있었다. 이는 아주 상식적인 방식이지만 그때까지는 한 번도 적용된 적이 없었다.

또한 이 병원은 변환이 필요한 데이터 중에서 수정이 가능한 것을 파악하여 소스 시스템에 있는 내부 자료를 OSHPD 요구에 맞추어 전환하는 과정도 단순화시켰다. 그뿐 아니라 환자관리 시스템과 환자 비용청구 시스템을 결합하는 새로운 통합 시스템 구축팀에게 새 시스템이 구축될 때 자료 입력 조건이나 정기 감사 절차 등과 같은 부분이 OSHPD 제출 조건을 충족 시킬 수 있게 출력되도록 조언도 해 줄 수 있었다.

초기 개선 프로젝트가 마무리 된 6개월 이후에도 이 병원은 정보상품을 좀 더 효율적으로 관리하는 능력을 증진시킬 수 있는 개선 프로그램을 계속해서 도입하였다. 이러한 조치들은 모두 정보상품지도에 기초하여 진행되었는데 이 지도를 사용함으로써 복잡한 프로세스를 쉽게 이해할 수 있었고 서로 같은 언어로 토론할 수 있었다. 이 병원은 OSHPD 제출 자료를 사전예방 차원에서 적극적으로 관리하였는데, 예상치 못한 문제들이 계속 발생하였으나 이러한 문제들을 이해하고 해결하는 데 더욱 자신감을 가질 수 있게 되었다. 이와 같은 시범 프로젝트를 시작함으로써 제3자 협력업체를 통한 자료제출을 중단한 이후 사내에서 제출자료를 생산하는 능력을 확보할 수 있게 되었다. 그리고 새로운 사내 정보 시스템이 도입될 때 진료기록 시스템을 포함하는 새로운 개념도 적용할 수 있었고, 오래된 데이터 웨어하우스도 새롭게 바꾸어 회사 전체 차원의 완벽한 경영정보 데이터베이스도 구축할 수 있었다.

DQMWG(Data Quality Management Working Group)는 정보 시스템의 개념을 새로이 바꾸어 OSHPD에 제출하는 자료가 사내에서 효과적으로 생산되고 적시에 제출될 수 있도록 하였고, 여러 소스에서 가져와야 하는 데이터가 통합되거나 변환되는 것을 최소화할 수 있도록 하였다. 이 병원은 이 프로젝트에서 축적된 지식과 경험이 연구되고 널리 파급될 것이며 또 다른 병원들의 데이터 품질 개선 프로젝트의 모델로 활용될 수 있을 것으로 낙관하고 있다.

|결론|

앞에서 본 종합대학병원의 사례와 여기에서 얻은 좋은 결과를 뒤돌아보고 분석해 보는 것도 좋은 교훈이 될 것이다. 설정된 목표를 달성한 것도 여러 개 있었지만 예상치 못했던 장애물에 부딪혀 목표 달성을 이루지 못하였거나 목표 자체를 수정하여야 하는 일도 다수 발생하였다. 여기에서는 이러한 개선 프로젝트의 결과를 어떻게 활용하였는지 자세히 소개하고 이 병원은 이러한 결과를 어떻게 데이터 품질 개선을 위한 긴 여행의 전환점으로 만들었는지 보여줄 것이다.

의도한 바와 같이, 이 종합대학병원은 OSHPD에 제출하기 전에 실수를 미리 찾아내고 고치는 데 성공하였다. 또한 계획한 대로 이 병원의 OSHPD 제출용 자료는 이 프로젝트가 끝나고 공식적으로 제출한 첫 번째 자료부터 무사히 통과되었다. 이와 더불어 6개월마다 제출하는 자료가 제출 마감시간 전에 작성되었다. 이런 면에서 이 병원은 이 프로젝트를 통해 주정부에서 요구하는 정확하고 완벽하며 시기 적절한 자료의 제공과 같은 기본 목표를 달성할 수 있었다.

그러나 환자관리 시스템과 환자 비용청구 시스템 및 진료기록 시스템을 통합하는 새로운 시스템을 구축하려는 팀에게 유용한 정보를 제공하는 것과 같은 더욱 포괄적인 차원의 목표를 충족시키는 과정에서 많은 장애물에 봉착하였다. 포괄적인 목표의 중요성을 간과할 수 없는 것은 이러한 목표가 있어야만 새로운 데이터의 실수를 사전에 예방할 수 있기 때문이다.

그러나 공교롭게도 아직도 새로운 시스템은 실행에 들어가지 못했다. 이 시스템의 개발에는 예상했던 것보다 훨씬 많은 어려움이 산재해 있었고 실행은 계속 미루어졌다. 개발 계획은 계속해서 세부항목을 수정해야 하는 위험에 빠졌고 인원도 계속 교체되었다. 결과적으로 보면 데이터 실수를 예방할 수 있는 새로운 정보 시스템 개발을 위한 노력에 대해 동기부여를 하기 위해서는 옆에서 계속 지켜보고 지지해 주어야 한다는 것을 알게 되었다.

이 병원은 새 정보 시스템이 OSHPD 제출 데이터를 산출할 수 있는 유일한 통합 시스템이 될 것을 목표로 개발하였다. 이를 통해 이 병원은 제출용 자료를 생산하는 모든 부분에 대해 전면적인 통제를 할 수 있을 것으로 기대하였다. 이것은 과거의 업무환경과 매우 다른 것으로 과거에는 독점 계약한 협력업체들의 시스템에 의존하여 정보처리 업무를 진행하였으나, 낙후된 시스템과 사내 여기저기에서 주먹구구식으로 개발되어 제대로 정리되지 않은 코드를 가진 프로그램과 인터페이스를 사용하고 있어 잘못된 데이터 에러가 활용단계에서 발견되어도 제대로 통제할 수가 없었다. 이 프로젝트를 진행하면서 얻은 정보가 아직까지는 새로운 시스템 개발에 성공적으로 적용될 지는 확신할 수 없지만 무엇이 문제인지를 파악할 수 있는 능력과 이러한 문제를 피할 수 있는 세부 계획을 짤 수 있었던 점은 이 개선 프로젝트의 하나의 성과라고 볼 수 있을 것이다. 이 병원은 이 프로젝트를 통해 새로운 시스템이 에러 발생을 예방하고 동시에 더 효율적인 비즈니스 프로세스를 지원할 수 있도록 여러 가지 좋은 방안들을 제시할 수 있게 되었다.

첫째, 새로운 시스템은 자료 입력 시 입력 값을 그냥 두지 않고 이에 대한 정보를 제공해주어 허용수치만이 입력되도록 하여 에러를 줄일 수 있도록 함으로써 불필요한 수정 작업을 줄일 수 있게 되었다. 입력 시 OSHPD에서 요구하는 자료의 허용 값을 제시해 줌으로써 이들 자료가 그대로 제출되거나 다른 수치로 변형될 때 현재 발생하였던 에러가 줄어들 수 있었던 것이다. 그러나 또 다른 이해관계 상황에 놓일 경우나(예를 들면 UB-92 청구서의 값으로 같은 변수가 쓰여야 할 경우), 이 일을 제한하도록 해서 새 시스템을 사용할 경우, 관련 자료를 병원이 필요 시에는 직접 변형하여 쓸 수 있도록 하였다.

또한 데이터 품질 관리의 자동화된 요소로 주기적인 감사나 차이가 나는 데이터나 빈 데이터에 대해서 앞 단계의 입력 담당자가 실시간으로 수정 가능하도록 의견을 제시할 수 있는 장치들을 포함시켰다. 이는 출처에서부터 받아들일 수 없는 데이터 값이 만들어지는 것을 줄일 뿐 아니라 다음 단계에서 이러한 잘못된 값이나 빈 값이 파급되는 것을 막을 수 있을 것이다. 새로운 시스템은 하나의 통합 시스템으로 운영될 것이므로 자료를 제출하기 위해서나 사후 분석을 위해서 데이터가 여러 개의 소스 시스템에서 하나의 시스템으로 저장시키기 위한 인터페이스 프로그램 사용도 필요가 없어질 것이다. 따라서 의도하지 않은 프로그램상의 문제나 또는 인터페이스상의 에러로 인해 데이터가 잘못 전환되는 가능성을 배제할 수 있게 될 것이다. 이러한 조치들은 이 병원이 에러를 찾아 고치는 일을 하지 않도록 도와줄 것이며 결과적으로는 재수정과 같은 불필요한 낭비를 줄이게 되어 이 병원에 큰 이익을 가져다 줄 수 있을 것이다.

마지막으로 이 개선 프로젝트의 가장 큰 효과는 정보 관리의 여러 분야에서 성과평가 프로젝트를 촉발시키는 하나의 모범사례가 되었다는 데 있다. 정보 흐름도를 작성하여 정보관리 업무의 보이지 않는 여러 부분을 설명한 점은 매우 유용하였다. 더 크게는 이 프로젝트가 JCAHO(Joint Commission on Accreditation of Healthcare Organization)에서 요구하는 병원 인증에 필요한 정보관리 분야의 표준을 마련하는 데 많은 도움을 주었다는 것이다.

정보관리 분야의 인증 표준을 자세히 살펴보면 JCAHO는 병원들이 정보관리에 대한 계획을 구체적으로 세우고 이 프로젝트와 같은 성과 평가 프로젝트를 진행하도록 명시하고 있다. 표 10.3에 정보관리 계획에 사용되는 이 위원회의 정보관리 표준이 구체적으로 나열되어 있다.

이 병원은 이 개선 프로젝트를 통해 의도한 목표를 다 달성하지는 못했지만 당장 필요한 목적은 모두 달성하였고 여기에서 얻은 교훈은 데이터 품질

표 10.3 JCAHO의 정보관리 계획 관련 표준

IM.1	병원은 외부와 내부 소비자들의 요구를 충족시키기는 정보관리 프로세스를 계획하고 디자인한다.
IM.2	데이터와 정보의 비밀유지, 보안, 정확성이 유지되어야 한다.
IM.2.1	기록들과 정보는 분실, 파괴, 무단변경, 무단접근이나 사용으로부터 보호되어야 한다.
IM.3	가능한 한, 일관된 데이터 정의와 데이터 수집방식이 사용되어야 한다.
IM.4	자료 분석과 데이터를 정보로 변환하는데 필요한 전문가와 분석 툴이 제공되어야 한다.
IM.5	데이터와 정보를 변환하는 업무가 적절한 시점에 정확하게 실시되어야 한다.
IM.5.1	데이터와 정보를 배포 또는 공유할 때 가능한 한 포맷과 방식이 표준화되어야 한다.
IM.6	종합하고 해석하는 능력이 충분히 제공되어야 한다.

관리의 여행에 가이드로 활용할 수 있게 되었다. 이 병원은 이 과정에서 생각지 않았던 문제들에 봉착하였지만 이를 통해 얻은 교훈은 이러한 문제들을 긍정적으로 해결하고 여행을 계속할 수 있도록 하는 데 도움을 주었다. 이 사례는 경영전략과 기술적인 해결책이 합쳐질 때에 결국 성공을 이룰 수 있다는 것을 보여주었다.

이 병원에게는 이러한 교훈의 결과는 당연한 것으로 받아들일 수 있을 것이나 언제라도 분석적인 논쟁만 하고 있는 것은 충분하지 않다는 점을 강조하여야 할 것이다. 조직 내의 각 부분에서 주의를 끄는 중요한 사안은 항상 바뀌고 변화하므로 데이터 품질을 추진하는 방식도 환경에 맞게 추진되어야 할 것이다. 이 병원은 개발된 프로그램 툴의 활용과 그 동안 축적된 여러 사례를 교훈으로 삼아 데이터 품질관리 여행에서 발생하는 어떠한 장애물도 결국에는 해결할 수 있으며 양질의 데이터가 줄 수 있는 다양한 이득도 누리게 될 것이라는 자신감을 가질 수 있었다.

Chapter 11 데이터 품질 정책

회사는 조직원들에게 널리 알려진 명확한 정책을 가지고 있어야 실용적이고 지속적인 데이터 품질 향상을 성공시킬 수 있으며, 이러한 노력은 비즈니스 차원의 업무들을 능동적으로 지원할 수 있을 것이다. 명확하게 표현된 정책과 구체적이고 상세한 세부 규정은 지속 가능한 데이터 품질 개선의 성공을 위한 기본 사항이라 할 수 있다. 데이터 품질 정책은 기업의 비전을 반영하고 있다.

앞 장에서는 기업이 적극적으로 고품질 정보와 데이터를 얻어 유지하고자 할 때 당면하게 될 많은 문제점들과 수행해야 하는 과업들에 대해 살펴보았다. 우리는 데이터 품질 여행을 잘 할 수 있도록 새로운 관점을 제시하였다. 기업이 데이터 품질을 점검하고 개선할 수 있도록 구체적인 방법, 도구, 기법을 설명하였다. 우리는 이러한 개념을 경험을 통해 증명하고 실제 사례를 최대한 포함하고자 했다. 이 모든 이니셔티브들은 조직이 명확한 데이터 품질 정책을 분명하게 하지 않고 공표하지 않는다면 유용하지 않을 것이다.

많은 조직이 이미 여행은 시작했지만 노력을 지속하거나 데이터 품질 활동을 계속 유지하지 못하고 있다. 많은 경우 데이터 품질 활동으로 인해 직접적인 혜택을 받게 될 것으로 판단한 개인이나 특정 부서에 의해 이 활동이 주로 수행되었다. 그 결과 프로세스는 체계적으로 운영되시 못하고 니머지 조직 구성원의 관성으로 인해 모든 데이터 품질 이니셔티브는 서서히 사라지거나 갑작스레 중단되곤 하였다. 우리는 데이터 품질 여행의 성공열쇠는 데이터 상품의 관리와 연결된 모든 기능과 활동을 포괄하는 적절한 사내 정책을 수립하는 일이라고 굳게 믿고 있다.

완벽한 정책은 폭 넓은 가이드라인과 원칙에서부터 상세한 설명부분과 세부항목까지 다양한 차원을 모두 다루어야 한다. 전략적 이슈, 실행과 운영 관련 이슈, 표준화와 같은 데이터 품질의 실행과 관련된 이슈들과 데이터 생산물 자체의 품질도 포함해야 할 것이다.

이 장에서는 기업의 데이터 품질 정책의 기본을 형성하는 10개의 정책 가이드라인을 제시할 것이다. 각각에 대해 좀 더 자세하게 다룰 것이며 운영상의 이슈들도 다룰 것이다. 각 기업은 정책, 실무, 규정이 조직의 환경에 적합한지, 각 기업의 역사와 문화가 고려되었는지 확인해야 함을 유념해야 할 것이다.

10대 정책 가이드라인

각 기업에 맞는 데이터 품질 정책을 개발하는 단계에서 무엇보다 중요한 것은 지속적인 향상을 이끌 수 있는 전반적인 데이터 품질 정책을 수립하는 것이다. 해결해야 할 현안은 매우 많다. 개선 시 가장 중시해야 할 부분은 어디일까? 분명히 이 중에는 사업부분이거나 비즈니스 프로세스의 일부일 것이며, 혹은 IT 자체일 수도 있다. 기존의 정책들도 회사가 고품질의 데이터를 생산하고 사용할 수 있도록 하기 위해서는 변화해야 할지도 모른다. 회사는 또한 정책의 효과를 측정하는 방법도 고민해야 한다.

누가 정책을 수립하는지도 매우 중요하다. 데이터 품질 정책을 수립하는 주관 부서는 IT 부서가 아니라 비즈니스 부문의 부서이어야 한다. IT 부서는 당연히 자료의 백업과 복구 절차나 변화를 추적하는 감사 프로그램을 고안하는데 관심을 가져야 할 것이다. 그러나 더 넓은 시야의 비즈니스 관점에서 데이터 품질 정책을 수립할 것이 요구되는 것이다.

정보를 관리하는데 필요한 다양한 역할들이 명확히 규정되어야 하고, 각각의 역할별 직무와 관련된 책임도 구체적으로 나열하여야 할 것이며, 다양한 역할에 따른 상호관계도 명확하게 해야 할 것이다. 데이터 그 자체에 대해서는 기업에 필요한 필수 데이터 요소를 파악해야 하며 기업 내 모든 사업부서는 실생활에서 사용되는 이 요소들의 정의와 가치를 알고 있어야 한다.

여기서 제시하는 데이터 품질 정책 수립의 10가지 가이드라인은 저자들이 데이터 품질 프로젝트를 수행한 초창기 멤버들의 사례에서부터 얻은 지식과 계속 진화하는 데이터 품질 원인분석 프로젝트의 연구에서 얻은 지식에서 나온 것이다.

1. 정보를 부산물이 아니라 상품으로 취급한다는 점을 기본 원칙으로 설정한다.
2. 비즈니스 의제의 한 부분으로 데이터 품질 정책을 수립하고 유지한다.
3. 데이터 품질 정책과 절차가 비즈니스 전략, 비즈니스 정책, 비즈니스 프로세스와 연계되었는지 확인한다.
4. 조직구조의 한 부분으로 명백하게 정의된 데이터 품질 역할과 책임을 제정한다.
5. 데이터 아키텍처를 조직의 아키텍처와 연계한다.

6. 데이터 니즈의 변화를 관리하는 적극적인 자세를 취한다.
7. 현실성 있는 데이터 표준을 보유한다.
8. 데이터 품질 문제를 감지하고 해결책을 제시할 수 있도록 계획을 수립하고 현실적인 실행 방안을 강구한다. 그리고 데이터 품질과 환경을 주기적으로 검토할 수 있는 방법도 구상한다.
9. 데이터 품질 활동 측면에서 학습과 혁신을 추구하는 환경을 조성한다.
10. 서로 다른 이해관계자 사이의 다툼과 분쟁을 해결하기 위한 메커니즘을 설계한다.

1. 정보를 부산물이 아니라 상품으로 취급하라

정보를 부산물이 아니라 상품으로 취급하는 것은 다른 가이드라인을 모두 포함하는 기본 원칙이다. 이 원칙은 기업 전반에 지속적으로 전달되어야 하고 조직 문화의 일부분이 되어야 한다. 이 원리의 정착 없이 데이터 품질 개선 프로그램은 장기적으로 측정 가능한 수준의 이익을 가져오기 어려울 것이다.

2. 비즈니스 의제의 한 부분으로 데이터 품질 정책을 수립하고 유지하라

효과적인 정책은 데이터 품질 관리 업무를 비즈니스 의제의 한 부분으로 다루는 것이다. 회사는 비즈니스 전략과 운영면에서 데이터의 역할을 이해하고 이를 문서화해야 한다. 기업의 운영과 전술상 전략적인 과업을 성공적으로 수행하기 위해서 어떠한 데이터가 중요하다는 것을 알고 있어야 할 것이다. 데이터가 회사의 경쟁 우위를 좌우하는 요인임을 알아야 한다. 데이터 품질 정책을 수립하는 업무를 IT 부문에만 독자적으로 위임하지 않도록 해야 한다.

데이터 품질이 비즈니스 의제의 중요한 부분을 차지하도록 하는 것은 고위 경영층의 책임이다. 고위급 경영자는 그들의 리더십이 성공의 핵심임을 이해하고 리더십 역할을 적극적으로 수행해야 할 것이다. 그들은 조직 내 데이터 품질 관리의 책임을 적극적으로 감당해야 한다.

데이터 품질을 향상시키는 일은 회사의 비즈니스 프로세스상의 개선을 가져오는 잠재적인 업무영역을 찾아 내기도 하고, 이전에 미처 인식하지 못했던 핵심적인 비즈니스 프로세스를 발견해내기도 한다. 이런 활동이 회사의 경쟁력에 막대한 영향을 끼치기 때문에, 고위 경영진은 데이터 품질 노력에 적극적으로 참여해야 할 것이다. 비즈니스 의제의 한 부분으로 데이터 품질을 유지하는 것은 데이터를 비즈니스의 핵심요소로 인식하고 처리함을 의미한다. 이것은 오늘날과 같은 데이터 집약적 경제하에서는 필수사항이다. 회사를 종합적으로 운영하기 위한 여러 활동 중에서 비즈니스 활동을 수행하는 데 필요한 데이터를 파악하고 구체화하여야 한다. 더 나아가 회사는 능동적으로 데이터 품질 관리 활동을 추진해야 한다. 또한 데이터 품질 성과지표도 마련하는 것이 중요하다. 이들은 가능한 한 구체화되고 측정되며 조정되어야 한다. 이 지표에 대한 피드백은 비즈니스 프로세스의 수정을 요구하기도 한다.

3. 데이터 품질 정책과 절차를 비즈니스 전략, 비즈니스 정책, 비즈니스 프로세스와 연계시켜라

데이터의 주요 기능은 비즈니스를 지원하는 것이다. 그러기 위해서 데이터 품질 정책은 필요하며 기업의 비즈니스 정책과 일관성을 가져야 한다. 이것은 데이터 정책이 무엇인가를 더욱 넓은 관점에서 확인해 보아야 한다는 것을 의미한다. 종합적이고 다기능적인 관점은 일관성 있는 데이터 품질 정책을 추진하는 데 필요한 선결조건이다. 일관성 있는 정책 추진을 실행하려면 고위 경영진의 참여가 필요하다. 고위 경영진의 적극적인 참여가 없다면, 일관성 없이 중구난방식이 될 것이며 데이터 품질 문제를 분명히 야기시킬 것이다. 일관성 있는 추진만이 데이터 품질 정책과 절차가 체계적으로 조직의 업무 프로세스와 이음새 없이 조화를 이루도록 만들 것이다.

일관성 없는 실행이나 좁은 범위의 업무추진은 데이터 품질 문제를 야기시킬 수 있고 조직을 혼란스럽게 할 수 있다. 또한 불필요한 대립을 조장한다. 예를 들어 데이터 품질 정책을 데이터 저장의 기술적인 세부내용과 관련된 사항으로 국한시키고 다양한 부서에서 데이터를 사용하여 의사결정을 한다는 점을 무시한다면 일관성 있는 추진이 불가능하고 따라서 문제가 발생하게 될 것이다.

요약하면 데이터 품질 정책은 비즈니스 정책을 반영하고 이를 지지해야 한다. 비즈니스 활동으로부터 독립적이거나 동떨어지면 안 된다는 것이다.

4. 조직구조의 한 부분으로 데이터 품질과 관련된 역할과 책임을 명백하게 정의하고 제정하라

데이터 품질과 관련하여 명확한 역할과 책임이 제정되어야 한다. 문제가 생겼을 때 특정 부서에 임시방편적으로 해결책을 맡기기보다 조직 내 구체적인 데이터 품질 담당이 상근하고 있어야 한다. 또한 기본적인 목표의 하나로 데이터 품질 기능을 데이터 수집가, 데이터 관리자, 데이터 소비자로 구분하여 구체적으로 규명하고, 조직 내 멤버들이 이 업무에 대해 상호간의 역할이 무엇인지 서로 잘 알 수 있도록 해야 된다.

데이터 품질 기능의 구체적인 역할과 책임은 고위 경영자에서부터 분석가와 프로그램머까지 모두 다 포함한다. 현장 사례에서 볼 때 이러한 기능을 가지는 직책의 예는 최고 정보경영자, CDO(Chief Data Officer), 정보품질 담당 전무, 데이터 품질 팀장, 데이터 품질 연구원을 포함한다.

이 장의 첨부1에서는 데이터 품질 직책에 따른 직무 기술서를 보여 준다. 이 기술서는 대기업에서 실제로 사용되는 업무 기술서에서 발췌했다. 각 기업은 수요와 환경에 맞는 업무 기술서를 작성해야 할 것이다.

5. 데이터 아키텍처를 조직 아키텍처와 연계하라

회사는 데이터 아키텍처를 개발할 때 전반적인 조직의 아키텍처와 일관성 있게 연계하고 이를 지원하는 체제를 구축해야 한다. 조직 아키텍처라 함은 조직 내 전반적인 정보체제와 업무 지원용 하드웨어 하부구조의 전체적인 청사진을 의미한다. 데이터 아키텍처는 정보를 상품으로 보는 접근방식의 관점을 조직 전체 차원에서 일관되게 가질 수 있도록 한다. 이로써 조직 내 정보 공유를 증진시킨다.

데이터 아키텍처는 조직이 각각의 데이터 항목을 어떻게 정의하는지, 데이터 항목이 어떻게 연결되는지, 조직이 시스템 내 데이터를 어떻게 구현하는지를 보여 준다. 또한 각각의 데이터 항목에 대한 규정과 제한사항도 규명해 준다. 이것은 정보상품의 일반적인 필수 요소들이다. 즉, 항목의 정의, 비즈니스 상에서 다른 항목들과의 상호 연계성, 그리고 다양한 데이터베이스 내에 존재하는 데이터 항목들의 제약조건 등과 같은 요소들이다.

데이터 아키텍처가 기업의 비즈니스 전략과 일관성 있게 연결되어 설계되고 이것을 계속 유지하기 위해서는 구체적이고 상세한 많은 노력이 요구된다. 예를 들어 데이터 저장 시스템을 설계하는 것은 실용성이 매우 높은 데이터 아키텍처의 개발과 유지에 필수적인 사항이다. 조직은 데이터 요소를 명확히 정의하고 데이터의 특성에 대한 정보를 공유할 수 있는 메타데이터를 생산·운영해야 한다. 이는 조직 내에서 데이터를 더욱 효율적으로 공유할 수 있게 한다. 여러 곳에서 인정 받고 있는 데이터 관리 기법을 따라 하는 것은 현명한 일일 것이다.

이 장의 첨부2는 글로벌 제조업체에서 사용되고 있는 데이터 아키텍처 정책을 보여주고 있다.

6. 데이터 니즈 변화를 적극적으로 관리하라

소비자의 데이터 요구사항은 시간이 지남에 따라 변한다. 여기서는 조직의 데이터를 이용하는 개인, 내부 조직 혹은 외부 기업을 의미하는 소비자라는 용어를 사용한다. 데이터 소비자가 직면하는 하나의 변하지 않는 사실이 있다면 운영 환경은 항상 변한다는 것이다. 이것은 또한 조직 전체에도 적용되는 사실이다.

기업은 두 가지 선택을 할 수 있다. 변화된 환경에 신속하게 적응하거나, 아니면 경쟁 우위, 시장점유율, 고객 충성도를 잃어버리는 것이다. 데이터 품질을 고도로 유지하기 위해 조직은 변하는 환경과 니즈에 민감해야 한다. 이는 외부 환경과 시장, 그리고 내부 데이터 소비자의 변화하는 니즈를 지속적으로 주시하는 것을 의미한다.

또한 고품질 데이터를 유지하기 위해서는 정책이나 절차가 변경되는 논리적인 근거를 전 조직에 명확하고 신속하게 전달하는 것이다. 운영위원회와 포럼은 이 정보의 전달에 결정적인 역할을 하게 된다.

여기에서 우리는 주의할 점 하나가 있다. 기업은 글로벌 차원의 데이터 니즈와 관련하여 지역적인 차이가 존재함을 반드시 인지해야 한다. 다년 간의 문화와 관습이 오늘날의 다국적이고 세계적인 기업에도 존재한다. 이러한 지역 차이를 명확히 파악하고 지역적 특성 중 채택할 만한 것은 정책을 수립할 때 최대한 반영하여야 할 것이다.

7. 현실성 있는 데이터 표준을 가져라

사람들에게 표준이 필요하다는 것에 동의하게 하는 것은 쉽다. 하지만, 어떤 것이 표준화가 되어야 하는지, 그리고 어떻게 표준화되어야 하는지에 동의하게 하는 것은 훨씬 어렵다. 때때로 가장 기초적인 데이터 요소에 관해서 정의를 하는 것도 동의를 얻기 어렵다. 데이터 표준은 데이터가 실제 사용되는 많은 영역을 다룬다. 다음과 같은 질문을 해 보면 현실성 있는 데이터 표준을 개발하는 프로세스에 대해 더욱 잘 알 수 있게 될 것이다.

외부에서 개발한 표준을 사용하는 것이 좋을까, 아니면 내부에서 개발한 표준을 사용하는 것이 좋을까? 만약 외부에서 개발한 표준을 사용한다면, 그 중에서 어떤 것을 선택해야 할까? 표준을 특정 지역에만 국한할 것인가, 아니면 전 세계적으로 통일할 것인가? 표준을 언제 어떻게 적용해야 할까? 시간에 따라 변하는 표준을 모니터링하고 채택하는 데는 어떤 프로세스가 적합할까? 표준은 어떻게 문서화하고 전달해야 할까?

기업은 외부 혹은 내부 표준을 선택할지, 어떤 상황에서 이를 결정할지에 대한 의사결정 프로세스를 가지고 있어야 한다. 가장 바람직한 해결책은 표준을 사용하는 조직 이외의 조직에서 개발되고 유지되는 표준을 사용하는 것이다. 만약 이것이 가능하고 받아들일 수 있는 것이라면, 기존에 사용하고 있는 표준들 중에서 어느 것을 채택할 것인지를 결정하여야 한다. 이 경우 국제적 표준, 또는 한 국가 내 표준, 또는 산업 내 표준 중 하나를 선택할 수도 있을 것이다. 아니면 국내의 두 가지 표준 중 하나를 선택하는 것일 수도 있다. 예를 들어 국제표준기구(ISO)는 표준 국가 코드를 가지고 있다. 따라서 조직의 첫 번째 선택은 국제적인 표준을 선택하는 것이다. 같은 조건하에서 이 선택은 회사에게 가장 많은 유연성을 제공하고 가장 적은 비용을 발생시킬 것이다.

만약 외부 표준이 없다면 기업은 자체 표준을 설정해야 한다. 이 때에는 데이터 품질 관리 프로그램에 적합한 수준이어야 할 것이다. 일단 설정되고 나면 표준은 쉽게 접근이 가능해야 하고 조직 내부에 폭넓게 전달되어야 한다.

모든 표준이 조직 전체에 일괄 적용되지는 않을 것이다. 어떤 표준은 한 지역 내 하나의 사업부문에만 적용될 수도 있다. 표준의 사용범위는 구체적으로 설정되어야 할 것이다. 또한 현실적으로나 실질적으로 기업 표준이 동시에 조직의 모든 부분에 걸쳐 일괄 도입되지는 않을 수도 있다. 이런 경우 여러 부서의 표준 채택시기는 실행계획에서 다루어야 할 것이다. 가능하다면 지역별 실행계획도 개발되어야 한다. 조직의 한 부분에서 표준을 적용할 때 얻은 교훈을 정리하고 배포하여 조직의 다른 부문에 적용할 수 있도록 정책에서 구체적으로 명시하여야 할 것이다.

시간에 따라 변화하는 표준을 관리하기 위한 정책도 개발되어야 한다. 여기에는 변화를 모니터링하고 주도하는 책임을 가진 사람을 구체적으로 명시하여야 할 것이다. 예를 들면 데이터 소비자는 사용하고 있는 표준에 영향을 미칠 외부 환경의 변화를 살필 것이다. 데이터 표준의 주기적인 검토를 책임지는 부서는 이러한 변화를 통보 받고, 필요하다면 표준의 변경을 주도 해야 할 것이다. 중요한 것은 표준이 변경될 때 조직에 이러한 변화를 알리기 위해 정책과 절차가 적재적소에 마련되어 있어야 할 것이다.

8. 데이터 품질 문제를 파악하고 이를 해결하기 위한 실용적인 방법을 계획하고 실행하라. 그리고 데이터 품질 관리의 실행과 데이터 상품을 주기적으로 검토하는 적절한 도구를 마련하라.

앞에서 설명한 바와 같이 진단과 평가에 바탕을 둔 실용적인 방식은 전 조직에 걸쳐 일반적인 수단으로써 채택되어야 한다. 이 방식은 전사적으로 일관성을 가지면서 지역별로 달리 채택되고 응용될 수 있다. 일관되게 사용한다면 이 책의 제4, 5, 6장에서 기술된 진단 방법과 평가 방식은 데이터 품질관리의 진행단계를 시간적 차원에서 보여주고 기존의 문제나 잠재적인 문제를 파악하는 데 도움을 줄 것이다.

잘 운영되는 시스템에서는 그것이 운송 시스템, 공공 시스템, 또는 정보 시스템이라고 할 수 있지만, 순조로이 운영되고 있는지, 목적을 달성하고 있는지를 점검하기 위해 주기적으로 실행하는 감사 활동은 보편적인 사항이다. 주기적인 감사는 데이터 품질 실행 프로그램에 필수조건이다. 우리가 앞에서 지적한 바와 같이 데이터 품질 관리 프로그램을 지연시키고 얻은 효과를 잃어버리는 것은 너무나 쉬운 일이다.

이러한 위험을 피하기 위해 데이터 품질과 관련된 환경변화와 조직의 전반적인 데이터 품질의 주기적인 검토는 필수사항이다. 이를 달성하는 하나의 방법은 표준 평가 조사서를 사용하여 데이터 품질 관리 프로세스와 회사의 데이터 품질을 평가하는 것이다. 표준 조사서를 사용하여 여러 차례에 걸친 평가를 하게 되면 다양한 비교자료가 확보되어 개선 정도를 측정할 수 있게 된다. 더구나 비교 가능한 모범 기업의 평가자료가 확보된다면, 이 기업의 자료를 벤치마킹 자료로 활용할 수 있을 것이며 이와 비교하여 자사의 성과를 평가할 수 있을 것이다.

앞 장에서 우리는 데이터 품질 실행과 데이터 상품 평가 모델(부록 3 참조)을 제시하였다. 이 모델은 회사 전체 차원에서 평가하는 것인데 이 장에서 제시한 정책 가이드라인을 기준으로 작성되었다. 첫 번째 부분은 기업의 데이터 품질 실행을 평가하는 것인데 경영진과 실행 및 운영상의 이슈를 포함한다. 두 번째 부분은 데이터 상품을 평가하는데 데이터에 대한 통제와 사용 데이터의 적합성을 포함한다. 한 예로 이 모델은 미국의 주요 의과대학 부속병원에 상당히 효과적으로 적용되었다. 이 모델에 자세히 열거된 항목은 구체적인 실제 업무로 연결될 수 있다는 점을 주목해야 할 것이다.

평가와 관련된 업무는 데이터의 인증업무와도 연결된다. 업무처리 시스템과 데이터 웨어하우스의 데이터는 인증 프로세스에 포함되어야 하는 사항이다. 완벽한 데이터 인증 프로세스는 데이터 실행업무와 데이터 상품이 좋은 품질이 될 수 있도록 만든다. 따라서 데이터 인증 정책을 도입하는 것이 필요하다. 정책에는 데이터에 대한 정의, 유효값, 특이 사항 등과 같은 정보의 출처에 대한 설명이 확실하게 명기되어 있어야 한다. 만약 조직이 새로운 방법으로 자료를 모으기 시작한다면 이 새 데이터를 포함하여 집계되는 보고서가 이미 존재할 경우, 같은 보고서가 새 데이터를 쓰더라도 동일한 결과를 보여주게 하거나 아니면 차이가 나면 이에 대한 설명을 명확히 문서화하는 것이 필요하다. 데이터의 확실성 혹은 신뢰성을 의심 받지 않도록 하기 위해서는 수치의 차이점을 지적해 주고 차이가 나는 이유를 문서화하는 것은 특히 중요하다. 데이터 인증 정책과 프로세스의 한 부분으로 데이터 품질에 대한 의문사항이 발생했을 때 취하는 조치에 관련된 절차도 설계되어야 한다.

인증 프로세스를 처음 실행하는 단계에서는 더 좋은 품질의 데이터를 사용하게 되어 기존의 보고서 내용이 바뀌게 되거나, 또는 미래에 바뀌게 될 것으로 예상된다면 기존의 보고서 사용자들이 겪게 될 어려움을 이해하는 것이 중요하다. 예를 들어 인증 시스템의 도입으로 소스 데이터가 더 자세히 분류되고 통제될 수 있게 되어 영업 결과 보고서가 변경된다면 보고서 사용자들이 새 보고서를 불편하게 느끼고 강하게 항의할 수도 있을 것이다. 인증 프로세스 도입의 어려움을 과소평가하지 말아야 할 것이다.

9. 데이터 품질 향상을 위해 학습과 혁신을 촉구하는 환경을 조성하라

조직에서 학습 문화를 촉진하기 위한 활동으로는 최고경영층의 특별위원회 구성, 정보포럼의 활성화, 교육과 훈련의 강화 등을 들 수 있다. 이러한 활동들은 모두 최고경영진의 관심 아래에 진행되어야 할 것이다.

학습 문화를 촉진하기 위해서 채택할 수 있는 다른 방안들도 있다. 포상제도나 또는 필요에 따라 벌칙제도도 도입할 것이 요구되는데, 데이터 품질을 향상시키고 이를 유지하려는 노력과 일치되어야 할 것이다. 그러나 한 가지 안 되는 것은 경영진을 난처하게 할지라도 경영층에 잘못된 정보를 보고하거나 시정하는 활동을 억제하는 것이다. 작은 문제일 때 시정하는 것이 문제가 눈덩이처럼 불어나 나중에 외부고객과 내부 사용자들에게 문제를 일으키게 되는 것보다 훨씬 덜 난처할 것이다. 직원들은 누구나 데이터 품질에 대한 문제를 자유롭게, 신변이 보호된다고 느낄 수 있도록 보고할 수 있어야 할 것이다. 제도적인 장치들을 도입하면 이러한 문제를 쉽게 해결할 수 있을 것이다. 특히 데이터의 수집가, 관리자, 사용자를 대상으로 하는 포럼을 개최하여 데이터의 질적 문제점을 제시하고 이를 서로 공유하거나, 데이터 품질 이슈에 대해 논의하는 것은 가치 있는 일이다. 이것은 데이터 수집가, 관리자, 사용자들의 경험을 확산시키는 데 도움이 될 것이며 상대방의 관점과 역할을 서로 인정하는 환경을 만들 것이다.

커뮤니케이션 수단은 데이터 품질의 성공 사례도 알리고 좋은 해결책도 공유하는 데 활용할 수 있을 것이다. 이러한 커뮤니케이션 네트워크는 또한 어려운 문제점들을 공유하고 산업의 최신 벤치마킹 자료나 새로운 연구결과 등도 보급시키는 데 활용할 수 있을 것이다. 데이터 품질 개선 업무를 직접 수행하는 직원들은 세미나와 워크숍, 포럼 등에 적극 참여할 수 있도록 장려하여야 할 것이다. 요약하면 조직은 계속 열성을 가지고 활동해야 한다는 것이다. 이러한 활동들이 지속적으로 학습하는 조직 문화를 만들어 낼 것이다.

실질적인 학습 조직 환경의 일부분으로써, 기업은 데이터 품질 향상을 통해 얻은 경험들을 산업 내의 벤치마킹 자료와 학습 사례로 활용해야 한다. 데이터 품질 개선 업무들이 산업 내에 또는 여러 산업에 걸쳐 발전할수록 새로운 벤치마킹과 좋은 관행, 성공사례들이 많이 생겨날 것이다. 기업은 이러한 것들을 활용하여 성과를 비교할 수 있고 업무 프로세스를 개선할 수 있는 지표로 사용하여야 할 것이다. 제일 먼저 이를 적용한 선두주자는 벤치마킹의 대상이 될 것이다. 이것 또한 선수주자에게도 이익으로 되돌아올 것이다. 즉, 자신의 경험을 다른 사람, 특히 뒤떨어진 부서와 공유하게 되면 아직 표출되지 않은 새로운 문제도 발견할 수 있을 것이다. 이것은 선두주자에게 중요한 피드백이 되는데 예기치 못한 미래의 문제를 미리 분석할 수 있게 된다.

기업 내의 전반적인 데이터 품질 향상을 위한 어떠한 프로세스라도 앞에서 이미 지적한 데이터 품질 업무에서 중요한 역할을 담당하는 데이터 수집가, 관리자, 사용자의 각각의 역할에 맞는 적절한 교육과 훈련 프로그램을 도입하여야 할 것이다. 프로세스의 결과를 향상시키고 업무상의 데이터 요구 사항을 이행하는지 확실히 하기 위해서 각각의 역할에 맞는 교육 훈련 프로그램이 마련되어야 할 것이다. 특히 교육의 내용으로 데이터의 핵심원리와 품질관리 정책이 다루어져야 할 것이며, 각각의 기능별로 특화된 전문내용도 포함하여야 할 것이다. 지금까지는 정보 시스템 부서에서 일하는 데이터 관리자를 대상으로 하는 교육이 많았다. 데이터 수집가와 사용자들도 그들이 전반적인 데이터 품질 향상에 얼마나 중요한 역할을 하는지 이해하도록 특별한 주의를 기울여야 할 것이다. 교육 훈련은 조직 전체의 모든 관련자를 대상으로 실시하여야 할 것이다.

정보를 수집하는 직원들은 사용자가 왜, 어떻게 정보를 사용하는지에 대해 이해하는 것이 매우 중요하다. 정보 수집가는 비록 이러한 일의 주요 수혜자가 아니고 입력 활동에 대해 자신들이 평가 받지 않는다고 하더라도 정보를 입력할 때 데이터 품질관리 원칙에 충실하여야 할 것이다. 데이터 사용자들도 중요한데 그들이 받는 데이터가 필요한 자료인지 여부와 같은 데이터 품질에 관련된 적절한 피드백을 제공해 주는 역할을 한다. 또한 데이터 필요사항이 바뀌었는지에 대해 데이터 수집가에게 알리는 역할도 포함된다. 데이터 관리자 역시 데이터에 대한 직접적인 책임은 없지만 데이터의 사용 목적과 활용에 대해 알아야 한다. 데이터 수집가와 같이 데이터 관리자도 데이터 사용자가 데이터를 왜, 어떻게 사용하는지 알아야 한다.

데이터 품질에 대한 회사의 정책, 좋은 활용 사례와 원칙, 효과적인 교육과 훈련, 그리고 사내 커뮤니케이션 채널 구축의 중요성은 강조하지 않을 수 없다. 사소하게 보이는 이와 같은 데이터 품질 관리 요인들이 데이터 품질 여행에 있어 성공하는 조직과 아닌 조직의 커다란 차이를 만든다.

10. 관련자들 간의 의견 대립과 분쟁해결을 위한 제도적 장치를 마련하라

정책차원의 대립, 영역차원의 대립, 데이터의 정의에 대한 견해 차이, 데이터 사용에 관한 논쟁 등은 반드시 일어날 것이다. 기업들은 이러한 의견 차이나 분쟁이 발생할 때를 대비하여 이를 해결할 수 있는 제도적 장치들을 마련해 두어야 할 것이다. 조직상의 직급체제로 구성된 제도적 장치일 수도 있을 것이다. 어떠한 형태로든 상관 없지만 존재하여야 하며, 업무와 책임소재를 분명히 명시한 문서화된 자료가 있어야 한다.

다양한 분쟁 해결 장치들 중에서 어떤 것이라도 사용될 수 있다. 그러나 세부 사항은 회사의 사업 전략과 조직 문화와 일치하여야 한다. 예를 들면 데이터 품질관리 운영위원회, 데이터 품질관리 이사회, 데이터 품질관리 실무자그룹, 데이터 품질관리 심의회 등을 들 수 있다. 책임의 범위, 권한의 정도, 보고와 의사소통의 명확한 채널 등이 명시되어 있어야 할 것이다. 분쟁해결 제도의 세부 내용이 불분명할 경우에는 분쟁해결에 효과가 없을 것이다.

가장 중요한 것은 과거에 발생한 분쟁과 해결방안들을 문서화해 놓는 것이다. 이러한 조직차원의 기록이 변화하는 미래에 조직이 잘 적응하도록 도와줄 것이다.

|결론|

이 장에서 기업이 완벽한 데이터 품질 관리 정책을 수립할 수 있도록 조직차원의 정책 가이드라인 10가지를 제시하였다. 각 기업은 자신의 환경에 맞도록 이들 10가지 정책을 적용할 것이다. 그러나 이들 10가지 정책 가이드라인이 어떠한 형태로 채택되든지 이러한 정책 도입의 취지는 확실히 이해해야 한다. 즉 지속가능하고 실행가능하며 효과가 좋은 데이터 품질 관리의 실행을 위한 비전과 방향을 제시하는 것이다. 이를 성공적으로 수행하게 되면 미래의 데이터 품질 관리 문제의 도전에 대처할 수 있을 것이며 변화하는 환경에도 적응할 수 있을 것이다. 즉 높은 품질의 정보를 제공하는 데 필요한 이론적 원리와 개념, 그리고 활용 기법들이 조직에 제도적으로 도입될 것이며 양질의 데이터가 확실하게 제공될 것이다.

부록 1 데이터 품질 관리 직무 기술서

사례 1: 데이터 품질 관리 수석 시스템 분석가

직무 요약 이 직책은 부서의 데이터/정보 품질 관리 업무를 지원하는 일이다. 이 업무는 데이터 품질 관리의 이론과 실무를 다기능적 차원에서 적용함으로써 여러 시스템에 있는 데이터의 신뢰성과 정보의 유용성을 향상시키려는 것이다. 데이터 품질 관리 매니저, 비즈니스 데이터 소유자, 데이터 웨어하우스 담당자, 데이터 사용자들과 같이 조직 전체의 데이터 품질 표준과 실천 전략을 개발하고 실행하는 일을 한다. 이 직무를 수행하는 데 있어 데이터 품질 관리 수석 시스템 분석가는 입원수속 부서, 병원운영 부서, 환자기록관리 부서 등과 같은 데이터 콘텐츠 작성 부서의 분석 업무와 변화 프로세스 업무를 지원한다. 또한 데이터 품질 관리 매니저의 관장하에 데이터 품질 향상 프로젝트를 지원하는데 여기에 사용되는 데이터 품질 지표의 개발과 제작업무도 주도적으로 수행한다. 이 지표는 객관적 · 주관적인 관점에서 데이터와 정보의 품질을 측정하는 자료이다. 주관적인 지표는 정보 욕구와 정보 품질 설문조사 자료에서 구할 수 있다. 이 직책은 이 자료를 매년 조사하고 결과를 분석하며 발표에 필요한 표와 도표를 작성한다. 또한 개별 데이터 요소나 정보상품에 대한 데이터 상품지도나 흐름도도 조사하고 제작하는 임무와 회사의 정책 및 업무절차 가이드북에 들어가는 데이터 품질 정책과 운영절차의 초안 작성도 책임진다. 이 직책은 데이터 품질 관리 부서의 프로그램 담당자와 다른 업무 담당자, 그리고 필요로 하는 병원 내의 다른 부서의 담당자들과도 업무 협조를 한다.

교육 · 자격 조건

- 이공계 분야의 학사 학위 소지자로서 이공계 과목을 집중 이수한 자, 통계과목 이수자 또는 경험자 우대
- 관련 분야 석사학위 소지자 우대(공중 위생학과, 병원 경영학과, 의료 정보학과, 의료 시스템 바이오 통계학과 등)

업무 경험 · 자격 조건

- 최소 3년 이상의 병원 의료 센터 데이터 분석 기능 부서 근무 경험
- 성과평가 프로젝트 실무 경험자 우대
- 데이터/정보 품질 이론과 실무에 대한 이해자
- 비즈니스 정보관리 프로그램인 크리스탈(Crystal), 브리오(Brio), 비즈니스 오브젝트(Business Objects), 코그노스(Cognos) 등 사용 경력 우대
- 문제해결 능력, 어려운 문제에 도전하는 끈질긴 의지 보유자
- 다기능 팀들과의 효율적인 업무 협력을 가능하게 하는 구술 및 필기 커뮤니케이션 능력 보유 필수

| 사례 2: 데이터 품질 관리 의료 시스템 매니저 |

직무 요약 데이터 품질 관리 업무의 목적은 분석, 보고, 운영과 전략적 의사결정에 필요한 데이터가 항시 사용 가능하도록 제공하는 데 있다. 이 직책은 데이터와 정보가 가치 있는 자원이라는 것을 인식하고 이를 홍보하는 일이다. 의료 시스템 매니저는 데이터 품질 관리 부서를 진두 지휘하여 데이터 품질 정책을 입안하고 데이터의 정의, 조직, 보안, 효율적인 데이터의 활용에 대한 계획을 수립한다. 이 직책은 데이터의 생산, 사용, 저장, 문서화, 폐기 등에 대한 관리 및 업무 간의 조정을 담당한다. 이 직책의 가장 중요한 목적은 데이터의 일관성과 표준화를 통해 정보 품질을 향상시키는 일이다. 이것

은 데이터 요소의 이름, 정의, 값, 포맷, 메타데이터 등을 표준화하고 문서화하여 중앙 데이터 저장장소와 데이터베이스에 적용함으로써 달성할 수 있을 것이다. 이 직책은 디자인, 모델링, 데이터 내용물의 검색, 저장과 분석 등에 대한 상세한 컨설팅을 해 주는 임무도 갖는다. 이를 위해서는 조직 전체의 데이터 시스템과 분석 도구, 데이터 욕구, 데이터 자체에 대한 상세한 이해가 요구된다. 또한 데이터가 질적 향상과 의료 결과에 어떻게 영향을 미치는지에 대한 폭넓은 지식도 요구된다. 병원 경영에 대한 지식과 경험도 이 직책을 수행하는 데 도움이 될 것이다. 독립적으로 그러나 병원 내 여러 부서 담당자들과 협력적으로 일해야 할 것이다. 모든 관련 부서나 팀들과 효율적인 협력관계를 구축하고 유지하여야 하며 적극적인 근무 환경을 만들고 유지시켜야 할 것이다.

교육 · 자격 조건

- 의료분야 경영학, 일반 경영학, 또는 관련분야 석사학위 이상의 학력 소지자
- 실무 문제 해결, 성과 향상, 시스템 분석, 통계 분석 등의 분야에서 경력을 갖춘 전문가

업무 경험 · 자격 조건

- 최소 5년 이상의 의료기관 근무 경력, 또는 의료기관 전문 컨설팅회사 근무 경력, 또는 관련 업무 근무와 관련 분야 교육기간을 합친 유사 기간의 경력자
- 고급 컴퓨터 사용기술, 특히 데이터베이스 관리 분야, 스프레드시트 프로그램, 통계기술, 워드프로세서, 프리젠테이션, 프로젝트 매니지먼트를 활용할 수 있는 컴퓨터 응용지식, 그리고 조직 전체의 컴퓨터 정보 시스템의 큰 그림을 이해할 수 있는 능력, 관계형 데이터베이스에 능통

한 업무 경험, 의료 서비스업체의 데이터에 대한 실무 지식 및 이러한 자료의 의미에 대해 깊이 이해할 수 있는 사람

- 대량의 정보를 분석하고 정리하는 능력자, 훌륭한 조직 관리 능력 보유자, 업무 우선순위를 효율적으로 관리할 수 있는 능력자, 자발적인 동기 부여가 가능하며 동시에 여러 업무 관리가 가능한 자
- 높은 구술 및 필기 커뮤니케이션 능력 보유자, 여러 사람들과의 공동작업을 통해 협력을 얻어내고 변화를 주도하며, 경영자, 직원, 병원 여러 부서의 책임자 등 여러 계층의 사람들과 의사결정 부분에서 지속적인 영향력을 발휘할 수 있는 능력자
- 팀의 일원으로 일할 수 있는 자
- 토론을 주도하고 데이터 검색, 데이터 분석, 데이터 신뢰성, 정보 분석 시스템 등에 관한 개념을 교육 및 훈련 할 수 있는 능력자

신체적 조건 책상 근무와 같은 관리직 업무수행이 가능하고 캠퍼스 여러 곳에 있는 빌딩을 걸어 다니며 회의에 참석할 수 있는 보통의 신체적 조건

근무 환경 오랜 시간 컴퓨터 자판과 모니터를 사용하여 작업함. 오랜 시간 앉아서 작업하는 일상적인 오피스 업무 환경

| 사례 3: 데이터 품질 관리 프로그램 담당자 |

직무 요약 이 직책은 부서의 데이터/정보 품질 관리업무를 지원한다. 이 업무는 데이터 품질 관리의 이론과 실무를 다기능적 차원에서 적용함으로써 여러 시스템에 있는 데이터의 신뢰성과 정보의 유용성을 향상시키려는 것이다. 데이터 품질 관리 메니저, 비즈니스 데이터 소유자, 데이터 웨어하우스 담당자, 데이터 사용자들과 같이 일하며 조직 전체의 데이터 품질 표준과 실천 전략을 개발하고 실행하는 일을 한다. 이 직무를 수행하는 데 있어 데이

터 품질 관리 프로그램 담당자는 필요시 또는 정기적으로 필요한 프로그램 업무와 분석 업무의 지원을 담당하게 된다. 데이터베이스 및 데이터 저장소, 그리고 여기서 나오는 각종 보고서의 생산 프로세스들을 데이터 품질 관리 차원에서 검토하고, 이 과정에서 데이터를 생산하는 통제 절차를 실무에 적용한다. 데이터 품질 관리 매니저의 지도 아래 데이터 품질 관리 문제나 데이터베이스의 오류 문제의 해결 방안을 개발하고 유지하는 일을 주관한다. 이 직책은 데이터 품질 관리 수석 시스템 분석가와 이 부서의 다른 업무 담당자, 그리고 필요로 하는 병원 내의 다른 부서의 담당자들과도 협력하여 일한다.

교육 · 자격 조건

- 학사 학위, 다수의 컴퓨터 프로그래밍 관련 과목 이수자
- 통계 과목 이수, 또는 관련 업무 경험자 우대

업무 경험 · 자격 조건

- 최소 3년 이상의 SAS 프로그래밍 경력, 베이직 언어, 통계, 그래프 모듈 사용 경험자
- 의료시설 업무환경에서 병원 관리 및 회계, 데이터 코딩 등에 대한 지식을 가지고 프로그래밍 업무를 진행한 경력자
- Oracle, PL/SQL 및 SQL과 같은 관계형 데이터베이스 사용 훈련을 받은 자
- Oracle, SAS, 또는 Access 소프트웨어의 데이터베이스를 개발하고 유지한 업무 경력자
- 데이터/정보 품질관리 이론과 실무에 대한 이해자
- 비즈니스 정보관리 프로그램인 크리스탈(Crystal), 브리오(Brio), 비즈니스 오브젝트(Business Objects), 코그노스(Cognos) 등의 사용 경험자

• 문제해결 능력, 어려운 문제에 도전하는 끈질긴 의지 보유자
• 다기능 팀들과의 효율적인 업무 협력을 가능하게 하는 높은 구술 및 필기 커뮤니케이션 능력 보유자

사례 4: 의료기관 종사자 정보 관리자

직무 요약 이 직책은 의료기관의 종사자들의 정보 사슬의 신뢰성을 관리하는 일이다. 정보 사슬은 정보가 입력되기 시작하는 원천에서부터 시작하여 중간단계에서 프로그램된 인터페이스나 출력된 자료, 그리고 사용자에 가까운 마지막 단계의 데이터베이스, 파일, 테이블, 응용 자료를 활용하여 만들어진 보고서나 분석 자료, 즉 원천자료에 있는 데이터 요소를 활용하는 모든 자료까지도 포함한다.

이 직책의 내부 고객은 경영층과 의료 직원서비스 부서의 담당자들이다. 또한 다른 내부 고객으로는 모든 부서와 직원 중 원천 출처에 자료 입력을 담당하는 사람들을 포함하는데 이들 부서는 의과대학 대학원, 평생 의과대학원, 헬스정보(최종 환자 기록부 관리) 등도 포함한다. 부서나 직원 중 일상의 환자 치료 업무를 위해 자료를 활용하는 곳, 간호사, 입원수속, 수술실, 헬스정보(환자 기록부 코딩 처리) 등도 포함한다. 나아가 이 직책은 하드웨어와 소프트웨어 관점에서 어플리케이션, 데이터베이스 및 웹서버 등이 효율적으로 관리되고 유지될 수 있도록 정보 기술 분야의 모든 관련자들과 중간 협력 관리자로서의 중요한 역할을 담당한다.

이 시점에 이 병원은 MSO 어플리케이션을 의료 직원들의 정보 사슬의 시작점으로 활용하고 있는데, 의료 직원서비스 부서가 수집한 모든 자료의 원천인 '골드 표준'은 병원 직원의 어플리케이션과 인증 프로세스를 지원하고, 그 다음 단계에서 이것을 멤버나 병원 직원들의 입원수속이나 치료를 허가하는 특권을 부여하는 데 사용된다. 지금 이 일을 담당하고 있는 사람이 이

러한 일의 전문가가 될 것으로 기대되고 있는데 데이터 입력의 모든 부분과 검색, 그리고 보고서 기능 등을 배우고 관리하는 것뿐 아니라, 필요에 따라 수시로 다른 사용자들을 가르치는 일도 할 것으로 예상된다. 이렇게 되면 이 정보 시스템이 직원들과 관련하여 병원의 비즈니스 프로세스를 모두 지원할 수 있게 될 것이다. 향후에 만일 이 병원이 현재의 어플리케이션의 사용을 중지하고 다른 어플리케이션의 사용을 시작한다면, 이 직책의 담당자는 유사한 직무 책임을 수행하여 새로운 어플리케이션을 활용하고 대안의 도입 과도기에도 중요한 역할을 담당하여야 할 것이다.

이러한 책임을 수행하기 위해서는 이 직책은 필요에 따라 워킹팀(특정부서차원의 팀이나 여러 부서 차원의 팀)을 주관하여 조직 전체 어디에서나 병원직원의 정보의 신뢰성이 보장되도록 하여야 할 것이다. 이를 위해서는 병원 직원의 데이터가 포함된 모든 어플리케이션과 데이터베이스, 인터페이스, 그리고 산출물들에 대한 전문지식을 갖추고 유지하여야 할 것이다. 그리고 데이터 품질 문제나 이슈에 대한 해결책 도출과 미래 데이터 품질 문제나 이슈의 발생을 예방하는 데에도 많은 노력을 기울여야 할 것이다.

교육 · 자격 조건

- 이공계 분야의 학사 학위 소유자로서 이공계 과목을 집중 이수한 자
- 컴퓨터 과학 또는 통계 과목 이수 또는 관련 업무 경험자 우대
- 관련 분야 석사 학위 소지자 우대

업무 경험 · 자격 조건

- 고급 컴퓨터 기술 사용자로서 다음과 같은 경험 포함. 자료검색 분석기능, 보고서, 관계형 데이터베이스 관리 프로그램(예를 들어 엑세스, 브리오, 크리스탈, 시퀄, 오라클), 스프레드시트 분석 기능, 통계 분석 기능, 워드 프로세스, 프리젠테이션, 프로젝트 매니지먼트, 이메일, 브라우저, 온라인 보고서 등에 대한 사용지식 등

- 회사 전체의 정보 시스템에 대한 거시적 관점에서의 이해 능력자
- 컴퓨터 네트워크 운영 및 웹 기반의 정보 관리 도구 사용 경험자
- HTML 및 마이크로소프트 프론트 페이지 사용자
- 소프트웨어 테스트, 인터페이스 테스트 및 결과 검증에 대한 깊은 친숙도가 있는 자
- 최소 5년 이상의 병원 의료 서비스 환경에서 근무한 경험, 또는 이에 상응하는 교육과 업무 경험자
- 컴퓨터 정보 시스템을 다루는 의료 서비스 전문가들을 대상으로 리더십, 혁신, 비전을 관리한 사례를 입증할 수 있는 과거 경력자
- 팀의 일환으로 일할 수 있는 능력, 팀을 리드할 수 있는 능력, 독립적으로 일할 수 있는 능력, 직속부하가 아닌 직원을 프로젝트의 목적을 달성할 수 있도록 효율적으로 관리할 수 있는 능력자
- 높은 구술 및 필기 커뮤니케이션 능력과 기술직 및 비기술직 직원을 모두 대상으로 보고할 수 있는 프리젠테이션 능력, 그리고 정량적 분석의 능력자
- 역동적이고 급변하는 복잡한 환경하에서 다수의 프로젝트 및 업무 동시 개발과 관리 능력, 체계가 잡히지 않고 우선순위가 변화하는 상황에서도 일할 수 있는 탄력적인 업무 능력 보유자

부록 2 글로벌 제조회사의 데이터 구조 설계 정책

데이터는 비즈니스의 필수 구성 요소로 간주한다.

- 회사는 경영활동을 하기 위해 필요한 정보를 파악한다.
- 회사는 데이터 품질관리 프로세스에 적극적으로 관여한다.
- 데이터 관리는 중요한 업무 분야로 간주하고 담당 직원을 배치한다.
- 데이터의 소유권을 명확히 규정한다(의무, 책임 및 권한).

- 데이터 품질에 대한 관심은 개별 데이터 필드에서부터 데이터를 사용하고 이에 의존하는 공급사슬의 아래 부분까지 회사 전체 시스템을 포함한다.
- 데이터 소비자는 모두 고객으로 간주한다.

데이터 품질 관리의 주요 성과 지표를 개발한다.

- 주요 성과 지표와 대비하여 측정을 하고 포상도 한다.
- 다른 경영 프로세스도 조정한다.

정보의 유동 단계에서 데이터 품질에 대한 조사는 데이터와 관련 프로세스를 대상으로 진행한다.

- 데이터 입력 프로세스는 일상적인 흐름에 종속되지 않는 점검과 균형이 유지되는 체제를 구축함으로써 올바른 데이터 관리 업무가 실행될 수 있도록 한다.
- 확인 프로세스 점검을 실시하여 정확성, 완전성, 무결성을 보장한다.
- 2차 검증은 중요한 데이터에 대해 실시한다.
- 매우 중요한 데이터의 변경시 책임자의 결재를 받는 것을 의무화한다.
- 데이터의 변경에 대해서 감시용 추적 보고서가 작성되도록 하고 이를 점검한다.

정보의 흐름이 종결된 단계에서도 데이터 품질에 대한 조사는 데이터와 관련 프로세스를 대상으로 진행한다.

- 정기적으로 시스템 차원과 전체 조직 차원에서 감사를 실시한다.
- 적극적으로 데이터를 중간에서 채취하여 잠재적인 결함이나 예외적인 사항을 찾는다.
- 데이터를 교차 점검하여 부정확한 데이터, 불완전한 데이터, 오래된 데이터를 검토한다.

- 데이터를 교차 점검하여 동일 항목의 차이에 대한 중복 여부를 확인한다(데이터베이스 항목 중에서 동일한 변수이나 시스템에 입력될 때 어떠한 상황으로 인해 중복 여부 검토를 우회하게 되는 경우).
- 관련 있는 데이터들끼리는 연결지어 준다.

발견된 결함에 대해서는 근본 원인분석을 실시한다.

- 데이터 결함을 검토하고 문제에 대한 패턴을 찾는다.
- 데이터의 문제를 근원지까지 거슬러 추적한다.
- 데이터의 오류와 상호 연관된 부분에 대해서도 아직 발견되지 않은 오류가 있는지 찾는다.
- 분석 보고서는 문제에 대한 예방 조치 제안들과 함께 문서화한다.

데이터 결함에 문제가 있는지 위험분석을 정기적으로 실시한다.

- 기존의 자료를 분석하여 데이터 오류의 잠재적 영향과 발생가능성이 어느 정도인지 평가한다.
- 데이터나 프로세스의 변화 가능성을 분석하고 이것이 가져올 새로운, 또는 변화된 위험을 파악한다.
- 분석을 문서화하고 위험을 완화할 수 있는 프로세스 개선안을 제안한다.

부록 3 데이터 품질 실행 및 데이터 상품 평가 측정 모델

데이터 품질 실행 및
데이터 상품 평가 측정 모델

일련번호 # ____________, **성명:** ______________________

참고: 의견란의 기입은 필요한 만큼 작성하면 칸은 자동적으로 늘어납니다.
설문은 7점 척도로 평가하십시오. 가장 나쁨이 1점이고 가장 좋음이 7점입니다.

데이터 품질 DQ 평가 요소	평가점수 (1~7)	의 견
Part 1: 데이터 품질 실행		
I. 관리체제		
A. 최고경영진의 참여 정도		
(1) 최고경영진이 데이터 품질(DQ) 관리를 높이 평가하고 이것이 조직과 조직의 전략적 목표에 결정적인 역할을 한다고 이해하고 있다.		
(2) 고위간부들은 사업의 의제의 한 부분으로 DQ를 설정하고 발전시키려 한다.		
(3) 주요 DQ 프로젝트는 임원진의 지원을 받으며 이들에 의해 추진된다.		

데이터 품질 DQ 평가 요소	평가점수 (1~7)	의 견
B. 정책 및 관리 절차		
(1) 전체 기업의 정책에 조직의 데이터를 관리하는 역할과 책임에 대해 정의를 하고 있다.		
(2) 전체 기업의 메커니즘과 구조는 조직의 데이터에 대해 의무와 책임을 규정하고 있다.		
(3) 기업의 데이터 욕구는 사업전략을 근거로 개발되고 의사소통되고 있다.		
(4) 데이터 품질 관련 기능은 전체 기업에 공표되고 실행 프로그램은 인지되고 이해될 수 있도록 장려한다.		
(5) 다양한 이해집단 사이에서 데이터의 요건에 대한 논쟁이나 불일치가 발생할 때 조정하는 공식적인 평가조직과 판결절차가 마련되어 있다.		
(6) 데이터의 표준과 정의에 관하여 이해집단 간의 차이를 중재하는 공식적인 절차가 마련되어 있다.		
(7) 데이터 품질작업의 가치를 고려하는 것에 대한 보상과 벌칙에 대한 명백한 방침이 개발되고 실행된다.		
(8) 위반과 시책에 대한 기록은 보관되고 이러한 시책에 관한 지식은 공유된다.		

데이터 품질 DQ 평가 요소	평가점수 (1~7)	의 견
C. 데이터와 정보의 욕구 변화를 관리하는 예방차원의 접근 방법을 적극적으로 채택한다.		
(1) 조직의 모든 수준에서 비즈니스 환경 변화를 감시하고 적용하는 것에 대한 정책과 절차가 마련되어 있다.		
(2) 조직의 목표와 비즈니스 환경의 변화에 대응하여 데이터 모델, 데이터 표준, 데이터 요소와 같은 구성요소들의 통제를 관리하는 다기능적인 공식 평가 조직과 문서화된 절차가 제대로 마련되어 있다.		
D. 데이터 및 정보 품질과 관련하여 조직 내부에 학습 환경을 조성한다.		
(1) 지속적으로 데이터 품질을 논의하는 포럼을 지원하거나 조직화한다.		
(2) 데이터 품질 실행에 관련된 교육 훈련에 대한 정책이 명확하게 문서화되어있다.		
(3) 데이터 이용에 관한 질문에 대해 응답해 줄 책임을 가진 개인이나 그룹이 명확히 명시되어 있다.		

데이터 품질 DQ 평가 요소	평가점수 (1~7)	의 견
II. 실행과 운영		
A. 사업 프로세스와 일관된 데이터베이스 구조		
(1) 데이터 구조는 조직 전체에 문서화되고 공표되어 있다.		
(2) 데이터 구조는 데이터의 이용자들이 쉽게 접근하고 이해할 수 있도록 가이드북이 마련되어 있다.		
(3) 데이터 구조는 기업의 실체와 속성을 적절하게 나타낸다.		
(4) 데이터 구조의 업데이트와 업데이트를 공표하기 위한 절차와 방침이 적절히 마련되어 있다.		
(5) 데이터 구조에 대해 책임 있는 개인 또는 집단이 설정되어 있다.		
(6) 데이터 구조에 대한 검토 절차가 정기적이고 사전 예방적인 차원에서 마련되어 있다.		
(7) 데이터 구조 변화의 승인, 보급, 실행에 관한 공식적인 절차가 적절히 마련되어 있다.		
(8) 데이터 구조를 감독하고 집행할 수 있는 공식적인 메커니즘이 준비되어 있다.		

데이터 품질 DQ 평가 요소	평가점수 (1~7)	의 견
B. 원본 데이터의 확인		
(1) 원본 데이터를 확인하는 절차는 문서화되어 실행된다.		
(2) 원본 데이터에 관한 문서화가 규정되어 있고 사용자의 접근이 가능하다.		
(3) 원본 데이터가 맞는지 무작위로 검증한다.		
(4) 위반과 시책에 대한 기록은 보관되고 이러한 시책에 관한 지식은 공유된다.		
(5) 원본 데이터는 관련 출처에서 높은 품질임을 인증하고 확인한다.		
C. DQ의 모든 단계를 감독하는 감사가 체계적으로 수행된다.		
(1) 감사를 책임지고 감사에 관한 정보를 알려줄 그룹이 있으며 활발하게 기능을 수행한다.		
(2) 데이터 출처 공급에 대한 무작위 감사가 수행되며 오류는 문서화되고 관련 부서에 정보가 통보된다.		
(3) 저장된 데이터에 대한 무작위 감사가 진행되며 오류는 문서화되고 관련 부서에 정보가 통보된다.		

데이터 품질 DQ 평가 요소	평가점수 (1~7)	의 견
(4) 최종 이용자에게 전달되는 데이터의 무작위 감사가 진행되며 오류는 문서화되고 관련 부서에 정보가 통보된다.		
D. 데이터 표준과 데이터 변경에 관한 효과적인 형태의 통제 방침, 절차, 및 프로세스의 실행		
(1) 업데이트와 변경에 관한 승인 · 허가와 절차가 문서화되고 실행된다.		
(2) 데이터의 표준과 형식에 대한 변경은 승인하에 처리되며 모든 이해 집단에 전달된다.		
(3) 데이터 표준과 정의에 대한 변경을 통제하는 공식적인 절차가 마련되어 있다.		
(4) 데이터의 업데이트 관리에 관한 공식적인 절차가 마련되어 있다.		
E. 공유 데이터의 통제와 관리		
(1) 새로운 사용자에게 어떤 데이터가 공유 가능한지, 어떻게 데이터가 공유되는지를 알려주는 규정과 절차가 문서화되어 있다.		
(2) 전사적으로 공유 가능한 데이터의 이용자 목록과 공유 데이터가 정리되어 유지되고 공표된다.		

데이터 품질 DQ 평가 요소	평가점수 (1~7)	의 견
(3) 공유 데이터의 이용자들에게 데이터가 업데이트될 것이라는 정보를 사전에 알리는 공식적인 절차가 마련되어 있다.		
(4) 공유 데이터의 변경사항이 조직 전체적으로 시기적절하게 전달된다.		
F. 데이터 관리 도구는 최신이고, 적절하며, 적극적으로 관리된다.		
(1) 요구사항을 충족하는 가장 적합한 DQ 도구를 결정하는 공식적인 평가 절차가 마련되어 있다.		
(2) DQ 도구의 효과를 평가하는 적합한 테스트 방법과 절차가 공식적으로 마련되어 있다.		
(3) 적절한 데이터 클렌징, 분석, 감사 도구들이 필요 시 적소에 사용된다.		
(4) 적합한 ETL 도구가 적소에 사용된다.		
(5) 데이터 출처부터 데이터 소비자까지 데이터의 흐름을 추적하는 데이터 제작 지도가 생성되어 있다.		
G. 데이터 지식과 데이터 기술은 조직 전체 지식의 한 부분으로 활용된다.		
(1) 모든 조직 내 관련된 직원들은 DQ의 원칙과 방법들에 대해 잘 이해하고 있다.		

데이터 품질 DQ 평가 요소	평가점수 (1~7)	의 견
(2) 데이터 품질 교육 및 세미나에 참여하는 것을 장려한다.		
(3) 회사 내 관련 직원들은 DQ 프로젝트와 DQ 산업 내 우수사례에 접할 수 있는 기회가 제공된다.		
(4) 데이터 품질에 관련된 기업 내 지식들을 공유하고 기록하기 위한 적절한 방법들을 활용한다.		
(5) 데이터 제작 지도가 생성되어 유지되고 이용된다.		
Part 2: 데이터 상품		
A. 메타데이터가 완성되고 유지되는 범위		
(1) 기업 전체의 중요한 메타데이터의 표준이 데이터베이스 수준에서 존재한다.		
(2) 기업 전체의 중요한 메타데이터의 표준이 데이터 요소 수준에서 존재한다.		
(3) 기업 전체의 중요한 메타데이터의 표준이 데이터 값 수준에서 존재한다.		
(4) 메타데이터는 위의 데이터의 세 가지 수준에서 모두 최신 업데이트된다.		

데이터 품질 DQ 평가 요소	평가점수 (1~7)	의 견
(5) 메타데이터를 업데이트하고 정비하는 절차는 문서화되고 실행된다.		
B. 원본 데이터의 통제 정도		
(1) 원본 데이터와 관련된 규정들의 범위는 문서화되고 실행된다.		
(2) 원본 데이터의 검증 정도는 전송되기 전 확인된다.		
(3) 원본 데이터가 데이터 이용자들의 요구사항을 충족시키는 정도를 확인한다.		
(4) 원본 데이터는 데이터 저장소의 기술과 용량에 따라 준비된다.		
C. 저장된 데이터의 무결성 기준에 대한 준수 정도		
(1) 데이터의 무결성 기준의 정의와 이를 강화하는 공식 절차를 가지고 있다.		
(2) 영역무결성 규정이 준수되고 있다.		
(3) 칼럼 무결성 규정이 고수되고 있다.		
(4) 개체 무결성 규정이 고수되고 있다.		
(5) 참고 무결성 규정이 고수되고 있다.		
(6) 사용자 정의 무결성 규정이 고수되고 있다.		

데이터 품질 DQ 평가 요소	평가점수 (1~7)	의 견
D. 데이터 이용자에 적합한 데이터 가용성의 범위		
(1) 데이터는 쉽고 빠르게 접근하여 사용할 수 있다.		
(2) 데이터 양은 주어진 업무를 처리하기에 적당하다.		
(3) 데이터는 신뢰할 만하다.		
(4) 데이터는 공백 없이 주어진 업무를 처리할 수 있을 만큼의 폭이 넓고 깊이가 있다.		
(5) 데이터는 간략하게 나타나 있다.		
(6) 데이터는 일관성 있게 표현된다.		
(7) 데이터는 조작하기 쉽고 여러 업무에 적용할 수 있다.		
(8) 데이터는 정확하고 오류가 없다.		
(9) 데이터는 적절한 언어와 심벌, 단위로 표현되어 있고 정의 또한 해석이 명백하다.		
(10) 데이터는 공정하고 편견이 없다.		
(11) 데이터는 사용할 수 있고 해결하여야 할 업무에 관련이 있다.		
(12) 데이터는 데이터의 출처나 내용 면에서 높이 평가된다.		

데이터 품질 DQ 평가 요소	평가점수 (1~7)	의 견
(13) 데이터의 접근이 보안유지에 적절하도록 제한되어 있다.		
(14) 데이터는 업무를 처리하는데 최신의 것이다.		
(15) 데이터는 쉽게 이해할 수 있다.		
(16) 데이터는 유용하며 업무 수행에 가치를 추가한다.		

Chapter 12 여행의 끝?

기업을 운영하는 환경은 변할 것이다. 새로운 기회가 생길 것이며 새로운 문제도 생길 것이다. 이런 상황에서 새로운 데이터 또한 필요하게 될 것이다. 새롭게 개선된 방법과 접근법을 찾고 개발해야 할 것이다. 실용적이고 실행 가능한 데이터 품질 프로그램을 이용하여 변화하는 환경에 적응하고 맞춰갈 수 있어야 한다. 실용적인 데이터 품질 프로그램은 항상 조심스럽게 다뤄야 할 것이다. 만족할 만한 실행은 없다. 만족스러운 실행을 위한 여행도 끝이 없다.

이 책의 마지막 부분에서 기업들이 미래에 경험하게 될 데이터 품질 문제를 간단히 설명하고 데이터 품질로의 끊임없는 여행의 한 부분이 될 연구 아이디어나 혁신적인 응용 사례를 소개하고자 한다. 다음에서 소개하는 방법의 아이디어나 기술 등은 앞에서 다루었던 내용에 기초하여 작성되었다.

| 요점정리 |

정보는 부산물이 아닌 상품으로 취급되어야 하며, 이 점은 모든 데이터 품질 관리 방법의 기본 원칙이어야 한다. 우리는 기업 내에서 데이터 품질 인식에 관한 지속적인 이해와 데이터 품질의 제도화에 대한 방안을 제시하였다. 앞서서 데이터 품질 프로그램의 경제적 이익의 중요성을 강조했으며 그렇게 할 수 있는 방법을 제시했다. 데이터 품질의 가치를 정확하게 제시하는 일의 중요성은 아무리 강조해도 지나치지 않는다.

우리는 데이터 품질 프로그램의 인식을 높이고 이를 개발하는 여러 방법론, 도구, 기법 등을 살펴보았다. 조직의 데이터 품질에 대한 정성적 그리고 정량적 두 가지 기초 진단방법에 대해서도 알아보았다. 여기서 주목해야 할 사항은 주관적인 평가 결과는 3C라고 불리는 정보수집가, 정보관리자, 그리고 정보사용자 등 여러 이해 관계자에게서 얻어야 한다는 사실이다.

데이터 범위의 모든 요소를 검사하는 일이 시간상으로나 비용상으로 힘들다면, 앞서 소개한 기본적인 기법을 이용하여 데이터 베이스 샘플을 통계적으로 추출하여 품질을 평가하면 된다.

우리는 접근 방법의 문제점과 분석방법에 대해 상세히 알아보았다. 또한 이런 근본상황들이 어떻게 긍정적으로나 부정적으로 전개될 수 있는지에 대해서도 살펴보았다. 여기에서 발생하는 문제점의 해결을 위한 방안에 대해 설명하였으며, 실행 가능한 단기 접근 방법과 더 강력히 추천할 만한 장기 접근 방법을 설명하였다.

우리는 정보상품지도를 구축하는 방법을 제시하였다. 정보상품지도의 구축법과 그 응용법은 계속적으로 발전하고 있다.

끝부분에서 우리는 기업이 종합적인 데이터 품질 정책을 명시할 때 사용할 수 있는 10가지 지침을 제시하였다. 일관성있고 포괄적인 데이터 품질 정책이 없이는 데이터 품질 프로그램을 지속적으로 유지하기가 힘들 것이다.

우리는 가능한 부분에서 현존하는 조직의 사례를 사용하여 설명하였다. 사례를 사용하여 접근 방법의 실용가능성을 가늠할 수 있다. 하지만 더욱 중요한 것은 이 예시는 데이터 품질로의 여행을 시작하려는 기업들이 벤치마킹할 수 있는 지침이 될 수 있다는 것이다. 이 책에서 소개한 몇 가지 기법은 분석가들이 이미 널리 사용하고 있는 지식이며 우리는 단지 이를 데이터 품질에 응용한 것뿐이다. 그 외에 소개된 분석기법과 도구들, 특히 정보상품지도, IQA 설문조사, 무결성 분석기나 데이터 품질 실행과 상품 평가모델 등은 데이터 품질에서 생길 수 있는 특정한 문제에 응용 가능하며 가장 최신의(최종은 아님) 해결책이다.

이 책의 마지막 부분에서는 현장에서 앞으로 어떻게 전개될지, 어떤 새로운 문제가 발생할지, 어떤 새로운 기술이 개발될지, 그리고 미래의 여행이 어떻게 진행될지에 대한 간단한 설명을 덧붙이고자 한다.

|미래의 도전과 고려사항|

사람들은 흔히 "변하지 않는 것은 변화뿐"이라고 한다. 데이터 품질 여행에서는 이 말이 맞기도 하고 틀리기도 하다. 이는 환경이 변화하여 문제가 발생하고 연구가 계속되고 새로운 지식과 기술이 개발된다는 점에서는 맞는 말이지만, 문제를 발견하고 해결책을 찾는 몇 년의 기간 동안 새로 변화하는 환경에서 또 같은 문제를 만나게 된다는 점에서는 틀리다. 새로운 조직이 예전 조직의 실수를 반복하면서 역사가 되풀이되고, 데이터 품질을 개선하는데 성공한 조직도 문제가 해결되면 더 이상의 문제가 없을 줄 알고 있다가 낭패를 맞는 경우가 있다.

그렇다면 기업들이 계속적으로 맞닥뜨리는 데이터 품질 문제에는 어떤 것이 있을까? 문제 중에는 오래된 문제도 있고 최근에 생긴 문제도 있다. 오래된 문제라 함은 기본이 되는 데이터 품질 평가 항목과 관련이 있는 근본적인 문제를 뜻한다. 이런 문제는 항상 필수적으로 고려되어야 할 사항이다. 데이터에 오류가 없고, 데이터가 항상 적시에 실행될 수 있도록 하기 위한 노력은 계속될 것이다. 하지만 이런 문제는 사업절차가 바뀜에 따라, 문제가 복잡해짐에 따라, 데이터의 양이 계속 늘어남에 따라, 그리고 데이터가 더욱 많은 곳에서 사용됨에 따라 새로운 방법으로 새로운 상황에서 대두될 것이다.

데이터 통합은 계속 증대되고 있는 중요한 문제이다. 여러 소스에서 오는 데이터가 적절히 통합된다고 해도 이는 많은 품질 문제를 야기한다. 여기에는 두 가지 중요사항이 있다. 적절한 통합을 어떻게 달성할 것인가, 그리고 그와 동시에 동일 데이터에 관련된 다양한 사용자의 요구를 어떻게 유지할 것인가의 문제이다. 여기에는 보안, 기밀성, 민감성의 변화 등이 중요한 문제로 떠오른다.

고객관계관리(CRM), 공급체인관리(SCM), 비즈니스리스크관리(BRM), 비즈니스인텔리전스(BI), 그리고 그 외 비즈니스 현장경험을 통해 조직은 기업 데이터 관계를 이해하고 관리하는데 많은 발전을 하였다. 그러나 오늘날 비즈니스 환경이 너무 복잡하고 빠르게 변화하기 때문에 데이터에 대한 더 많은 지식이 요구된다. 이러한 관점에서 볼 때 기업의 가계도 구축이라는 것으로 일반화될 수 있다(Madnick, Wang, Xian, 2004; Madnick et al, 2005). 기업과 기업의 조직들 간의 관계에 대한 지식은 기업가계도 지식으로 알려져 있으며, 지식을 얻고 관리하는 절차는 기업가계도 구축으로 알려져 있다.

데이터 품질의 실행은 데이터 마이닝에 영향을 미칠 수 있으며 영향을 받을 수도 있다. 데이터 마이닝 기술 중 특히 데이터 탐구 기술은 낮은 품질의 데이터와 데이터 문제를 발견하는 데 사용될 수 있다. 활용 측면에서 볼 때 낮은 품질의 데이터가 데이터 마이닝 모델에 미치는 영향에 대해서는 문헌으로 잘 정리되어 있는데, 데이터를 마이닝하기 전에 자료를 정리하고 준비하는 데 많은 노력을 기울여야 할 것이다(Han and Kamber 2001).

데이터 품질 분석가들이 당면하는 하나의 중요한 문제는 사용에 적절한 품질 등급을 판단하는 일이다. 이 책에서 상세히 설명한 기본적인 이론 중의 하나가 높은 품질의 데이터가 사용하기 좋은 데이터라는 점이었다. 사용하기 좋은 조건은 어떻게, 무엇에, 어디에서, 왜, 언제 데이터가 사용되는지에 따라 달라진다. 이런 지식을 포함하는 데이터의 활용 기술을 개발하기 위해서는 지속적인 연구가 필요하다.

마지막으로 데이터 품질 실행에서 고려해야 할 중요한 문제는 보안성에 관한 것이다. 보통 보안성 영역은 여러 가지 문제를 가지고 있다. 우리는 데이터가 모든 사람에게 접근을 허용하지 않고 필요한 사람에게만 열려 있도록 데이터를 유지해야 한다. 또한 기업은 데이터의 기밀성도 유지해야 한다. 이 책임은 부분적으로 기업이 고객에게 가지는 의무에서 출발하며 연방정부나 주정부에 의해 법적으로 요구되기도 한다.

이런 모든 문제는 우리가 지속적으로 유 · 무선 기술을 개발하고 사용하기 때문에 더욱 복잡해진다.

여기서 다룬 문제들은 전부가 아니며, 최근의 연구결과와 기술을 보여주는 좋은 사례에 불과하다. 이것들은 연구의 최종 결과물이 아니며, 우리는 어떠한 연구가 현재 진행중인지를 보여주려는 것이다. 만약 이 장에서 제시한 방법이 학생들이나 담당자들로 하여금 데이터 품질의 개념과 기술을 수정해서 적용하고 확장시켜 응용하거나, 그들의 독창적인 방법을 개발하도록 영감을 주었다면 그 목적을 달성한 것이다.

데이터의 품질 특성의 포착

데이터의 품질 특성은 분석가들이 데이터가 사용하기 알맞은지 결정하기 위해 사용할 수 있어야 한다. 현존하는 모든 계층모델, 네트워크모델, 관계데이터 모델은 데이터 품질 측면을 고려하지 않고 만든 것이다. 관계모델은 데이터 무결성과 정규화를 포함하지만, 이런 절차는 관계 데이터베이스에 저장된 데이터가 적시성이 있고 정확하다고 믿을 수 있는지 결정하는 데는 유용하지 못하다. 데이터의 품질 특성을 명확하게 하기 위해서는 새로운 접근법을 개발해야 한다. 이 분야를 더욱 주시할 필요가 있으며 주된 연구로는 속성에 근거한 데이터 품질 DBMS(Wang, Reddy, Kon, 1995)와 품질 엔터티관계 (QER) 모델(Storey, Wang, 1998)에 대한 연구 등이 있다.

속성에 근거한 데이터 품질 DBMS

근본적으로 속성에 근거한 데이터 품질 DBMS는 데이터를 셀모양으로 연결한 것이다. 이 모델은 관계모델을 확장한 버전으로서 품질 무결성 규칙과 품질 표시를 포함한다. 이런 규칙과 표시는 사용자가 품질 표시요구에 의해 확장된 SQL 질문을 처리할 수 있도록 해 준다. 이런 품질 표시를 사용하여 사용자는 데이터를 더 잘 해석할 수 있으며 데이터의 신뢰성을 결정할 수 있다.

무결점 데이터는 달성이 불가능하고 불필요할 수 있다. 데이터를 사용할 때는 데이터에 대한 지식을 가지고 그 품질을 결정하는 게 도움이 될 수 있다. 예를 들어 주식을 사기로 결정하였다면, 데이터의 출처가 어디인지, 데이터가 언제 어떻게 수집되었는지, 그리고 어떤 결점이 있는지 아는 것이 중요하다.

기본적인 접근법은 투플을 식별하는 특수한 시스템인 Codd의 투플 ID를 사용하는 것이다. 관계 도식의 속성은 품질 속성이라는 순서가 있는 한 쌍으로 확장된다. 이 쌍은 속성과 품질 키로 이루어진다. 모델은 확장 도식을 품질 도식이라고 부른다. 또한 관계 투플의 각 셀은 속성값과 품질 키 값을 가지는 품질 셀이라고 부르는 순서가 있는 한 쌍으로 확장된다. 확장된 투플은 품질 투플이라고 부르며, 거기서 생성되는 관계는 품질 관계라고 부른다. 품질 셀의 각 품질 키 값은 속성값과 직접적으로 연관이 있는 품질 표시 값을 참조한다. 품질 표시 값은 그룹으로 짜여서 품질 표시 투플이라 불리는 품질 투플이 된다. 이런 시간에 따라 변하는 품질 표시 투플로 이루어진 품질 관계는 품질 표시 관계라 불린다. 품질 표시 관계를 정의하는 품질 도식은 품질 표시도식이라 부른다.

품질 키의 개념은 사용자가 속성을 품질 표시와 연결하고 품질 표시를 그와 관련된 품질 표시 그룹에 연결하도록 해 준다. 모델의 수학적인 근거는 이 책에서는 설명하지 않지만, 그에 대한 정보는 Wang, Reddy, Kon(1995)의 책이나 Wang, Ziad, Lee(2001)의 책에서 찾을 수 있다.

품질 엔터티 관계 모델

사용자는 속성에 근거한 데이터 품질 DBMS 모델에서 필요한 셀을 연결하기 전 관련 데이터 품질 특성을 명시해야 한다. 이상적으로 데이터 어플리케이션의 개념설계 단계에서 품질 특성을 식별하고 명시하고 통합하는 것이 가장 바람직하다. Storey와 Wang(1998)은 Chen(1976)의 엔터티 관계 모델을 확장한 품질 엔터티 관계 모델을 제시하였다. 이는 데이터베이스 설계에 널리 사용되는 방법론이다.

전통적인 엔터티 관계 모델은 엔터티, 관계, 속성, 그리고 그 외 정의나 종속관계를 가지는 요소를 포착하기 위해 개발되었다. 데이터 품질의 특정 정보는 명확하게 포착되지는 않는다. 데이터 품질의 결합은 각 개발자가 할 일이다. 수학 공식에 기초하여 데이터 설명을 정의하고 조작하는 체계화된 시스템의 필요성은 일찍부터 알려져 있다.

알려진 바와 같이 Storey와 Wang은 기본적인 엔터티 관계 모델인 QER 모델을 확장하여 사용하고자 했다. 그들은 상세한 품질 데이터베이스 설계 예를 들어 논리적 설계와 그에 연관된 관계형 데이터베이스 개발(표 12.1 참조)을 설명했다. 그 적용대상은 교과과정 데이터베이스 설계이다. 이 사례는 체계적이거나 독자적이거나 완벽함과는 거리가 멀다. 추가적인 개발이 뒤따라야 한다. 하지만 개념과 구조는 그대로 사용할 수 있다.

표 12.1 교과과정 DB 설계 개념도

1단계. 사용자 요구사항 인식

- 어떤 과정이 제공하고 그 과정의 인증 일정과 비용 그리고 과정을 위해서 제공되는 수업은 어떤 것이 있는가?
- 수업의 강사는 누구인가?
- 수업 참석자를 정확하게 그리고 적시에 측정, 측정이 의거하는 것에 대한 기술(데이터 품질 요구사항)
- 과정과 과정 등급을 위해 요구되는 기준이 무엇인가(어플리케이션 품질 요구사항)?

2단계. 어플리케이션 엔터티 식별

- 과정(이름, 기준비용, 인증주기, 내용)
- 수업(이름, 참석자, 실비용)
- 강사(이름,전화번호)

3단계. 어플리케이션 품질 엔터티 식별

- 기준(이름, 내용)
- 기준 등급(이름, 값, 해설)

4단계. 데이터 품질 엔터티

- 차원(이름, 등급)
- 측정(해설, 등급)

5단계. 어플리케이션 품질 엔터티를 어플리케이션 엔터티에 결합하기

- 과정-표준(과정이름, 표준이름)

6단계. 어플리케이션 엔터티에 데이터 품질 엔터티 결합하기

- 수업참석-차원(수업이름, 차원이름)

7단계. 어플리케이션 관계 리스트

- 과정은 수업들을 가진다.
- 강사는 수업에서 강의한다.

8단계. 어플리케이션 품질 관계 리스트

- 과정은 표준을 가진다.
- 과정표준은 표준 등급을 가진다.

9단계. 데이터 품질관계 리스트

- 수업 참석은 데이터 품질 차원을 가진다.
- 수업 참석-데이터 품질 차원은 측정 결과를 가진다.

|기업가계도|

여기에서 제시한 자료 중 대부분은 허락을 받고 기업가계도에 대한 세미나 자료에서 빌려온 것이다(Madnick, Wang, Xian, 2004; Madnick et al, 2005).

개별적인 상황은 엔터티가 어떻게 알려지고 이해되어야 하는지를 결정하는 데 중요한 역할을 한다. 보통의 기업 고객은 상황에 따라 하나의 기관 안에서 여러 가지 형태로 보일 수 있다. 그 기업 안의 여러 부문은 고객(또는 공급자, 파트너, 경쟁사)과 관련한 갖가지 관계, 관점, 그리고 관심사를 가진다. 이런 관점이나 관심사는 금융상의 신용 위험도, 마케팅 제품 및 시장, 그리고 법적 의무 등을 포함한다.

이런 관점은 고객의 여러 의견을 대변한다. 두 기업은 100 또는 1000개까지의 접점에서 만날 수도 있다. 비즈니스에 활용되려면 기업가계도 정보는 명확하고 의미있는 방법으로 이해되고 정리되어야 한다.

기관에 대한 정보와 그 내부적 · 외부적 관계가 바로 기업가계도 지식이라고 알려져 있다. 기업가계도 지식을 포착하고 분석하고 이해하고 정의하고 관리하고 효과적으로 사용하는 것이 기업가계도를 구성하는 것이다.

기업가계도를 구성하는 것은 기업이 이런 정보를 전략적으로 사용하고 중대한 사업 관련 질문에 대답할 수 있도록 필요한 정보와 지식을 식별하고 이해하고 정리하고 사용할 수 있도록 해 준다. 이 정보는 다음을 포함한다:

- 기업 관계와 잠재적 관계 및 구조에 대한 지식은 다음을 포함한다.
  a. 기업 내의 구조, 부서, 부문, 계열사, 지점 등 포함
  b. 조직 차트에 나타난 구조
  c. 기업 고객, 파트너, 공급자, 경쟁사 등과의 관계
  d. 딜러, 유통업자, 브로커, 에이전트, 재판매자 등 제3 매개인과의 관계
  e. 정부 및 규제기관과의 관계
- 어떻게, 어디서, 언제, 왜 이런 관계가 성립되는지에 대한 지식

- 기업이 관련 기관과 사업을 행하는 방법에 대한 지식과 기관과 중개인 등의 관련 업체와의 비즈니스 관계에 대한 지식, 즉 기업이 모든 간접적인 관계를 보여줄 수 있도록 하는 투명성

기업가계도에서 가장 보편적이며 중대한 세 가지 문제

- 언제 두 업체가 같다고 보는가? (엔터티 식별)
- 언제 누구와 무엇을 포함해야 하는가? (엔터티 집합)
- 누가 우리의 제품을 공급하는지 알아야 한다면 알고 있는가? (투명성)

엔터티 식별

문제는 어떤 특별한 엔터티의 이름이 분명치 않을 때 발생한다. 예로는 IBM이 있다. 동일한 엔터티에 여러 이름을 붙일 수 있다(International Business Machines Corporation, IBM, IBM Corp., IBM Corporation). 즉 하나의 엔터티가 여러 개의 엔터티인 것처럼 알려져 그 엔터티를 정확하고 효율적으로 식별할 수 없게 만드는 것이다. 이 문제는 엔터티 식별로 알려져 있다.

엔터티 집합

IBM, International Business Machines, Computing-Tabulating-Recording Co.가 모두 하나의 엔터티를 지칭한다는 것을 알게 됐다고 해도 이 엔터티가 무슨 엔터티인지 정확하게 알아야 한다. 즉 Lotus Development Corporation과 같은 특별한 엔터티가 IBM의 정의에 포함 또는 집합되어야 하는지를 그 문맥에 따라 결정해야 하는 것이다.

다른 예를 들면 MIT Lincoln Lab은 Massachusetts Institute of Technology의 연방기금으로 운영되는 연구개발센터이다. 이 센터는 MIT의 본 캠퍼스에서 거리상 떨어져 있다. 문제는 "작년 MIT의 예산은 얼마였나?"나, "우리는 작년에 MIT에 얼마의 제품을 팔았나?" 등의 비즈니스적인 질문에 대답을 할

때 발생한다. Lincoln Lab의 직원, 예산, 매출이 MIT의 계산영역에 포함되어야 하는지, 또는 어떤 경우에 제외되어야 하는지가 의문이 된다.

이런 질문에 대한 대답은 어떠한 환경에서 질문을 물었는지에 따라 변한다. 어떤 경우에는 Lincoln Lab은 MIT에 포함이 되어야 하지만, 다른 경우에는 제외되어야 한다. 이런 문제는 엔터티 집합 문제에 포함된다.

투명성

엔터티 사이의 관계는 종종 아주 복잡한 구조를 가진다. 예를 들어 MIT는 IBM로부터 컴퓨터를 직접 또는 주변 컴퓨터 기기 취급점(CompuUSA 등)을 통해 구입한다. 이런 경우 MIT는 CompuUSA로부터 구입하지만, CompuUSA의 공급자는 IBM이 되는 것이다. 이런 경우는 판매자가 직접 팔기도 하고 브로커를 통해 제품을 취급하기도 하는 전형적인 경우이다.

그렇다면, "MIT가 작년에 IBM에서 얼마의 제품을 구입하였나?"의 답은 무엇일까? 직접 구입만 따져야 하는 것일까, 아니면 간접 구입도 포함해야 하는 것일까? 이 예시는 IBM이 PC 사업을 Lenovo에 넘기기 전의 일이다.

한 기업이 판매자와 브로커 사이의 관계에 관심이 있는지 아니면 판매자와 구입자(브로커를 통한)의 관계에 관심이 있는지도 문맥에 따라 연관이 있기 때문에 상황에 따라 다른 답이 나오게 된다. 언제 이러한 관계가 중요한지, 그리고 그에 관한 지식을 어떻게 포착하고 정리하는지에 대한 문제가 투명성의 문제이다.

기업가계도에 대한 최근 연구는 이런 문제를 다룬다.

데이터 마이닝

데이터 품질은 데이터 마이닝의 영역에서도 중요하고 직접적인 역할을 한다. 데이터 마이닝 기술은 질 낮은 데이터를 찾아내는 데 활용할 수 있다. 반대로 데이터의 품질은 데이터 마이닝이 비즈니스 인텔리전스를 높이기 위한 노력의 한 부분으로 사용될 때 주목을 받는다.

일반적인 데이터 조사기술은 데이터 셋의 부족함을 찾는데 사용할 수 있다. 이는 이 책의 초반에 언급한 부분이다. 하지만 데이터 마이닝이라고 명시하지는 않았다. 그렇지만 무결성 분석기(CRG 1997b)의 사용 등 앞서 소개한 기법은 낮은 품질의 데이터 조사의 기초적인 방법일 뿐이다. 예로는 한 컬럼에서 누락된 값의 빈도를 세는 일이나 참조 무결성을 위반하는 항목의 수를 세는 일 등을 포함한다.

마케팅이나 시장 바스켓 분석, 연상 규칙 등에 널리 사용되는 일반적인 데이터 마이닝 기술은 질 낮은 데이터를 찾아내는 분석에서 유용하게 사용될 수도 있다. 이 목적으로 개발된 것은 아니지만, 연상 법칙을 만들어 내는 알고리즘을 사용하는 것은 의심이 가거나 오류가 있는 데이터의 관계를 살펴보는 데 유용하다.

모델 개발자의 관점에서 본다면, 사용된 데이터의 품질은 데이터 마이닝 알고리즘과 데이터 마이닝에서 생겨난 모델의 결과에 중요한 영향을 미칠 수 있다. 사실상 데이터 마이닝 알고리즘에서 사용되는 데이터를 정리하고 준비하는데 많은 노력을 할애하고 있다. 분석가는 종종 누락 데이터, 부정확한 데이터, 일정치 않은 데이터 등 세 가지 데이터 문제를 경험한다. 이런 데이터를 정리하는 절차는 여러 데이터 마이닝 관련 도서에서 찾을 수 있다(예: Berry, Linoff, 2004).

더욱 넓은 관점에서 본다면, 데이터 마이닝의 궁극적인 목적은 어떤 데이터 셋에 관련이 있는 특정한 또는 보편적인 질문에 해당하는 결과(데이터)와 이 데이터 셋이 가질 수 있는 숨은 정보를 생성하는 것이다. 간단히 말해서 그 목적은 사용할 수 있는 결과(데이터)를 생성하는 것이다. 중요한 부문은 올바른 질문을 하는 것이다. 그렇지 않다면 결과는 찾을지언정 사용하기에 적당하지 않을 것이다. 결과가 여러 중요한 데이터 품질 특성(예: 완전함, 오류없음, 일정함 등)을 만족시킨다 해도 질문이 올바르지 않아 사용할 수 없을 수도 있다(부가가치 없음).

질문이 알맞다고 가정하면 다른 문제점은 쉽게 찾을 수 있다. 소스 데이터가 깨끗하지 않을 수도 있다. 이를 정리하지 않으면 결과는 크게 벗어나고 사용할 수 없을 수도 있다. 정리 절차는 데이터 마이닝의 준비에 필요한 작업이다. 하지만 이 절차 또한 데이터가 제대로 정리되지 않거나 데이터 마이닝 기술에 맞추기 위해 너무 많이 수정된다면 문제를 만들 수 있다. 데이터 마이닝 기술의 선택도 불만족스러운 결과(낮은 품질, 사용에 알맞지 않음)로 이어질 수 있다. 이는 질문에 답하기 위해 잘못된 기술이 사용되면 일어날 수 있지만, 모든 가능한 상황 중에서 가장 가능성이 낮은 상황이다. 왜냐하면 데이터 마이닝 알고리즘 사용자는 보통 많은 실전 경험이 있기 때문이다.

데이터를 정리한 후에는 여러 가지 문제에 알맞은 다양한 기법을 사용하여 데이터를 마이닝할 수 있다. 이런 기법은 여러 갈래의 네트워크, 통제 및 비통제 모델, 논리적 회귀, Quinlan의 C5.0 알고리즘 등을 사용하는 의사결정트리, 연역 알고리즘 등을 사용하는 연상 규칙 분석, 그리고 여러 클러스터링 접근법을 포함한다. 이런 접근법에 대한 상세한 정보는 Berry와 Linoff(2004), Han과 Kamber(2001), 그리고 Hand, Mannila, Smyth(2001)의 연구를 보면 찾을 수 있다.

우리는 추가적으로 데이터 품질과 데이터 마이닝의 관계에 관한 다소 일반적이지 않는 의견을 제시한다. 지금까지 이 의견은 아주 조금의 관심밖에 받지 못했다. 우리가 정의하는 높은 품질의 데이터는 사용 가능하고 부가가치가 있는 데이터이다. 그렇기 때문에 마이닝하여 추가적인 정보를 제공한 데이터는 데이터 마이닝 절차를 거쳐 품질이 높아진 데이터이다. 다르게 표현하자면 데이터가 이전에 알려지지 않은 유용한 비즈니스 인텔리전스 및 정보를 제공한다면 그 품질은 높아진 것이다.

마이닝 전에 데이터 집합은 그 원래 목적보다 더 많은 역할을 할 잠재력을 가지고 있다. 이를 숨겨진 잠재성이라고 한다. 데이터에서 더 많은 지식을 얻으면 더 다양한 사용이 가능하다. 데이터 마이닝을 사용해 이런 조건을 갖출 수 있으며 숨겨진 잠재성을 발견할 수 있다. 몇몇 연구는 데이터 정리에 소요되는 비용과 다양한 데이터 기법의 결과가 연관이 있다는 점을 보여주고 있다(Pipino, Kopsco, 2004). 모든 관점에서 데이터 마이닝과 데이터 품질은 아주 복잡하게 연관되어 있으며, 더 많은 연구를 함으로써 데이터 품질 분석가가 필요로 하는 지식과 도구 등을 제공할 수 있을 것이다.

| 데이터 통합 |

데이터 통합에 관한 문제도 점점 늘어나는 추세이다. 여러 소스를 통한 올바른 데이터 통합은 많은 품질 문제를 일으킨다. 여기서 문제는 두 가지이다. 어떻게 하면 올바른 통합을 달성하고 동시에 동일한 데이터를 사용하여 다양한 소비자의 필요를 충족시키는가 하는 것이다. 단순한 기술적 데이터 통합 이상의 여러 문제가 발생한다. 표준화나 진화론적 접근 방법 같은 솔루션 중 어느 것이 더 알맞은지에 대한 논쟁과 논의도 계속되고 있다.

예를 들어 문맥 상호교환(Madnick 1999)은 지역적 데이터 수집, 보관, 사용이 자율적으로 수행되도록 유지해주는 것으로 데이터 통합에서 개입을 최소화하는 방법이다. 기본 원칙은 받는 쪽과 보내는 쪽 사이에서 데이터의 의도된 의미를 해석하는 일이다. 달력이나 돈 등 사람들이 오랫동안 사용해온 방법 및 관습이 한 예이다. 의미나 규칙은 쉽게 해석할 수 있다. 더욱 심각하고 어려운 질문은 데이터가 어떤 명확한 자취나 태그 없이 여러 시스템, 조직, 그리고 국가를 넘어 전달될 때 그 데이터의 출처나 다양한 소스를 이해하는 것이다. 데이터의 문맥은 데이터가 원래의 시스템이나 장소로부터 옮겨졌을 때 사라지게 된다.

| 보안 |

데이터 품질 실행에서 고려해야 하는 중요한 문제는 보안이다. 우리는 데이터가 얼마나 민감한지에 관심을 가져 기술적인 문제와 보안 정책이나 교육 등 비기술적인 문제도 제대로 관리되도록 해야 한다. 조직은 데이터의 기밀성을 유지해야 한다. 이 책임은 부분적으로 조직이 고객에게 가지는 의무 관계에서 발생하며, 연방정부나 주정부에 의해 법적으로도 요구된다. 보안이나 기밀성의 문제는 언제나 접근성과 관련된다. 따라서 조직들은 문제를 적극적으로 찾아 해결책을 만들 기회를 만들며 명확한 데이터 품질 정책을 통해 해결책과 그 방향을 상호 의사소통하여야 한다.

그보다 더 넓은 범위의 문제는 국가 보안에 관한 문제이다. 이것은 미국과 여러 나라에서 중요한 문제로 부각되고 있다. 국가 보안에 영향을 미치는 결정을 적시에 내리기 위해 필요한 정보를 다양한 소스에서 추출할 때, 소스 정보의 품질과 통합 기법 및 절차는 그 국가와 국민들에게 매우 중요하다.

보안 문제는 세계화가 진행됨에 따라 더욱 복잡하고 어려워지고 있다. 우리는 이제 유선이나 무선으로 연결된 세계에서 보안 문제를 해결하기 위해 노력하고 있다.

| 유선 및 무선 연결 |

빠르게 부상하고 빠르게 변하는 통신 환경은 기업들에게 잠재적으로 복잡한 데이터 품질 문제를 야기시킨다. 이는 또한 데이터 품질 여행은 절대 끝나지 않는다는 우리의 주장을 뒷받침한다. 데이터 품질 문제는 하나의 매개체(문서식 시스템)에서 멀티미디어로 진화하였다. 이 문제는 또한 비교적 단순한 소스와 절차에서 복잡하고 알려지지 않은 데이터 소스로 진화하였다.

세계적으로 넓게 퍼진 데이터 환경 때문에 공급자와 수집가, 관리인, 그리고 소비자를 구별하기가 점점 어려워진다. 또한 우리는 여러 다른 정보 생성 시스템에서 얼마나 많은 반복 혹은 주기가 있었는지 알지 못한다. 얼마나 많은 세 가지 C가 관련이 있었으며 데이터에 영향을 미쳤을까? 데이터를 원래의 소스로 추적하는 일도 점점 어려워지고 있다.

이런 열린 환경에서 데이터의 변경은 명확한 문서화의 과정 없이 이루어진다. 데이터의 소스 및 보관 장소가 되는 배경 정보도 없어질 수 있다. 따라서 이런 주기를 기록하는 정보가 유용할 수 있다. 기업이 앞으로 당면하게 될 문제들은 매우 위협적이다. 반대로 기업과 데이터 품질 전문가에게는 적극적으로 혁신적인 솔루션을 개발할 기회가 될 수 있다.

이 책에서 소개된 기본적인 원칙과 정책은 여전히 적용이 가능할 것이다. 이런 원칙과 정책의 실행은 여러 형태를 띨 것이며 개선과 혁신을 통해 적용될 것이다.

| 최종 결론 |

새로운 문제와 아직 완전히 해결되지 않은 과거의 문제, 그리고 새로운 기술과 기법들은 또다시 새로운 재미있는 문제를 만들 것이다(Lee, 2004). 몇 가지 문제는 우리가 예상한 것일 수 있지만 그 외는 상상도 못한 것일 수 있다.

몇몇 기업들은 벌써 새로운 문제를 해결하기 시작했다. 이 책에서 우리는 세 개의 현존하는 회사의 예를 들었다. 이 회사들은 모두 여행의 새로운 단계로 도약하였다. 그들은 자신의 조직 외부로 데이터의 품질 실행을 활성화시키고 있으며, 자신의 지식과 경험을 나누며, 내외부적인 교육 프로그램을 실시하고 있다.

이 책에서 소개된 원칙과 기법으로 무장하고 새로운 지평을 여는 선진 지식과 그 동안의 데이터 품질의 여행에서 힘겹게 얻은 경험이 있는 기업은 여행을 계속하며 다른 기업을 도와줄 준비가 되어 있을 것이다.

참고문헌

Agmon, N., and N. Ahituv. 1987. "Assessing Data Reliability in an Information Systems." *Journal of Management Information Systems* 4 (2): 34–44.

Amram, M., and N. Kulatilaka. 1998. *Real Options: Managing Strategic Investment in an Uncertain World*. Boston: Harvard Business School Press.

Anthes, G. 2002. "Bridging Data Islands." *Computerworld* (October 14): 23–24.

Argyris, C., and D. Schön. 1978. *Organizational Learning: A Theory of Action Perspective*. Reading, Mass.: Addison-Wesley.

Arnold, S. 1992. "Information Manufacturing: The Road to Database Quality." *Database* 15 (5): 32.

Ballou, D., and H. Pazer. 1985. "Modeling Data and Process Quality in Multi-input, Multi-output Information Systems." *Management Science* 31 (2): 150–162.

Ballou, D., and H. Pazer. 1995. "Designing Information Systems to Optimize the Accuracy-Timeliness Trade-off." *Information Systems Research* 6 (1): 51–72.

Ballou, D., and H. Pazer. 2003. "Modeling Completeness versus Consistency Trade-offs in Information Decision Contexts." *IEEE Transactions on Knowledge and Data Engineering* 15 (1): 240–243.

Ballou, D., and G. Tayi. 1989. "Methodology for Allocating Resources for Data Quality Enhancement." *Communications of the ACM* 32 (3): 320–329.

Ballou, D., and G. Tayi. 1999. "Enhancing Data Quality in Data Warehouse Environment." *Communications of the ACM* 42 (1): 73–78.

Ballou, D., R. Wang, H. Pazer, and G. Tayi. 1998. "Modeling Information Manufacturing Systems to Determine Information Product Quality." *Management Science* 44 (4): 462–484.

Bardhan, I., S. Bagchi., and R. Sougstad. 2004. "Prioritizing a Portfolio of Information Technology Investment Projects." *Journal of Management Information Systems* 21 (2): 33–60.

Batini, C., M. Lenzirini., and S. Navathe. 1986. "A Comparative Analysis of Methodologies for Database Schema Integration." *ACM Computing Survey* 18 (4): 323–364.

Becker, S. 1998. "A Practical Perspective on Data Quality Issues." *Journal of Database Management* 35 (Winter): 35–37.

Berry, M., and G. Linoff. 2004. *Data Mining Techniques for Marketing, Sales, and Customer Relationship Management*. 2d ed. Indianapolis: Wiley.

Black, F., and M. Scholes. 1973. "The Pricing of Options and Corporate Liabilities." *Journal of Political Economy* 81 (3): 637–654.

Bobrowski, M., and S. Vazquez-Soler. 2004. "DQ Options: Evaluating Data Quality Projects Using Real Options." In *International Conference on Information Quality*, 297–310. Cambridge, Mass: MITIQ.

Bovee, M., B. Mak, and R. Srivastava. 2001. "A Conceptual Framework and Belief Function Approach to Assessing Overall Information Quality." In *International Conference on Information Quality*, 311–328. Cambridge, Mass.: MITIQ.

Brackett, M. 2000. *Data Resource Quality Turning Bad Habits into Good Practices*. Upper Saddle River, N.J.: Addison-Wesley.

Brackstone, G. 1999. "Managing Data Quality in a Statistical Agency." *Survey Methodology* 25 (2) (December): 139–149.

Brodie, M. 1980. "Data Quality in Information Systems." *Information and Management* (3): 245–258.

Cappiello, C., C. Francalanci, and B. Pernici. 2002. "A Model of Data Currency in Multi-Channel Financial Architectures." In *International Conference on Information Quality*, 106–118. Cambridge, Mass.: MITIQ.

Cappiello, C., C. Francalanci, and B. Pernici. 2003–2004. "Time-Related Factors of Data Quality in Multi-channel Information Systems." *Journal of Management Information Systems* 12 (3) (Winter): 71–92.

Carey, R., and R. Lloyd. 1995. *Measuring Quality Improvement in Healthcare: A Guide to Statistical Process Control Applications*. New York: ASQ Quality Press.

Celko, J., and J. McDonald. 1995. "Don't Warehouse Dirty Data." *Datamation* (October 15).

Chen, P. 1976. "The Entity-Relationship Model: Toward a Unified View of Data." *ACM Transactions on Database Systems* (1): 166–193.

Chen, Z. 2001. *Data Mining and Uncertain Reasoning*. New York: Wiley.

Chengalur-Smith, I., D. Ballou, and H. Pazer. 1999. "The Impact of Data Quality Information on Decision Making: An Exploratory Analysis." *IEEE Transactions on Knowledge and Data Engineering* 11 (6): 853–864.

Chisholm, M. 2001. *Managing Reference Data in Enterprise Databases: Binding Corporate Data to the Wider World*. San Francisco: Morgan Kaufmann.

Churchman, C., and P. Ratoosh, eds. 1959. *Measurement: Definitions and Theories*. New York: Wiley.

Cochran, W. 1997. *Sampling Techniques*. 3d ed. New York: Wiley.

Codd, E. 1970. "A Relational Model of Data for Large Shared Data Banks." *Communications of the ACM* 13 (6): 377–387.

Codd, E. 1990. *The Relational Model for Database Management: Version 2*. Reading, Mass.: Addison-Wesley.

Corey, D. 1997. "Data Quality Improvement in the Military Health Services Systems and the U.S. Army Medical Department." In *Proceedings of the 1997 Conference on Information Quality*, 37–62. Cambridge, Mass.: MITIQ.

Corey, D., L. Cobler, K. Haynes, and R. Walker. 1996. "Data Quality Assurance Activities in the Military Health Services System." In *Proceedings of the 1996 Conference on Information Quality*, 127–153. Cambridge, Mass.: MITIQ.

CRG (Cambridge Research Group). 1997a. *Information Quality Assessment (IQA) Software Tool*. Cambridge, Mass.: Cambridge Research Group, Inc.

CRG (Cambridge Research Group). 1997b. *Integrity Analyzer: A Software Tool for Total Data Quality Management*. Cambridge, Mass.: Cambridge Research Group, Inc.

Cykana, P., A. Paul, and M. Stern. 1996. "DoD Guidelines on Data Quality Management." In *Proceedings of the 1996 Conference on Information Quality*, 154–171. Cambridge, Mass.: MITIQ.

Davidson, B., Y. Lee, and R. Wang, 2004. "Developing Data Production Maps: Meeting Patient Discharge Submission Requirement." *International Journal of Healthcare Technology and Management* 6 (2): 87–103.

Delone, W., and E. McLean. 1992. "Information Systems Success: The Quest for the Dependent Variable." *Information Systems Research* 3 (1): 60–95.

English, L. 1999. *Improving Data Warehouse and Business Information Quality: Methods for Reducing Costs and Increasing Profits*. New York: Wiley.

Eppler, M. 2003. *Managing Information Quality: Increasing the Value of Information in Knowledge-Intensive Products and Processes*. Berlin: Springer.

Eppler, M., and M. Helfert. 2004. "A Classification and Analysis of Data Quality Costs." In *International Conference on Information Quality*. Cambridge, Mass.: MITIQ.

Fetter, R. 1991. "Diagnosis Related Groups: Understanding Hospital Performance." *Interfaces* 21 (1): 6–26.

Firth, C. 1993. *Management of the Information Product*. Master's Thesis, Massachusetts Institute of Technology.

Fisher, C., and B. Kingma. 2001. "Criticality of Data Quality as Exemplified in Two Disasters." *Information and Management* 39 (2): 109–116.

Fisher, C., E. Lauria, I. Chengalur-Smith, and R. Wang. 2006. *Introduction to Information Quality*. Cambridge, Mass.: MITIQ.

Fox, C., A. Levitin, and T. Redman. 1995. "The Notion of Data and Its Quality Dimensions." *Information Processing and Management* 30 (1) (January): 9–19.

Gitlow, H., S. Gitlow, A. Oppenheim, and R. Oppenheim. 1989. *Tools and Methods for the Improvement of Quality*. Boston: Irwin.

Guy, D., D. Carmichael, and O. Whittington. 1998. *Auditing Sampling: An Introduction*. 4th. New York: Wiley.

Han, J., and M. Kamber. 2001. *Data Mining: Concepts and Techniques*. San Francisco: Morgan Kaufmann.

Hand, D., H. Mannila, and P. Smyth. 2001. *Principles of Data Mining*. Cambridge, Mass.: MIT Press.

Hauser, J., and D. Clausing. 1988. "The House of Quality." *Harvard Business Review* 66 (3): 63–73.

Helfert, M. 2002. *Proaktives Datenqualitätsmanagement in Data-Warehouse-Systemen—Qualitätsplanung und Qualitätslenkung*. Berlin: Logos Verlag.

Hernadez, M. A., and S. J. Stolfo. 1998. "Real-World Data Is Dirty: Data Cleansing and the Merge/Purge Problem." *Journal of Data Mining and Knowledge Discovery* 1 (2).

Huang, K., Y. Lee, and R. Wang. 1999. *Quality Information and Knowledge*. Upper Saddle River, N.J.: Prentice Hall.

Huh, Y. U., F. Keller, T. Redman, and A. Watkins. 1990. "Data Quality." *Information and Software Technology* 32 (8): 559–565.

Jackson, J. 1963. "Jobshop Like Queueing Systems." *Management Science* 10 (1): 131–142.

Jarke, M., M. Jeusfeld, C. Quix, and P. Vassiliadis. 1999. "Architecture and Quality in Data Warehouses: An Extended Repository Approach." *Information Systems* 24 (3): 229–253.

Johnson, J., R. Leitch, and J. Neter. 1981. "Characteristics of Errors in Accounts Receivable and Inventory Audits." *Accounting Review* 56 (2): 270–293.

Kahn, B., D. Strong, and R. Wang. 2002. "Information Quality Benchmarks: Product and Service Performance." *Communications of the ACM* 45 (4) (April): 184–192.

Kaplan, D., R. Krishnan, R. Padman, and J. Peters. 1998. "Assessing Data Quality in Accounting Information Systems." *Communications of the ACM* 41 (2) (February): 72–78.

Katz-Haas, R., and Y. Lee. 2002. "Understanding Hidden Interdependencies between Information and Organizational Processes in Practice." In *Proceedings of the Seventh International Conference on Information Quality* (ICIQ), 18–30. Cambridge, MA: MITIQ.

Katz-Haas, R., and Y. Lee. 2005. "Understanding Interdependencies between Information and Organizational Processes in Practice." In *Information Quality*, ed. R. Y. Wang et al. Armonk, N.Y.: M. E. Sharpe.

Krantz, D., R. Luce, P. Suppes, and A. Tversky. 1971. *Foundations of Measurement: Additive and Polynomial Representation*. London: Academic Press.

Kriebel, C. 1979. Evaluating the Quality of Information Systems. In *Design and Implementation of Computer Based Information Systems*, ed. N. Szysperski and E. Grochla, 29–43. Germantown, Pa.: Sijthtoff and Noordhoff.

Laudon, K. 1986. "Data Quality and Due Process in Large Interorganizational Record Systems." *Communications of the ACM* 29 (1) (January): 4–11.

Lee, Y. 2004. "Crafting Rules: Context-Reflective Data Quality Problem Solving." *Journal of Management Information Systems* 12 (3) (Winter): 93–120.

Lee, Y., L. Pipino, D. M. Strong, and R. Y. Wang. 2004. "Process-Embedded Data Integrity." *Journal of Database Management* 15 (1): 87–103.

Lee, Y., and D. M. Strong. 2004. "Knowing-Why about Data Processes and Data Quality." *Journal of Management Information Systems* 20 (3) (Winter): 13–49.

Lee, Y. W., D. M. Strong, B. K. Kahn, and R. Y. Wang. 2002. "AIMQ: A Methodology for Information Quality Assessment." *Information and Management* 40 (2): 133–146.

Levitin, A., and T. Redman. 1998a. "A Model of Data Life Cycles with Applications to Quality." *Information and Software Technology* 35: 217–224.

Levitin, A., and T. Redman. 1998b. "Data as a Resource: Properties, Implications, and Prescriptions." *Sloan Management Review* 40 (1) (Fall): 89–102.

Liepins, G., and V. Uppuluri, eds. 1990. *Data Quality Control: Theory and Pragmatics*. New York: Marcel Dekker.

Loshin, D. 2001. *Enterprise Knowledge Management: The Data Quality Approach*. San Francisco: Morgan Kaufmann.

Madnick, S. 1999. "Metadata Jones and the Tower of Babel: The Challenge of Large-Scale Semantic Heterogeneity." In *Proceedings of the 1999 IEEE Meta-Data Conference*. Los Alamitos, Calif.: IEEE.

Madnick, S., R. Wang, K. Chettayar, F. Dravis, J. Funk, R. Katz, C. Lee, Y. Lee, X. Xian, and S. Bhansali. 2005. "Exemplifying Business Opportunities for Improving Data Quality from Corporate Household Research." In *Information Quality*, ed. R. Y. Wang, E. M. Pierce, S. E. Madnick, and C. W. Fisher, 181–196. Armonk, N.Y.: M. E. Sharpe.

Madnick, S., R. Wang, and X. Xian. 2004. "The Design and Implementation of a Corporate Householding Knowledge Processor to Improve Data Quality." *Journal of Management Information Systems* 20 (3): 41–70.

Meehan, M. 2002. "Data's Tower of Babel." *Computerworld* (April 15): 40–41.

Miller, H. 1996. "The Multiple Dimensions of Information Quality." *Information Systems Management* 13 (2) (Spring): 79–82.

Missier, P., G. Lalk, V. Verykios, F. Grillo, T. Lorusso, and P. Angeletti. 2003. "Improving Data Quality in Practice: A Case Study in the Italian Public Administration." *Distributed and Parallel Databases International Journal* 3 (2) (March): 135–160.

Morey, R. 1982. "Estimating and Improving the Quality of Information in the MIS." *Communications of the ACM* 25 (5): 337–342.

Naumann, F. 2002. *Quality-Driven Query Answering for Integrated Information Systems*. New York: Springer.

Och, C., R. King, and R. Osborne. 2000. "Integrating Heterogeneous Data Sources Using the COIL Mediator Definition Language." In *Proceedings of the Symposium on Applied Computing, Como, Italy*, 991–1000. New York: ACM.

Olson, J. 2003. *Data Quality: The Accuracy Dimension*. San Francisco: Morgan Kaufmann.

Oman, R., and T. Ayers. 1988. "Improving Data Quality." *Journal of Systems Management* 39 (5) (May): 31–35.

Orr, K. 1998. "Data Quality and Systems Theory." *Communications of the ACM* 41 (2) (February): 66–71.

Paulson, L. 2000. "Data Quality: A Rising E-Business Concern." *IT Pro* 2 (4) (July–August): 10–14.

Pierce, E. 2004. "Assessing Data Quality with Control Matrices." *Communications of ACM* 47 (2) (February): 82–84.

Pierce, E. 2005. "What's in Your Information Product Inventory?" In *Information Quality*, ed. R. Y. Wang, E. M. Pierce, S. E. Madnick, and C. W. Fisher, 99–114. Armonk, N.Y.: M. E. Sharpe.

Pipino, L., and D. Kopcso. 2004. "Data Mining, Dirty Data, and Costs." In *International Conference on Information Quality*. Cambridge, Mass.: MITIQ.

Pipino, L., Y. Lee, and R. Wang. 2002. "Data Quality Assessment." *Communications of the ACM* 45 (4) (April): 211–218.

Price, H. 1994. "How Clean Is Your Data?" *Journal of Database Management* 5 (1): 36–39.

Redman, T. 1996. *Data Quality for the Information Age*. Boston: Artech.

Redman, T. 1998. "The Impact of Poor Data Quality on the Typical Enterprise." *Communications of the ACM* 41 (2) (February): 79–82.

Redman, T. 2001. *Data Quality: The Field Guide*. Boston: Digital Press.

Rob, P., and C. Coronel. 2000. *Database Systems: Design, Implementation and Management*. 4th ed. Cambridge, Mass.: Course Technology.

Scannapieco, M., B. Pernici, and E. Pierce. 2002. "IP-UML: Towards a Methodology for Quality Improvement Based on the IP-Map Framework." In *International Conference on Information Quality*, 279–291. Cambridge, Mass.: MITIQ.

Shankaranarayan, G., R. Y. Wang, and M. Ziad. 2000. "Modeling the Manufacture of an Information Product with IP-MAP." In *International Conference on Information Quality*, 1–16. Cambridge, Mass.: MITIQ.

Shankarnarayanan, G., M. Ziad, and R. Wang. 2003. "Managing Data Quality in Dynamic Decision Environments: An Information Product Approach." *Journal of Database Management* 14 (4) (October–December): 14–32.

Soler, S., and D. Yankelevich. 2001. "Quality Mining: A Data Mining Method for Data Quality Evaluation." *International Conference on Information Quality*, 162–172.

Storey, V., and R. Wang. 1998. "Modeling Quality Requirements in Conceptual Database Design." In *Proceedings of the 1998 Conference on Information Quality*, 64–87. Cambridge, Mass.: MITIQ.

Strong, D., Y. Lee, and R. Wang. 1997a. "Data Quality in Context." *Communications of the ACM* 40 (5) (May): 103–110.

Strong, D., Y. Lee, and R. Wang. 1997b. "Ten Potholes in the Road to Information Quality." *IEEE Computer* 30 (8) (August): 38–46.

Strong, D., and S. Miller. 1995. "Exceptions and Exception Handling in Computerized Information Processes." *ACM Transactions on Information Systems* 13 (2) (April): 206–233.

Tayi, G., and D. Ballou. 1999. "Examining Data Quality." *Communications of the ACM* 41 (2): 54–57.

Total Data Quality Management Research Program (TDQM). ⟨http://mitiq.mit.edu/⟩.

Tuomi, I. 2000. "Data Is More Than Knowledge." *Journal of Management Information Systems* 16 (3): 103–117.

Wand, Y., and R. Wang. 1996. "Anchoring Data Quality Dimensions in Ontological Foundations." *Communications of the ACM* 39 (11) (November): 86–95.

Wang, R. 1998. "A Product Perspective on Total Data Quality Management." *Communications of the ACM* 41 (2) (February): 58–65.

Wang, R., T. Allen, W. Harris, and S. Madnick. 2003. "An Information Product Approach for Total Information Awareness." *IEEE Aerospace Conference*.

Wang, R., H. Kon, and S. Madnick. 1993. "Data Quality Requirements Analysis and Modeling." In *The 9th International Conference on Data Engineering*, 670–677. Los Alamitos, Calif.: IEEE.

Wang, R., Y. Lee, L. Pipino, and D. Strong. 1998. "Manage Your Information as a Product." *Sloan Management Review* 39 (4): 95–105.

Wang, R., and S. Madnick. 1990. "A Polygen Model for Heterogeneous Database Systems: The Source Tagging Perspective." In *The 16th International Conference on Very Large Data Bases*, 519–538. San Francisco: Morgan Kaufmann.

Wang, R., M. Reddy, and H. Kon. 1995. "Toward Quality Data: An Attribute-Based Approach." *Decision Support Systems* 13: 349–372.

Wang, R., V. Storey, and C. Firth. 1995. "A Framework for Analysis of Data Quality Research." *IEEE Transactions on Knowledge and Data Engineering* 7 (4) (August): 623–640.

Wang, R., and D. Strong. 1996. "Beyond Accuracy: What Data Quality Means to Data Consumers." *Journal of Management Information Systems* 12 (4) (Spring): 5–34.

Wang, R., M. Ziad, and Y. Lee. 2001. *Data Quality*. Norwell, Mass.: Kluwer Academic.

Yamane, T. 1967. *Elementary Sampling Theory*. Englewood Cliffs, N.J.: Prentice Hall.

찾아보기

ㄱ

ㄴ

ㄷ

• 역자 소개

이정우

현재 연세대학교 정보대학원 교수로 재직 중이다. 연세대학교에서 영어영문학사(1982), 서강대학교에서 MBA(1990), 그리고 미국 조지아주립대학에서 컴퓨터정보시스템 석사(1995), 박사(1998)학위를 취득하였다. 산업체에서 실무경력이 있고 미국의 네바다 주립대학교에 재직한 경력이 있다. 정보통신기술의 활용과 관련한 기업과 사회의 변화에 관심을 갖고 다학제간 연구를 하고 있다.

홍석진

현재 인천대학교 동북아 물류 대학원 교수로 재직 중이다. 프랑스 툴루즈 1 대학에서 경제학 박사학위를 취득하였다. 프랑스의 국립건축토목학교(Ecole Nationale des Pons et Chausses)에서는 교통경제학 석사학위를 받았다. 한국교통연구원과 대한항공에서 근무하였으며 대한항공이 미국의 델타 항공과 유럽의 프랑스 항공사 등 여러 항공사와 제휴하고 있는 스카이팀에서 교육과 훈련, 안전분야의 실무대표로 활약하였으며, 인천국제공항 운영준비 위원으로도 근무하였다. 프랑스에서는 항공정책연구소(ITA, Institute of Air Transport)에서 연구원으로 재직하였다.

성경희

현재 대한항공에 근무 중이며, 화물운송부, 회계부, 인재개발센터 사이버교육 부서에서 근무하였고 물류 분야 전문가이다. 서울대학교 경영대학을 졸업하였다.

이경섭

현재 아시아 항공 연구소 한국지점장이며, 대한항공 마케팅부서와 교통산업연구원, 교통물류연구원에서 근무하였다. MIT 교통대학원 항공교통학과 석사과정을 졸업하였다.